# 集合・写像・論理

## 数学の基本を学ぶ

中島匠一 [著]

共立出版

# まえがき

　集合と写像は，現代の数学を記述するために欠かせない「言語」である．また，数学の体系化が始まったギリシャ時代から，論理は数学を支える大黒柱であり続けている．したがって，高度に発展した現代数学では，集合や写像の言葉を駆使して，厳格な論理に従った議論が展開される．その議論の中身が数学の「本体」で，実際的な問題に役に立つ公式もたくさんあるし，純粋に知的興味を呼び起こす事柄も次から次へと登場してくる．そのような豊かな内容に較べれば，集合・写像・論理などは，数学を支える「枠組み」をなすだけであり，形式的な事柄にすぎない．しかし，数学を記述するためには，その「枠組み」が必須の道具であり，数学の学習には集合・写像・論理に対する正確な理解が必要なことも，また事実である．

　本書は，集合・写像・論理に関する基本事項を，徹底的に解説することを目的としている．上に述べたように，集合・写像・論理は現代数学を記述する「言葉」にすぎない．けれども，せっかく数学に興味をもって学習を進めようとしても，その「言葉」自体の理解が大きな障害となっている場合が多く見られる．つまり，数学の豊かな内容に接する以前に，早々と「門前払い」されてしまう初学者がたくさんいる．このような残念な事態を何とか解消したい，という願いが，本書をまとめた動機である．

　上記の目的を達成するために，「すべてを，一(いち)から説明する」ことと「自習できる」ことを目標に据えた．そのために，通常の教科書では「自明である」として取り上げられない事柄も数多く拾い上げて，「誰にでも納得してもらえるだろう」と思えるまで，解説を加えてある．また，数学の中にも，教科書でも明示されない「暗黙の了解」があるが，それがどのような「了解事項」であるかも，極力説明した．ただ，多くの細々したことを説明したので，いろいろな

ところで「話が長く」なっていて，数学の学習に慣れている読者には，かえって煩わしく感じられるかもしれない．そのような読者のために，「数学的な主張」は命題・定理などの形で簡明に記述し，証明は一ヶ所にまとめ，各種の注意事項は項目ごとにグループ分けしてある．数学に慣れている読者には，自分がわかっている部分の説明はパスして読み進み，必要な解説だけを読むことをお勧めする．

　本文を見ていただけばわかるが，本書の文章には括弧が（異常に）多い．この「括弧の多用」は意図的である．つまり，文章の中の「まとまり」について誤解が生じないように，その部分を括弧でくくって明示した．数学の記述に慣れていれば括弧は必要ない．しかし，初めて数学を学ぶときには「まとめ方」の解釈で戸惑うことがあるので，その対策として敢えて括弧を付けている．数学の本を読むのに慣れている読者には邪魔かもしれないが，お許し願いたい．

　通常の教科書では集合・写像・論理の「基本事項」と見なされているが，本書では取り上げなかった事柄があることをお断りしておきたい．具体的には，「選択公理（ツォルンの補題，整列可能定理）」「順序数」「同値関係」について，本書では解説をしていない．その理由は，筆者が，これらは「次の段階の話」と考えるからである．言い換えれば，筆者は，「限られたスペースでこれらの事項を中途半端に解説するよりは，本書で取り上げた事項を深く理解するほうが有益だ」と判断した．何事も，「基礎ができてしまえば，あとはラク」なのである．

　本書は，筆者の勤務している学習院大学・数学科での講義「集合と論理」をもとにしている．講義で話したことの他に，聴講してくれた学生諸君から寄せられた質問・感想や，筆者のまわりの大学院生・同僚・友人の意見がふんだんに取り入れられている．また，筆者のこだわりを理解し，「書きたいことを書きたいように書く」ことを許してくれた，共立出版編集部の赤城圭さんと大越隆道さんの協力がなくては，本書は成立し得なかった．筆者との（面倒な）議論に付き合っていただいた大勢の皆さんに，この場を借りて，お礼申し上げる．最後に，私事で恐縮であるが，存分に人生を楽しんで昨年初めに急逝した母親 潤子（法名：釋尼潤信）に，本書を捧げたい．

2011 年 12 月

中島匠一

# 目　次

## 第1章　数学の理論体系　　1
- 1.1　3角形の内角の和　　2
- 1.2　球面上の3角形　　4
- 1.3　数学の理論構成　　7
- 1.4　ユークリッド幾何と非ユークリッド幾何　　11
- 1.5　証明の例　　14
- 章末問題　　18

## 第2章　数学の論理と日常の言葉　　19
- 2.1　正しい・正しくない　　20
- 2.2　否定（その1）　　22
- 2.3　「かつ」と「または」　　22
- 2.4　「そして」と「しかし」　　24
- 2.5　否定（その2）　　27
- 2.6　「ならば」　　29
- 2.7　「すべての」と「任意の」　　35
- 2.8　「存在する」と「唯1つ」・「一意的」　　39
- 2.9　否定（その3）　　42
- 2.10　2等辺3角形・長方形・多項式　　46
- 2.11　パラドックス（逆説，逆理）　　48
- 章末問題　　49

## 第3章　集合　51

- 3.1　集合の概念 ･･････････････････････････････ 51
- 3.2　集合の表記 ･･････････････････････････････ 53
- 3.3　代表的な集合 ････････････････････････････ 59
- 3.4　集合による定理の表現 ････････････････････ 62
- 3.5　部分集合 ････････････････････････････････ 64
- 3.6　和集合・共通部分・差集合・補集合 ････････ 68
- 3.7　直積集合 ････････････････････････････････ 74
- 3.8　集合族：集合の集まり ････････････････････ 77
- 3.9　たとえばこんな例題を ････････････････････ 82
- 3.10　ベキ集合：部分集合全体の集合 ･･･････････ 88
- 3.11　ラッセルのパラドックス ･････････････････ 92
- 章末問題 ･･････････････････････････････････ 94

## 第4章　写像　96

- 4.1　写像の定義 ･･････････････････････････････ 96
- 4.2　関数 ････････････････････････････････････101
- 4.3　写像の例 ････････････････････････････････105
- 4.4　写像のグラフ ････････････････････････････111
- 4.5　単射・全射・全単射 ･･････････････････････115
- 4.6　写像の合成 ･･････････････････････････････120
- 4.7　逆写像 ･･････････････････････････････････127
- 4.8　部分集合の順像と逆像 ････････････････････134
- 4.9　写像の集合 ･･････････････････････････････145
- 章末問題 ･･････････････････････････････････148

## 第5章　命題論理　150

- 5.1　命題と真偽表 ････････････････････････････150
- 5.2　否定 ････････････････････････････････････152
- 5.3　「かつ」と「または」････････････････････････155
- 5.4　「ならば」････････････････････････････････157
- 5.5　$P \Longrightarrow Q$ の真偽 ･･･････････････････････････164
- 章末問題 ･･････････････････････････････････166

## 第6章　述語論理　168

- 6.1 変数を含む命題 ･･････････････････････････････ 168
- 6.2 「すべての」と「存在する」 ････････････････････ 170
- 6.3 論理記号 ･･････････････････････････････････････ 172
- 6.4 「すべての」と「存在する」の否定 ･･････････････ 177
- 6.5 反例による証明 ･･･････････････････････････････ 180
- 6.6 ある文章の考察 ･･･････････････････････････････ 183
- 6.7 複数の変数を含む命題と論理記号 ･･･････････････ 186
- 6.8 連続と一様連続 ･･･････････････････････････････ 193
- 章末問題 ････････････････････････････････････････ 196

## 第7章　集合の濃度　197

- 7.1 集合の元の個数 ･･･････････････････････････････ 198
- 7.2 基数と順序数 ･････････････････････････････････ 206
- 7.3 「無限」の威力 ･･･････････････････････････････ 208
- 7.4 集合の濃度 ･･･････････････････････････････････ 211
- 7.5 カントールの定理 ････････････････････････････ 217
- 7.6 ベルンシュタインの定理 ･････････････････････ 222
- 章末問題 ････････････････････････････････････････ 227

## 索引　229

# Chapter 1

# 数学の理論体系

　多くの人が数学を学ぶ目的は何だろうか．1つの重要な答えは，「計算をするため」ではなかろうか．確かに，図形の面積や体積を求めるのに数学の知識は欠かせないし，さらには，橋の強度を確保したり正確な天気予報をおこなうためにも数学は必要である．そのような多くの「需要」に対応するために数学の世界には各種の公式が用意されているし，効率良く計算を進めるための手法も探求されている．古代の文明で「数学」といえるものが発生した最初のときは，その知識は素朴なもので，数学の守備範囲もそれほど広くなかった．しかし，新しい技術開発のためや，知的興味の追求によって，知識はどんどん拡大していって，現在では，壮大な「数学の世界」が構築されている（そして，いまでもさらに発展している）．こうして獲得された「計算できるもの」の範囲が膨大であることが，数学が「役に立つ」と見なされている根拠である．

　数学の「御利益」として「計算」を挙げたが，その「計算」の裏には「証明」があることを意識してほしい．計算には何らかの「公式」を使うだろうが，その「公式」がでたらめでは計算結果も間違ったものになってしまう．計算に使った「公式」自体が正しいことが確認されていなければ，（胸を張って）「計算できた」とは主張できない．たとえば，2点間の距離を求めるのに「ピタゴラスの定理」を使うが，それは「ピタゴラスの定理」がきちんと証明されているからこそ成立する方法である[1]．こう考えると，数学が「有効だ」と判定さ

---

[1]「ピタゴラスの定理の証明」の話をすると，ときたま，『ピタゴラスの定理なんて「当たり前」じゃないですか』と言い出す人がいる．そうなる原因は，数学学習の「初期」の段階でピタゴラスの定理に出会ったために，それが「刷り込み」になってしまって，定理を無批判に受け入れてしまってい

れることの基礎には,「証明」があることがわかる．数々の公式や定理が「証明」されていて，成立することが確実であるからこそ，安心して数学を活用できる．数学には「多くの公式があり有効な計算ができる」という実用性がある．しかし，その他に，数学は「証明を積み重ねることで構築された確実な理論体系である」という魅力ももっている．数学の理論体系を支える「支柱」としての証明について理解を深めることが，本書の目標の1つである．

「証明」に大きな効力があることは上に述べた通りである．しかし，それでは，数学で証明される定理は「絶対的な真理」なのか，というと，「それはちょっと違う」と言わざるを得ない．本章では，最初に，誰でも知っている定理「3角形の内角の和は2直角に等しい[2]」という定理を取り上げて，これが「絶対的な真理」とはいえないことを説明する．その上で，「証明」の意味を考えて，数学の理論体系がどのように構成されているかを解説する．

## 1.1 3角形の内角の和

本章では

**定理 1.1** 3角形の内角の和は2直角に等しい．

という定理を考察する．定理1.1を理解するには，図形に関係する言葉である「3角形」「内角」「直角」を知っていなくてはならない．もちろん，これらの言葉は「常識」として誰でも知っているが，本章の目的が「数学の基礎」を復習することなので，あらためて説明しておこう．まず「3角形」は「3つの点を（2点ずつ）直線で結んでできる図形」と定義するのが普通である[3]．3つある点のそれぞれを「頂点」，2つの頂点を結ぶ線分（＝直線の一部）を「辺」，2つの辺で定まる角（3角形の内側に向いたほう）を「内角」と呼ぶ（図1.1）．

---

るからである．そういうときは，こちらも素っとぼけて，ピタゴラスの定理を自分で書いてもらってから「え？ 公式ってそんな形だったっけ？ $a^3 + b^3 = c^3$ が正しいんじゃないの？」と聞いて反応を見る．もちろん，具体的な直角3角形を考えてみれば，$a^3 + b^3 = c^3$ が成り立たないことはわかるが，だからといって「$a^2 + b^2 = c^2$ が正しい」ということにはならない．こういうことから「じゃあ，なぜ $a^2 + b^2 = c^2$ などという等式が登場したのか？」と考えてほしい．

[2]「2直角」は「直角の2倍」という意味で，$180°$ のことである．言葉は少し古めかしいかもしれないが，世代のせいか，筆者は「2直角」のほうが「幾何学」の雰囲気が出るように感じる．

[3] 点と直線で定義するのに,「3角形」と「角」を使って名前を付けるのは,不思議といえば不思議である．

1.1 3角形の内角の和　　3

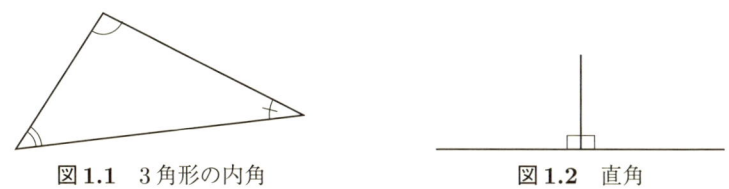

図 1.1　3角形の内角　　　　　　図 1.2　直角

　直線と直線が交わって，隣り合う角が等しくなっているのが「直角」である（図 1.2）．

　ここで，「直角」とか「内角」という言葉は，「角そのもの」と「角の大きさ（＝角度）」という2つの意味をもっていることに注意してほしい．定理 1.1 で使われているのは，両方とも「角度」の意味である（角度だから，和がとれる）．「角度をどのように定めるか」の方法が，後の議論で必要なので，簡単に復習する．角度を定める標準的な方式は「直角から出発して，比例配分で定める」というものである．つまり，直角は 90° で，それを 2 等分したら 45°，などと分割して，さらに足し合わせたりして「角度」を定めていく．このプロセスを理解していれば，「直角」があれば，その大きさから出発して，どんな角についても「角度」を定められる．

　以上のように言葉の意味を確認すれば，定理 1.1 の内容は明確である．つまり，3角形には 3 つの内角があり，その内角のおのおのの「角度」を考えることができる（その「角度」のことも「内角」と呼んでいる）．そして，「3 つの内角（の角度）を足し合わせたものは，直角（の角度）2 つ分に等しい」というのが，定理 1.1 の主張である．

　定理 1.1 が「定理」と呼ばれているのは，もちろん，上記の内容が「正しい」と認められているからである．そして，数学では，「正しい」というのは「証明できる」という意味である．読者も定理 1.1 の証明を読んだ（または，見た）ことがあるだろう．証明の方法は複数あるが，ここでは「標準的」と思われるものを振り返っておく．

　最初に，準備として次の定理を示しておく．

**定理 1.2**　　平行な2直線にもう1つの直線が交わってできる錯角は等しい．

　定理 1.2 の状況は図 1.3 に表されている．「錯角が等しい」というのは，図 1.3 のように記号を振ったとき，$\angle ABC = \angle BAD$ が成り立つことを指している．

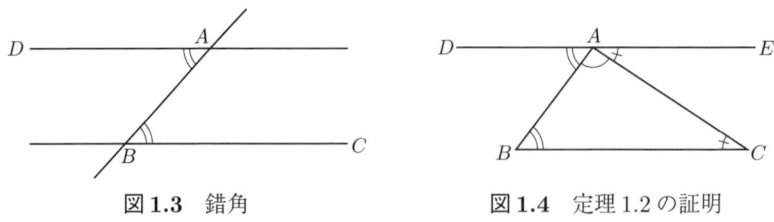

図 1.3　錯角　　　　　　図 1.4　定理 1.2 の証明

　もちろん,「定理 1.2 をどのように証明するか」も考えなくてはならないが, ここでは定理 1.1 の証明がテーマであるから, 定理 1.2 が正しいことは認めて, 話を進めよう. 定理 1.1 の証明の次のステップは

$$3 角形 ABC の 頂点 A を通り, 辺 BC に平行な直線を引く \tag{1.1}$$

となる. この状況は, 図 1.4 に表されている（記号も図 1.4 の通りとする；(1.1) で引いた直線が, 直線 $DE$ である）. 図 1.4 の状況に定理 1.2 を適用すれば, 定理 1.1 が証明できる. 大切なところなので, 正確に説明しておこう. 図 1.4 では, 直線 $BC$ と直線 $DE$ が平行となっている. この平行な 2 直線に直線 $AB$ が交わっている状況に定理 1.2 を適用すると, $\angle ABC = \angle BAD$ が得られる. また, 平行な 2 直線に直線 $AC$ が交わっているところに定理 1.2 を適用すれば, $\angle ACB = \angle CAE$ が得られる. これで, 3 角形 $ABC$ の 3 つの内角の和 $\angle ABC + \angle BAC + \angle ACB$ が「2 つの線分 $AD$ と $AE$ のなす角度 = 2 直角」に等しいことが示された. これが, 定理 1.1 の主張に他ならない.

　以上で, 定理 1.1 が証明された. 証明に欠陥はなさそうだから, これは「定理 1.1 が絶対の真理だ」ということを示している…, のだろうか？「実は, そうではない」ということを, 次節で説明する.

## 1.2　球面上の 3 角形

　我々は, 日常的には「平らな地面」の上で生活しているように感じているが, 実は我々の地球は平らではなく球であることは, みんな知っている.（もっとも, 地球は正確な球ではなく, 少しイビツであるそうだが, いまはそれは無視して, 球であるとして話を進める.）そして, 石炭を掘ったり温泉を探すために地面に穴を掘る, というような例外的行為を除けば, 人間は地球の表面上だ

けで暮らしている．だから，「球の表面（＝球面）上に張り付いて暮らす人々」のための幾何学を考えることも有益である．（実際，それは「球面幾何学」と呼ばれている．）

これから，「球面上の 3 角形」について考察する．球面上にも点はたくさんあるから，3 点をとってくることは問題ない．さて，3 角形を作るには，2 つの点を「直線」で結ぶ必要があるが，球面上で「直線」とは何だろうか．念のために注意しておくと，いまは「球面上だけ」の話をしているのだから，球面上の 2 点を 3 次元の空間の中の直線で結ぶのではダメである（球面からはみ出してしまう）．「それじゃあ，直線なんかない！」と話を投げ出してしまうのは短気すぎる．「直線とは何か」ということをよく考えてみると，「まっすぐ」というイメージよりも重要なのは，「2 点間の最短の経路を与えるのが直線だ」という事実であることに気づく．そうすると，球面上に 2 点があるとき，「その 2 点を結ぶ球面上の曲線で長さが一番短いものは何だろうか」という疑問が生じる[4]．その答えは

$$2 \text{ 点を結ぶ大円の弧} \tag{1.2}$$

となる．「大円 (great circle)」という言葉には馴染みがないかもしれないので，説明しておこう．3 次元空間の中で，球と平面との交わりは，いつも円である．しかし，その円の半径は，球と平面との位置関係によって変わってくる．「半径が最大になるのはいつか」と考えると，「平面が球の中心を通るときに，半径が最大になる」という答えが得られる．そして，この「球の中心を通る平面と球との交わりである円」のことを大円と呼ぶ．さらに，大円の弧が球面上での「直線（＝最短距離を与える曲線）」となることが証明される[5]．これが (1.2) という答えの意味である．

本論とは関係ないが，(1.2) という答えを知っていると理解できる面白い事実がある．読者は，飛行機の航路を地図で見たことがあるだろうか．たとえば，東京からロサンジェルスに行く路線を例にとってみよう（他に興味のある路線があれば，それでも構わない）．その路線の航路を地図で見れば，路線が「曲がっている」ことがわかる．そして，「まっすぐ飛べばいいのに，何で曲がっているのだ（東京とロサンジェルスの間には海しかないんだから，遠慮

---

[4] そのような「最短の経路を与える曲線」は，数学のいろいろな場面で重要で，測地線 (geodesic) という名前が付いている．
[5] この事実の証明は，省略する．証明は微分積分の応用で，「数学らしい」興味深い議論が展開される．

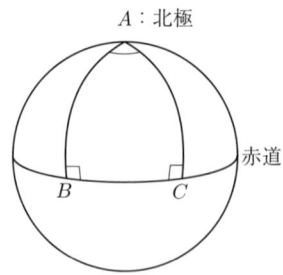

**図 1.5** 球面 3 角形の例

せずにまっすぐ飛べばいいじゃないか)」という疑問をもったことがないだろうか．この疑問に対する答えは「いや，あれはまっすぐ飛んでいるのですよ」となる．飛行機は（燃料節約のために）なるべく短い距離で飛びたいのは当然である．だから，飛行機は (1.2) という答えに従って，大円に沿って飛んでいる．しかし，平面上に描かなければならない通常の地図では，球面上の最短距離の大円と地図の上の直線がずれている．これが，飛行機の航路が「曲がっている」と見える理由である．「それじゃあ，もっと「上手な」地図の書き方はないのか」という疑問が湧いて…，と考えていくと，「地図をめぐる数学」や「地図の歴史」に触れることができる．興味のある読者は，是非自分で調べてみてほしい．

さて，以上で，球面上で「直線」に当たるのが大円であることがわかった．そして，球面上に 2 点 $A, B$ があれば，$A$ を $B$ を結ぶ大円がかならず存在することもわかる．なぜなら，$A, B$ と球の中心 $O$ の 3 点を通る平面を考えれば，その平面と球面が交わってできる大円が「$A$ と $B$ を結ぶ大円」だからである．そうなると，球面上にも，「3 角形」が存在する．なぜなら，球面上の 3 点を 2 点ずつ大円で結べば「3 角形」ができるから[6]．さらに，3 角形の「内角の大きさ」も立派に定義できる．（2 つの大円が交わる角度を定めるには，平面の場合のように，直角から出発して比例配分していけばよい．または，それぞれの大円を定める平面を考えて，「その 2 つの平面のなす角度」と定義しても同じものになる．）同じように，「大円の弧の長さ」はちゃんと定まるので，「3 角形の

---

[6] ただし，3 点のうち 2 点が「1 つの直径の両端」である場合は，3 角形ができない．たとえば，2 点 $A, B$ が北極と南極のときは，第 3 の点 $C$ がどこにあっても，「$A$ と $C$ を結ぶ大円」と「$B$ と $C$ を結ぶ大円」が同じ子午線になってしまう．これだと「2 角形」になってしまって，3 角形とはいえない．

辺の長さ」も定義できる．さらに，球面上で3角形を移動することもできるので，3角形の合同も定義できる．

このように，球面上でも平面上とまったく同様に3角形を考えることができる．たとえば，

**定理 1.3** 3辺の長さの等しい2つの3角形は合同である．

という定理は，球面上でも成立している．しかし，内角を考えると，話は違ってきてしまう．球面上では，3角形の内角の和は2直角になるとは限らない[7]．たとえば，球面を地球だと思って，北極点を $A$ として，赤道上に異なる2点 $B, C$ をとり，3角形 $ABC$ を考える（図1.5）．このとき，$B, C$ を結ぶ大円は赤道であり，$A, B$ を結ぶ大円と $A, C$ を結ぶ大円は子午線である．すると，赤道と子午線は直交するので，$\angle ABC$ と $\angle ACB$ は直角に等しい．そして，$\angle BAC > 0$ であるから，この3角形の3つの内角の和は2直角より大きい．すなわち，この例では，定理1.1は成立していない．

さあ，これはどういうことだろうか？「2つの点を最短距離で結ぶ」という作業さえできれば，平面であろうが球面であろうが3角形を考えることができる．そして，3角形があれば，辺の長さで合同の判定をすることができる（つまり，定理1.3が成り立つ）．同じように，3角形の内角の和については定理1.1が成り立つ，…と思われる．しかし，図1.5の3角形に対しては，そうなっていない．「3角形について定理1.1を証明したはずなのに，どうして？」という疑問に，どう答えたらよいのだろうか．

この疑問に答えるには，「証明」とは何か，を振り返ってみなければならない．次節で，このことを考察しよう．

# 1.3 数学の理論構成

数学で「証明する」といえば，「論理的な推論によって（ある主張を）導く」ということである．ここで，「論理的な」というのは，「論理の規則を正しく適用している」という意味で使われている．「論理の規則とはどんなものか」を

---

[7] 実は，球面上では3角形の内角の和は決して2直角にならないことがわかっている．しかし，定理1.1との対比のためには，内角の和が直角にならない3角形が1つあることがわかれば十分である．

説明するのは本書の重要なテーマである（2章，5章，6章を参照）．しかし，証明について考える本節では，「論理を正しく適用する」ことはできるとして，話を進める．論理は証明の重要な道具であるが，ここで議論したいのは，証明の別の側面だからである．

「証明」の根本について考えるとき，忘れてはならないことは，「何もないところから出発して，何かを証明することはできない」という事実である[8]．つまり，「論理的推論」というものは，かならず

$$\text{主張 } B \overset{\text{論理}}{\Longrightarrow} \text{主張 } A \tag{1.3}$$

と表されるのであって，「論理的推論によって主張 $A$ を証明する」といっても，そこには「出発点」となる別の主張（(1.3) では，主張 $B$）がなくてはならない．これを言い換えると，(1.3) の意味は

「$B$ が正しい」という前提のもとで，「$A$ が正しい」ことが保証される

ということにすぎず，「どんな場合でも $A$ が正しい」と主張しているわけではない．そうなると，「では，$B$ は正しいのか？」という疑問が湧いて，$B$ の証明を考えることになる．しかし，この場合も「主張 $B$ が絶対的に正しい」ということは論理では証明できなくて，「ある主張（$C$ とする）を根拠にして $B$ が正しいことが証明できる」というだけである．これを図式的に表すと

$$\text{主張 } C \overset{\text{論理}}{\Longrightarrow} \text{主張 } B \tag{1.4}$$

となる．ここでさらに，「では (1.4) に現れた $C$ は正しいのか？」という疑問をもつと，主張 $C$ の根拠を探さねばならない．すぐわかるように，この「根拠を探す」というプロセスは「イタチごっこ」で，いつまでたっても終わることはない．どうしても，どこかに「出発点」がなければならない．つまり，「定理 1.1 が証明できた」といっても，それは「何らかの主張から出発して，（論理的な推論によって）定理 1.1 を証明した」ということである．定理 1.1 の裏には，何らかの「出発点」の主張が隠れている．しかし，普段は「出発点は（暗黙のうちに）了解されている」と見なされていて，出発点がはっきり述べられていない．

---

[8] もっと，ぶっちゃけて言えば，「無い袖は振れない」ということ．

この事情は，数学の定理すべてについて共通である．つまり，数学のどんな定理にも，その背景には「出発点」が控えている．何らかの「出発点」から，論理的推論で到達できる主張の集まりが，1つの「理論」となる．このとき，「出発点」が状況によって変わってしまったりしたら，理論の基礎がぐらついてしまって，まずい．そこで，現代の数学では，

$$\text{理論の出発点となる（基本的な）主張の集まり} \tag{1.5}$$

をあらかじめ定めておく，という方式がとられている．そして，この「主張の集まり」を（その理論の）「公理系」と呼んでいる[9]．そして，1つの公理系から出発して，論理的な推論をおこなうことで証明できる主張の集まりを，「理論」と呼ぶ．だから，「出発点である公理系が違えば，できてくる理論も違ってくる」ということになる．実際に，現代の数学では，多くの公理系が導入されていて，おのおのの公理系から有益な理論が構成されている．

最初に取り上げた，定理1.1の成立・不成立も，公理系の違いで説明できる．つまり，定理1.1は「平面幾何」という「理論」の中の定理であり，「平面幾何」とは別の公理系から出発する「球面幾何」では定理1.1は成立しない，と理解できる．「では具体的にどこが違うのか？」という疑問が出てくるだろう．その疑問には，次節で平面幾何の公理を取り上げて説明する．

最後に，話が少しややこしくなるが，「理論の入れ子構造」について書いておく．ここまで読まれた読者の中には，「え？　数学にはそんなにたくさん理論があるの？　それじゃあ，理論ごとに全部別々に考えなくてはならないの？」という疑問をもつ人も多いかもしれない．確かに，平面幾何と球面幾何が「まったく別の世界」をなしていて，お互いに共通性がまったくなかったら適応するのに苦労しそうである．そうなると「数学の統一性」が損なわれた感じで，数学の魅力が減ってしまう．しかし，実際は「数学の統一性」は損なわれていないわけで，そこにある「トリック」が「理論の入れ子」である．つまり，「平面幾何」と「球面幾何」という2つの理論を含む大きな理論として「幾何」がある[10]，ということである（図1.6参照）．

大きな理論である「幾何」には「最短距離を与える曲線」として「測地線」と

---

[9] この「系」は「システム」のことで，「公理系」は「公理の集まり」の意味である．(1.5)の主張の1つ1つを「公理」と呼ぶ．

[10] その「大きな理論」は，実際には「幾何」と呼ばれているわけではない．説明上の便宜的な名前，と思ってほしい．

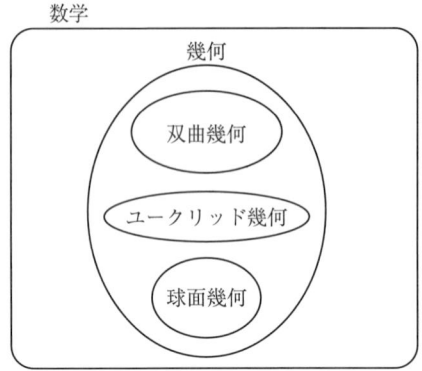

図 1.6 幾何と数学の包含関係

いう概念がある．そして，「測地線」が「(平面上の)直線」となっている「特殊な世界」として「平面幾何」があり，「測地線」が「(球面上の)大円」となっている，別の「特殊な世界」として「球面幾何」がある．「平面幾何」と「球面幾何」では，「定理1.1が成り立つか成り立たないか」という違いはあるが，『「3角形」という概念があり，定理1.3が成り立つ』という共通性（＝統一性）がある．「幾何」という共通の地盤の上に，「平面」の「特殊事情」を組み込めば「平面幾何」ができるし，「球面」という「特殊事情」を組み込めば「球面幾何」ができてくる[11]．

「理論の入れ子」は一段階だけではない．つまり，上に述べた「幾何」も，さらに大きな理論（たとえば，「数学」全体）の中に成立した1つの理論にすぎない．この事情は，行政の単位にたとえられる．一番身近な行政単位は市町村であろうが，その市町村は都道府県の中の行政単位で，さらに，都道府県は国の下にある行政単位である．市町村は都道府県の定めたルールを無視することはできないが，その範囲で独自のルールを定めることができて，その独自のルールは他の市町村では通用しない（通用することもありうるが）．都道府県と国の間でも，同じ関係が成立している．これを「行政単位の入れ子」と表現することができて，数学での「理論の入れ子」と同じ事情である．

---

[11] このような「特殊事情」を，筆者は「家庭の事情」と呼んでいる．「家庭の事情」に踏み込まずに一般的な議論ができればスマートでカッコイイが，ときには「家庭の事情」に踏み込んで"ドロドロ"の議論をしないと問題が解決しないこともある．

## 1.4 ユークリッド幾何と非ユークリッド幾何

前節までに扱った「平面幾何」は，紀元前4世紀にユークリッドによってまとめられた（ユークリッドの「原論」という本に書かれている）．したがって，平面幾何のことをユークリッド幾何と呼ぶことも多い[12]．また，前節で説明した「公理系から出発して理論を作る」という数学のスタイルを作ったのも，ユークリッドである．本節では，ユークリッドが平面幾何の公理と定めた主張を紹介して，定理1.1の証明を検討する．

ユークリッドの「原論」では，（幾何学に限らず成立する）一般的な規則を「公理 (axiom)」と呼び，幾何学に関する主張を公準 (postulate) と呼んで区別している．しかし，現在ではこの区別はせずに，両方まとめて「公理」と呼ぶのが普通であり，下に出てくる平行線公準も平行線公理と呼ばれている．ここでは，「感じ」を出すために，ユークリッドに従って公理と公準に分けて紹介しよう．まず，公理だが

---
**ユークリッドの公理**

(1) 1つのものに等しいものはお互いに等しい
　　（つまり，$b = a, c = a \Longrightarrow b = c$）
(2) 等しいものどうしを加えた結果は等しい
　　（つまり，$a = a', b = b' \Longrightarrow a + b = a' + b'$）
(…)（その他いくつか）

---

となっていて，「当たり前」と思えることばかりである[13]．3角形について考えるには，公準が大切である．

---
**ユークリッドの公準**

(1) 与えられた2点に対して，その2点を結ぶ直線がただ1本存在する．
(2) 与えられた線分を，どちら側にも，限りなく延長することができる．
(3) 与えられた2点に対して，一方の点を中心とし，もう一方の点を通

---

[12] 本書では平面（= 2次元）のことしか扱わないが，一般に $n$ 次元でもユークリッド幾何と呼ばれる理論が存在している（$n$ は自然数）．
[13] 「何でこんなつまらないことを大袈裟に書いているんだ！」と言って，怒らないでほしい．「足場を固める」のは数学では大切なことで，数学の「信頼性」の根源になっている．

> る円が唯 1 つ存在する．
> (4) 直角はすべて等しい．
> (5)（平行線公準）1 つの直線が 2 つの直線に交わり，その一方の側の内角の和が 2 直角より小さいときは，その 2 直線を延長するとその側で交わる．

見ておわかりのように，公準はたった 5 つだけである．5 番目の主張が「かの有名な」平行線公理であるが，これは，現在では

> (5′)（(5) と同値）直線 $L$ とその上にない点 $A$ が与えられたとき，$A$ を通り $L$ に平行な直線がちょうど 1 本ある．

という形で述べられることが多い．読者も (5′) なら，見たことがあるだろう．

平面幾何の理論の中には定理 1.1 もあるし，さらには「九点円の定理」というような壮大な仕掛けの複雑な定理もある．たくさんの主張を含む理論である「平面幾何」を，これら 5 つの公準だけから導いてみせたことが，ユークリッドが「原論」で提示した重要事項（の 1 つ）である．

話は少しずれるが，「公準 (4) は，いったい何を言っているのか？」という疑問もあるだろうから，説明しておこう．公準 (4) を理解するためには，「直角」という言葉の意味がはっきりしていなければならないのは，当然である[14]．もちろん，ユークリッドに抜かりのあるはずはなく，「原論」で「直角」は次のように定義されている．

> 「直角」の定義： 1 つの直線上にもう 1 つの（半）直線が立ってできる隣り合わせの 2 つの角が等しいとき，それらの角を直角と呼ぶ．

平面上に直線はたくさんあるし，直線上の点も無数にある．したがって，上の定義によれば，「直角」と呼ばれる角[15]も無数にある．公準 (4) の意味は，「直角は無数にあるけれども，その角はすべて（大きさが）等しいのだ」とい

---

[14] 冷静に考えれば「当然」なのだが，忘れやすいことだともいえる．言葉の意味に誤解があるせいで，かみあうはずのない議論を延々と続けている場面を見ることもある（実に，空しい）．注意していただきたい．

[15] 「角」とは，1 点から 2 つの半直線を引いてできる図形．

うことである．公準(4)によって「直角は等しい」ということが保証されると，あとは，「正しい論理」に従って比例配分の議論をおこなえば，一般的に角の大きさの比較ができるようになる（実際に，その議論が「原論」に書かれている）．言い換えれば，『角度を比較するための出発点としては，「直角は等しい」という事実だけがあればよい』と主張しているのである．「そこまでやるか」という綿密さだが，それがユークリッドのスタイルであり，現代の数学もそれを引き継いでいる．

さて，平面上の点や直線だけを想定していると，5つの公準は「当たり前」と思えてしまう．しかし，「では，球面上では？」と考えてみると，これらの主張は，成り立ったり成り立たなかったりして，面白い（球面上では，直線の代わりに大円をとる）．特に重大なのが，球面上では平行線公準 (5′) が成り立たないことである．（球面上では，2つの大円はかならず交わるので，そもそも「平行な直線（＝大円）」というものが存在しない．）

ここで，1.1節で与えた定理 1.1 の証明を振り返ってみると，公準 (5′) の主張を使っていることがわかる（(1.1) の部分）．「定理 1.1 を証明した」とはいっても，その証明の過程で公準 (5′) を使っているのだから，公準 (5′) が成り立たない世界では，その証明は無効である．証明が無効だから，球面幾何では定理 1.1 は成り立つとはいえない．（さらに，実際に球面上には内角の和が2直角でない3角形があることを示した（図1.5参照）ので，「球面上では定理1.1は成り立たない」といえる．）

ユークリッド幾何という言葉は非ユークリッド幾何との対比で使われることが多い．これまで，「定理1.1は絶対的真理ではない」と説明してきたが，ユークリッド自身（や，その時代の人のすべて）は定理1.1を絶対的真理と思っていたはずである．ユークリッドの公準は，絶対的真理の体系を作り上げるための基礎として考察された．しかし，多くの出来事があったあと[16]，18世紀に「ユークリッドの公準をみたさない幾何」があることが発見された．そのような幾何の代表が「双曲幾何」と呼ばれるものである．詳しい説明は省略するが，双曲幾何の特徴として

$\quad$ 5つの公準のうち (1) から (4) は成り立つのに (5)（＝平行線公準）だけ成り立たない $\hfill (1.6)$

---

[16] 平行線公準をめぐる，長ーい長ーい歴史がある．

という性質がある．定理 1.1 とその証明からわかるように，公準 (5) は平面幾何の最重要の性質である．双曲幾何という「公準 (5) をみたさない「一人前である幾何」」が発見されたことで，ユークリッドの平面幾何は「絶対的真理である幾何」という「地位」を失い，「たくさんある幾何のうちの 1 つ」に「転落」した[17]．「たくさんある幾何のうちの 1 つ」とはいいながら，ユークリッドの公準をみたす幾何は大切なので，それが「ユークリッド幾何 (Euclidean geometry)」と呼ばれ，それ以外のいろいろな幾何をまとめて「非ユークリッド幾何 (non-Euclidean geometry)」と呼ぶ．

双曲幾何（や，他の非ユークリッド幾何）の考察にはいろいろな数学が使われて，なかなか面白い．是非自分で勉強してみてほしい．参考書は数多くあるが，たとえば，小林昭七「ユークリッド幾何から現代幾何へ」（日本評論社）の第 2 章などがある．

## 1.5 証明の例

「証明の根拠を考える」という本章の趣旨にちなんで，幾何以外のテーマで，定理の証明について考察してみよう．扱う定理は

**命題 1.4** $r$ を有理数とするとき，$r^2$ が整数ならば，$r$ は整数である．

というものである．読者は，「命題 1.4 が成り立つのは当たり前じゃないか」と思うだろうか？ 『「当たり前」を警戒せよ』と言いたいのも本節のテーマなので，時間のある読者はお付き合い願いたい．

命題 1.4 を見たとき，最初に考えるべきことは「命題 1.4 の逆は成立している」ということである．具体的に書くと，命題 1.4 の逆は

$$r \text{ が整数なら } r^2 \text{ は整数である} \tag{1.7}$$

となる．確かに，(1.7) は成立している（このことは，さすがに「当たり前」と言っていいだろう）．命題 1.4 と (1.7) を合わせると

---

[17] 「自分だけは特別」という位置付けを好んで，それが「偉い」とか「素晴らしい」と思っている人には「転落」と見えるだろう，ということ．

有理数 $r$ に対して, $r^2$ が整数になるための必要十分条件は $r$ が整数であること
$$\tag{1.8}$$
という主張が成立する．こう考えると，命題 1.4 の代わりに，「(1.8) が成立する」と述べるほうが良いようにも思える．しかし，「(1.7) はあまりにも明らかで言うまでもない」と見なして，「当たり前とは言えない主張だけを述べる」ということで，命題 1.4 のように書くことが多い．このように「逆の主張が成り立つことは明らかなので，それはわざわざ書かない」という状況は数学ではよくある．そして，もちろん「逆の主張は成り立たないから，書かない（書けない）」という状況も存在している．ある本に 1 つの定理（または，命題や補題）が書いてあり，その本のどこを探しても，「その定理の逆の主張」は書いてなかったとしよう．そのとき，逆の主張を書かない理由として「明らかだから書かない」と「成り立たないから書かない」の 2 通りがある．同じ「書いてない」という状況でも，両者の数学的内容は大違いである．定理を見たときに「逆の主張は成立するか？」を考えてみるのは，数学を効率良く楽しく勉強するための良い方策である．試してみることをお勧めする．

命題 1.4 を「当たり前」と感じるのはいいが，「それが成り立つ理由がまったく説明できない」というのでは落第である．強く説明を求めると

$r$ の分母が $m$ だとすると, $r^2$ の分母は $m^2$ で, $r^2$ が整数なのだから
$m^2 = 1$ でしょう．だから, $m = 1$ となって, $r$ が整数だとわかる． $\tag{1.9}$

と答えてくれるかもしれない．この答えは，「それで良い」とも言えるし，「不十分だ」とも言える．(1.9) のように答えた人が「勉学途中」の可能性がある場合には，筆者は

$\alpha = \dfrac{1+i}{\sqrt{2}}$ とおきましょう．さて, $\alpha$ の分母はいくつですか？ $\tag{1.10}$

と聞くことにしている（ただし, $i = \sqrt{-1}$ が虚数単位であることは先に述べておく）．読者はどう答えてくれるだろうか．分母の有理化をおこなって「分母は 2」と答える人もいるかもしれないし，「分数」をそのまま考えて「分母は $\sqrt{2}$」と答える人も多そうである．どちらも「もっとも」な答えである．次は $\alpha^2$ を計算してもらう．といっても，一人孤独に本を書いている筆者には，目の前にはいない読者にその場で計算を要求するわけにもいかない．しかたないので，自分で計算すると

$$\alpha^2 = \frac{(1+i)^2}{2} = \frac{1+2i+(-1)}{2} = i \tag{1.11}$$

となる．さあどうだろう？「$i$ の分母は？」と聞かれて，2 だとか 4 だとか答える人はいなくて，どうしても答えは 1 だろう．そうなると，「$\alpha$ の分母は 1 ではないのに $\alpha^2$ の分母は 1 になる」という現象が起きていることになる．この現象を認めてもらった上で，「そういう現象があるのに，どうして (1.9) が成り立つと言えるのか」と突っ込むことになる．筆者のこの「イチャモン」に的確に対応できなければ，「(1.9) によって命題 1.4 が証明できた」とは到底認められない．筆者に問い詰められると，苦し紛れに「それは $\alpha$ が虚数だからいけないんですよ．有理数は実数だから大丈夫です」などと言い出す人もいる．しかし，その主張は間違いで，実数でも「分母が消えてしまう」ことはある（章末問題 1.1 参照）．

(1.9) の中身を詳しく分析すると，そこでは

$$\text{「有理数の分母」が（正確に）定義されていること} \tag{1.12}$$

と

$$r^2 \text{ の分母は，「} r \text{ の分母」の } 2 \text{ 乗に等しい} \tag{1.13}$$

という 2 つの事実が使われていることがわかる．筆者の体験では，特に (1.12) が見逃されていることが多い．つまり，「有理数の分母なんて，考えるまでもない当たり前のものじゃないか．何でそんなことを聞かれるのだ」と反応する人が多い．しかし，上の「$\alpha$ の分母」の問い掛けからわかる通り，実は，(1.12) 自体が「立派なこと」である．そして，分母の定義が明確になれば，その定義に従って (1.13) を証明することができる．命題 1.4 の証明として，(1.9) が「完璧」と言えるためには，(1.12) と (1.13) がきちんと押さえられていなくてはならない．

以上のような筆者の執拗な「絡み」を撃退するには，「素因数分解の一意性」を持ち出せばよい．つまり，「整数の素因数分解が 1 通りに定まること」から (1.12) と (1.13) が導かれる，と指摘すればよい．素因数分解の一意性があるから，有理数 $r$ を既約分数 $\dfrac{n}{m}$（$m, n$ は互いに素で，$m > 0$）の形で唯 1 通りに表すことができて，そのときの $m$ が「$r$ の分母」と定義される（$m$ が 1 つだけに定まることが重要）．これで，(1.12) が解決した．さらに，素因数分解の一意性から「$m, n$ が互いに素なら $m^2, n^2$ が互いに素」という事実も導かれて，(1.13) が示される．

命題1.4の証明を書くには，(1.9)のような議論の他に，「背理法を使う」という方法もある（背理法については，5.2節参照）．そのような証明の例を書いておこう．この方法でも，「素因数分解の一意性」が重要なのは同じである．

命題1.4を背理法で証明する．そのために，整数でない有理数$r$で，$r^2$が整数となるものがあったと仮定する．この$r$を，

$$r = \frac{n}{m} \quad (m, n \text{ は整数}) \tag{1.14}$$

と表す．さらに，もし$m$を割り切る素数が$n$も割り切ったときは，$m, n$の両方をその素数で割っておけばよいので，その操作を繰り返すことで

$$m \text{ を割り切る素数は } n \text{ を割り切らない} \tag{1.15}$$

と仮定してよい．ここで$m = \pm 1$なら$r$は整数になってしまうから，「$r$は整数でない」という仮定により，$m \neq \pm 1$である．したがって，$m$を割り切る素数$p$が（少なくとも1つ）存在するので，そのような$p$を1つとる．(1.14)の両辺を2乗して分母を払うと

$$n^2 = r^2 m^2 \tag{1.16}$$

が得られる．仮定により$r^2$は整数であるから，$p$が$m$を割り切ることと(1.16)によって，$p$が$n^2$を割り切る．このことと素因数分解の一意性によって，$p$は$n$を割り切らなくてはならない．しかし，これは(1.15)に反しており，矛盾である．これで，「$r$は整数でない」という仮定から矛盾が導かれた．したがって，背理法により，$r$は整数でなくてはならない．（証明終わり）

上の議論では，

$$p \text{ が } n^2 \text{ を割り切れば } p \text{ が } n \text{ を割り切る} \tag{1.17}$$

という主張が重要な論点になっている．「(1.17)は当たり前じゃないか」という感想をもつ人が多いと思うが，それは，整数の基本性質に「慣れすぎている」からである．よくよく考えてみれば，(1.17)は「当たり前」ではなくて，「証明しなければいけない」ということがわかる．（そのことを納得していただくには，上で挙げた$p = \sqrt{2}, n = 1 + i, n^2 = (1 + i)^2 = 2i$という例を見てもらえばよい．）もちろん，整数について素因数分解の一意性が成り立つことは誰でも知っていて，そのことからすぐに(1.17)は導かれる．しかし，『(1.17)を導く

には何らかの「根拠」が必要となることを意識していてほしい』というのが，筆者の言いたいことである．

## 章末問題

**問題 1.1** $\beta = \dfrac{1+\sqrt{5}}{2}$ とおくとき，$\beta^2, \beta^3$ を求めよ．また，$\beta, \beta^2, \beta^3$ の「分母」がいくつであるか答えよ．

**問題 1.2** 球面幾何ではユークリッドの公準のうち，どれが成り立ち，どれが成り立たないかを答えよ．

**問題 1.3** 現在では，「ユークリッドの公準の (1) から (4) だけを使って公準 (5) を導くことはできない」ということが証明されている．なぜそのようなことが証明できるか，どのようにして証明できるか，について考え，説明せよ．

**問題 1.4** $0!$ が 1 に等しい理由を説明せよ．

**問題 1.5** $\sqrt{2}$ の定義を述べよ．

**問題 1.6** 等式 $\sqrt{x+2} = x$ をみたす実数 $x$ を求めよ．

**問題 1.7** 平面上の 3 角形について，鋭角 3 角形・直角 3 角形・鈍角 3 角形の定義を述べよ．

**問題 1.8** 3 つの実数 $1, a, b$ が平面上の鋭角 3 角形の 3 辺の長さとなるための実数 $a, b$ の条件を求めよ．

**問題 1.9** 等式 $\sqrt[3]{9+4\sqrt{5}} + \sqrt[3]{9-4\sqrt{5}} = 3$ が成り立つことを証明せよ．

**問題 1.10** 自然数 $a, b$ について，$a$ が $b$ の約数であることを $a \mid b$ と書き表し，$a \mid b$ の否定を $a \nmid b$ と書き表す．次のおのおのの主張が正しいかどうか答えよ．

(1) $a \mid b$ かつ $a \mid c$ であれば，$a \mid bc$ である．
(2) $a \mid b$ または $a \mid c$ であれば，$a \mid bc$ である．
(3) $a \nmid b$ かつ $a \nmid c$ であれば，$a \nmid bc$ である．
(4) $a \nmid b$ または $a \nmid c$ であれば，$a \nmid bc$ である．
(5) $a \mid b$ かつ $b \mid c$ であれば，$a \mid c$ である．
(6) $a \nmid b$ かつ $b \nmid c$ であれば，$a \nmid c$ である．
(7) $a \nmid b$ かつ $a \mid bc$ であれば，$a \mid c$ である．

# Chapter 2

# 数学の論理と日常の言葉

　数学の論理も何らかの言葉（＝言語；我々の場合は日本語）で表現されるが，当然ながら，その言葉は日常生活でも使われている．もちろん，どちらについても1つ1つの言葉は基本的に同じ意味で使われているわけだが，使用の目的上，用法が違っているところも多い（生活は複雑かつ曖昧で，数学は単純かつ厳格である）．両者の用法の違いを認識していないと，戸惑ってしまうことが多い．数学での「厳格な論理」は5章と6章で詳しく説明するが，その前に，日常的に使われる言葉との違いを明確にしておくのは有益だと思う．筆者の体験では，「数学的に厳格に使われている言葉を日常の感覚で解釈するせいで，誤解が生じている」という例が非常に多いからである．

　日常の生活でも使われ，数学の論理でも重要な言葉のうち，基本的なものを挙げてみると，

- 正しい (true)・正しくない (false)
- …でない（否定；not）
- かつ (and)
- または (or)
- …ならば…である (if ..., then ...)
- そして (and)・しかし (but)

などがある．また，考察する対象が複数（＝2つ以上）あるときには，

- すべての… (for all ...)

- 任意の⋯（for any ... または for arbitrary ...）
- ⋯が存在する（there exist(s) ... など）
- ある⋯について（for some ...）

などの表現も欠かすことができない．

本章では，これらの言葉について「使用上の注意」をまとめる．

## 2.1 正しい・正しくない

正しい・正しくない，と同じ意味の表現として

- 成り立つ・成り立たない
- 真である・偽である
- YES・NO

などがある．日常的にはこれらはニュアンスの違いをもって使われるかもしれないが，数学的にはまったく同じことを意味している．これらの言葉のうちでは，「真である・偽である」という表現が一番「論理的」に聞こえる．これは，英語の true・false に対応している．

日常生活で「正しい」という表現を使うときには，何らかの価値判断を含んでいることが多い．つまり，正義・正解・正式・正装・正当・正統・正常などで登場する「正しい」は，立派だ・価値が高い・堂々としている，などの判断をしているといってよい．しかし，数学で「ある主張が正しい」と言った場合は，「その主張が成り立つ」ということを指しているだけで，その主張が「すごいものだ」とか「価値がある」という意味ではない．

◼ 例 2.1　たとえば

$$n > 0 \text{ をみたす自然数 } n \text{ が少なくとも 1 つ存在する} \quad (2.1)$$

という文章の意味は明確だから，(2.1) は「（数学的な）主張」である．そして，(2.1) が成り立つことも明らかだから，(2.1) は「正しい主張」と言える．

自然数 $n$ はかならず $n > 0$ をみたすのだから，日常の言語感覚からすれば，わざわざ (2.1) などと主張するのは「変な感じ」がしてしまう．しかし，「では，$n > 0$ をみたす自然数 $n$ は存在しないのか？」と言われれば，「そうでは

ない．$n > 0$ をみたす自然数 $n$ は確かに存在する」と答えざるを得ない．つまり，(2.1) という主張は確かに成り立っているわけで，「主張 (2.1) は正しい」と表現することになる．もちろん，(2.1) のような主張をすることに何らかの価値を見いだすことは困難である．しかし，数学の論理は，そのような「価値判断」には関わらない．とにかく，(2.1) は「成り立つ」には違いないのだから，数学的には「正しい」主張である． □

例 2.1 の他にも，「$x > 10$ なら $x > 1$ である」なども，「正しい主張」といえる．このように，「数学的に正しいが，まったくつまらない主張」とはいくらでも作れてしまう．

数学で「正しい・正しくない」を考えるときには

どんな主張も，正しいか正しくないかのどちらかであり，中間はない (2.2)

ということを忘れないでほしい．この (2.2) も，日常的には「あり得ない」感覚と言えそうである．日常的に出会う問題では「YES か NO かはっきり決まる」ということは少なくて，「YES とも NO とも言えない」と感じることが多いだろう．しかし，数学は「YES か NO かのどちらかのはず」という「論理」で動いていて，中間は認めない[1]．このような「YES か NO かのどちらか」という事実を強調したいときには，「2値論理」という言葉を使う（真と偽の2つの値（＝論理値）だけを考えるから）．そして，(2.2) という「ルール」は排中律と呼ばれている（5.2 節参照）．実は，2値論理でない論理（＝多値論理）も考察されているが，2値論理ほどの重要性をもつには至っていない．したがって，現状では，単に「論理」といえば2値論理を指すことになっていて，2値論理を正確に使いこなすのが，数学の基本である．「YES か NO か，はっきり割り切ったりできない！」という感想ももっともであるが，「2値論理が有効である」ということもまた，確かな事実である．こうしたことから，筆者は「日常の論理（生活モード）」と「数学の論理（数学モード）」をはっきりと使い分けることを勧めている（標語：人生は数学ではない）．

---

[1] このあたりの「割り切りぶり」が，数学が嫌われる原因かもしれない．でも，役に立つんだけどなあ‥‥．

## 2.2 否定（その1）

「…でない」という表現は日常生活でもよく使うし、これを「否定」と呼ぶことも問題ないだろう．数学で否定を使うときに忘れないでおいてほしいのは，前節で述べた排中律（(2.2) のこと）である．ある主張 $P$ に対して，「$P$ と $P$ の否定が両立しない（つまり，両方正しいことはない）」のは当然だが，排中律があると，「$P$ と $P$ の否定のどちらかは，かならず正しい」となる．その結果，

$$\text{「$P$ の否定の否定」は $P$ と同じ} \tag{2.3}$$

という結論になる．(2.3) は「2重否定はもとに戻る」と表現してもよい．(2.3) は数学の論理では欠かすことができない性質で，背理法（5.2節参照）の根拠となっている．しかし，(2.3) は日常の感覚からは承服しにくいかもしれない．なぜなら，(2.3) に従えば，「（ナニナニ）は好きですか？」という質問に答えるときに「好きです」と答えるのと「好きでないこともない」と答えるのが「まったく同じ意味」となってしまうからである．日常生活で「好きです」と「好きでないこともない」の違いを感知できない人は困り者だが，逆に，数学の議論をしているときにその「違い」を持ち出されても，これもまた困ってしまう．ここでも，前節で述べた「モードの使い分け」をお勧めしておきたい．

## 2.3 「かつ」と「または」

「かつ」と「または」はいかにも「論理」らしい言葉であり，実際，非常に重要である．2つの言葉のうち，「かつ」の使用法は特に問題はないと思われる．つまり，『「$P$ かつ $Q$」が正しい』ということは，「$P$ が正しく，同時に，$Q$ が正しい」ということで，誤解の余地はないだろう．

これに対して，「または」には重要な注意点がある．誤解している人も多いので，よく確認してほしい．数学で『「$P$ または $Q$」が正しい』という主張をするとき，その意味は

$$P \text{ か } Q \text{ の，少なくとも一方が正しい} \tag{2.4}$$

ということである．「少なくとも一方」という表現は「両方の場合」も含んでいる．したがって，「$P$ も $Q$ も両方正しい」という場合も，『「$P$ または $Q$」と

いう主張は正しい』となる．たとえば，

$$2 \text{ または } 3 \text{ は素数である}$$

という主張は，数学的に正しい主張である（注：2 も 3 も両方とも素数である）．ちょっとしつこいが，もう少し解説しておくと，(2.4) の意味は

「$P$ だけが正しい」か「$Q$ だけが正しい」か「$P$ と $Q$ の両方が正しい」かのどれか

ということである．数学で「または」を使った場合は，この意味に理解することになっている．

「または」について誤解が起きやすいのは，日常生活では『「$P$ または $Q$」が正しい』という主張を

$$P \text{ か } Q \text{ の，どちらか一方だけが正しい} \tag{2.5}$$

と解釈する場合があることによる．

■ 例 2.2 「クイズの景品として，冷蔵庫または洗濯機がもらえます」という文章を読んだとしよう．そのときに，「やった！　両方もらえるかも」と思う人は「非常識」と言われてしまう[2]．ここは，どうしても「もらえるのはどちらかだけ」と判断してもらわないと，社会が円滑に動かない．これが，『「または」を (2.5) のように解釈する』という状況である． □

けれども，日常生活でも，「または」を，(2.5) ではなく (2.4) のように解釈することがある．

■ 例 2.3 役所で手続きが必要なときに「本人確認のために，学生証またはパスポートを持参してください」と言われたとする．このときの「常識的解釈」は，（学生証かパスポートの）『「（少なくとも）どちらか一方」を持参すればよい』となる．つまり，「両方持参したら怒られる」ということはない．これは，『「または」を (2.4) の意味で解釈している』といえる． □

---

[2] まあ，「思うだけ」なら自由ではある．しかし，そう思った次の瞬間に，（心の中で）否定してもらわないと困る．

このように，日常生活では「または」に対して (2.4) と (2.5) の両方の解釈があり，我々は，どちらの解釈に従うかを状況によって判断している．しかし，数学の議論では「正確さ」が最重要であるから，1つの言葉に2つの解釈があるのは非常にまずい．その結果，数学の世界では『「$P$ または $Q$」は (2.4) の意味で使う』と決めることになった．(2.5) でなく (2.4) を選ぶ理由は，「そのほうが単純でいいから」であると（筆者は）思う．つまり，『「$P$ または $Q$」を示せ』といわれたときに，$P$ が正しいことがわかったとしよう．すると，(2.4) の解釈では，これで『「$P$ または $Q$」は正しい』となって，「証明終わり」である．これに対して，(2.5) の解釈では「$P$ が正しい」だけでは不十分で，「$Q$ が正しくない」ことも示さなくてはならない．このように，論理体系を構築する「部品」として考えるとき，「または」を (2.4) のように解釈するほうが単純でよい．

もちろん，数学の議論でも，(2.5) のような主張をしたいことはある．そのような場合は，明確に (2.5) と表現するか，または同じ意味で

$$P \text{ が成り立って } Q \text{ は成り立たない，または，} Q \text{ が成り立って } P \text{ は成り立たない} \tag{2.6}$$

とか

$$\text{「}P \text{ または } Q\text{」であり，「}P \text{ かつ } Q\text{」ではない} \tag{2.7}$$

などの表現を使う．計算機科学では，(2.5)（や，(2.6), (2.7)）の主張を「排他的または (exclusive or)」と呼んで，xor という記号で表すことがある[3]．しかし，数学の世界では，この記号の使用頻度はかなり低い（ただし，(3.16) 参照）．

## 2.4 「そして」と「しかし」

「そして」という言葉もよく使われるが，これは英語では and であり，論理的には「かつ」と同じ意味である．「$P$ が成り立つ．そして，$Q$ も成り立つ」といえば「まず $P$ があり，次に $Q$ が出てくる」という感じがするが，論理的内容は「$P$ と $Q$ が両方成り立つ」ということであって『「$P$ かつ $Q$」が成り立つ』と同じことである．つまり，『「そして」は「かつ」と同じ』といえる．これは納得しやすいだろう．

---

[3] 主張 (2.5) は「両方はダメ」ということなので，片方が OK なら，もう一方は排除される．つまり，「他方を排除する」ということなので，「排他的」と呼ばれる．

ここで,「そして」と対比される言葉である「しかし」の論理的意味を考えてみると,ちょっと面白い.読者は,なんとなく,『「しかし」は「そして」と反対の役割を果たす』と思っていないだろうか (英語では, and と but の対比).けれども,論理での「重要概念」として「しかし」が取り上げられているのは,見たことがないはずである.それは,なぜだろうか？

結論を言うと,数学の論理に関する限り,『「しかし」は「かつ」と同じ』なのである.これはちょっと変な感じがして納得できないかもしれないので,説明しよう.

■ 例 2.4 「しかし」を使う例として,「$\sqrt{2}$ は無理数(むりすう)である」という主張の証明を書いてみる (この証明では,素因数分解の一意性を利用している).

$\sqrt{2}$ が有理数だとすると,$\sqrt{2} = \dfrac{b}{a}$ をみたす自然数 $a, b$ が存在する ($\sqrt{2} > 0$ に注意).すると,両辺を 2 乗して分母を払うことで

$$b^2 = 2a^2 \tag{2.8}$$

という等式が得られる.ここで,(2.8) を素因数分解したときに現れる 2 のベキが $2^f$ であったとする (つまり,$2^f$ は (2.8) を割り切るが $2^{f+1}$ は (2.8) を割り切らない).(2.8) の左辺は平方数なので,$f$ は偶数でなくてはならない.しかし,(2.8) の右辺は平方数の 2 倍であるので,$f$ は奇数でなくてはならない.整数 $f$ が「偶数かつ奇数」ということはあり得ないので,これは矛盾である.以上で,$\sqrt{2}$ が有理数であるという仮定から矛盾が導かれたので,$\sqrt{2}$ は無理数である.

この証明に「しかし」が登場する.これは「しかし」の「典型的な使い方」だと言っていいだろう.さて,「しかし」が使われた状況を見てみると

$f$ は偶数　しかし　(同時に) $f$ は奇数　$\longrightarrow$　矛盾

となっている.我々には「偶数と奇数は両立しないもの」というのが「当たり前の事実」として意識されるので,「$f$ は偶数」という事実の後にすぐ,「$f$ は奇数」という事実が続くと,自然に『偶数,「それなのに」奇数』という感覚が生じて,自然に「しかし」という言葉を使うことになる.けれども,この証明の流れを純粋に論理的に分析すると

$f$ は偶数　かつ　$f$ は奇数　$\longrightarrow$　矛盾

といっているにすぎない．「最初に偶数だと言ったんだからもう奇数ではないだろう」という「気持ち」が，「しかし」という言葉を使う理由である．けれども，そういう「気持ち」は人間の感覚にすぎなくて，論理的には『「偶数かつ奇数」という事態は起こらない』という「事実」があるだけである．　　　□

　例 2.4 からもわかるように，論理的には『「しかし」と「かつ」は同じ』である．これが納得できない人は，数学の証明で「しかし」が出てきたときは，『「しかし」をすべて「そして」や「かつ」で置き換える』という作業をしてみてほしい．すべて意味が通じることが確認できる．
　日常生活を考えると

$$S \text{ 君は成績が良い．しかし，彼は足が遅い．} \qquad (2.9)$$

などが「しかし」の典型的な使用例だろう．これに対して

$$N \text{ 君は成績が良い．しかも，彼は足も速い．} \qquad (2.10)$$

では「しかし」は使われないが，(2.10) と同じ状況で

$$N \text{ 君は成績が良い．それなのに，彼は足も速い．} \qquad (2.11)$$

ということもあり得る．「しかも」は「そして」と同じで，「それなのに」は「しかし」と同じ意味なのに，(2.10) と (2.11) の両方の表現が可能なのである．これらの接続詞の使い分けは，すべて話し手の「価値判断」に基づいている．どの表現でも，「成績が良いこと」と「足が速いこと」が「プラスの価値」をもつと見なされている．(2.9) ではプラスとマイナスの対比を表すために「しかし」が使われていて，(2.10) ではプラスの並立を表すために「しかも」が使われている．(2.11) はちょっと複雑で，「成績が良い」というプラスが登場した時点で「次はマイナスが登場するのだろう」という「予測」がなされ，結果的にその「予測」が否定されるので，「それなのに」が使われる．結局，(2.11) の「それなのに」は，成績や足の速さに関わっているのではなくて，話し手や聞き手の「予測」を相手にした言葉遣いである．
　これに対して，「純粋な論理」は，このような「価値判断」とは無縁である．たとえば「成績が良い」という主張についてなら，それが「真なのか偽なのか」は問題にするが，『「成績が良い」ことはプラスなのかマイナスなのか』という

価値判断はおこなわない[4]. したがって, 上の3つの表現に登場した「しかし」「しかも」「それなのに」は, 論理的には全部「かつ」と同じになる.

## 2.5 否定（その2）

例 2.2 で登場した「非常識な人」の考えは

$$（冷蔵庫と洗濯機の）両方とももらえる \tag{2.12}$$

というものだった. 例 2.2 の状況では, この考え (2.12) は否定しなければならない（何といっても,「非常識」ですから）. では,『「(2.12) の否定」は何か？』というのが, この節のテーマである.

まず, 論理に従って「(2.12) の否定」を考察しよう. 論理に便利な言葉で表現すると, (2.12) は

$$（冷蔵庫がもらえる）\quad かつ \quad（洗濯機がもらえる） \tag{2.13}$$

となる. ここで冷静に考えれば, (2.13) の否定が

$$（冷蔵庫がもらえない）\quad または \quad（洗濯機がもらえない） \tag{2.14}$$

となることがわかる（「または」の意味は, (2.4) であることに注意）. (2.13) の「かつ」が (2.14) では「または」になっているのが, 最初の注目点である. もう1つの注目点は, (2.14) という主張が「（洗濯機も冷蔵庫も）両方とももらえない」という状況も含んでいることである. 例 2.2 では「（クイズに正解すれば）どちらかはもらえる」という状況なので,「両方とももらえない」という事態は起きない. しかし, 純粋に論理に従って「(2.12) の否定を考える」となると,「両方とももらえない」という事態も考慮に入れなければならない.

以上のことを論理の一般論としてまとめておくと

$$「P かつ Q」の否定 = 「（P でない）または（Q でない）」 \tag{2.15}$$

---

[4] 筆者は, このことを「論理は無味無臭である」と表現している.「無味無臭」の代わりに「無色透明」と言ってもいいが, 決して「無味乾燥」ではないので, 誤解のないように. ある年代以上の方には「あっしには関わりのねえことでございんす」(だったかな？) という態度, と言えば理解されるかもしれない.

という「法則」となる．これと対(つい)になる「法則」として

$$\text{「}P \text{ または } Q\text{」の否定} = \text{「}(P \text{ でない}) \text{ かつ } (Q \text{ でない})\text{」} \quad (2.16)$$

がある．(2.15) や (2.16) は別々に理解するのは苦労が多いばかりなので，「両方まとめて面倒を見る」ことをお勧めする．そのほうがわかりやすいし，役にも立つ．(2.15) と (2.16) は，ド・モルガンの法則と呼ばれている．

これで，(2.12) の否定の仕方はわかってもらえたと思うが，実はこれからが本題である．テーマは，『「(2.12) の否定」である (2.14) を，日本語でどう表現するか』である．具体的には，主張 (2.12) を

$$\text{両方とももらえる} \quad (2.17)$$

と表現したとして，「(2.17) の否定を文章で表せ」という問題を考える．(注：「両方」というのは，もちろん，ここでは洗濯機と冷蔵庫のこと．) この問題の答えとしては

$$\text{両方とももらえない} \quad (2.18)$$

や

$$\text{両方もらえない} \quad (2.19)$$

や

$$\text{両方はもらえない} \quad (2.20)$$

が登場しそうである．さて，これらの表現が正しい意味に理解してもらえるかを考えてみよう．ここからは，論理の問題だけでなく，日本語の表現法の問題も関わってくるので，話がややこしい．まず，(2.18) は「論外(ろんがい)」であって，明らかにバツである（「片方だけもらえる」という事態が考慮されていない）．(2.19) はちょっと微妙な表現で，『「両方もらえる」の否定を (2.19) と表現する』と主張する人がいそうで，心配になる．しかし，筆者の語感では，「(2.19) は (2.18) と同じ意味だ」と思われるので，筆者の答えは「(2.19) はバツ」となる．(2.20) は「両方ともはもらえない」といっても同じで，「(2.20) が (2.17) の否定だ」と答える人が多いと思われる．ただ，(2.20) については，1つ注意してもらいたいことがある．それは『(2.20) は，「片方はもらえる」ということを前提にした表現だと想定される』という点である．つまり，これはあくまでも筆者の語感であるが，(2.20) と言われたら「(片方はもらえるが) 両方はもらえな

い」と「片方はもらえる」という主張を補って理解してしまいそうである．しかし，もしそうだとすると，(2.20) は「(2.17) の否定」とはならない．なぜなら，「(2.17) の否定」には「両方とももらえない」という事態も含まれなければならないから．結局，(2.19) と (2.20) の 2 つの表現は，どちらも，微妙な曖昧さを生じてしまう．そうなると，(2.17) の否定を間違いなく伝えようとすると『「両方とももらえる」ということはない』などと，ぎくしゃくした表現をせざるを得なくなってしまう．論理的に正確な表現と滑らかな日本語を両立させるのは，なかなか難しい．これに対する筆者の対策は

(1) 通常は，「自然な表現」を優先して，普通に話をする
(2) それで，「曖昧になってまずい」という事態が起きたら，（ぎくしゃくしてもよいから）「正確な表現」に移行する

という戦略である．筆者の場合は，(2) の「正確モード」に入ったときに話がしつこすぎて嫌がられているようだが，まあ，何とか見逃してやっていただきたい．

## 2.6 「ならば」

「ならば」はよく使う言葉でもあり，簡単で，問題はなさそうに見えるかもしれない．しかし，それがなかなかそうはいかない．論理に登場する「ならば」と日常生活での「ならば」は，使い方に微妙な違いがあり，それが混乱の原因になることが多い．この論点については 5.4 節で正確に述べる．ここでは，日常生活に登場する例を取り上げて説明してみる．

問題となるのは，2 つの主張 $P, Q$ があるときに，『「$P$ ならば $Q$」という主張の真偽はどうなのか』である．まず，主張「$P$ ならば $Q$」の意味が

$$P \text{ が真であるときは，かならず } Q \text{ も真である} \tag{2.21}$$

となることに異論はないだろう．「ならば」という以上，(2.21) は欠かせない内容である．この点は，日常生活でも論理でも同じである．問題は

$$P \text{ が偽であるとき，「} P \text{ ならば } Q \text{」の真偽はどうなっているのか？} \tag{2.22}$$

である．(2.22) の答えが，純粋に「論理用語」として「ならば」を使うときと

日常的に使うときで異なってくる（それが大問題）．一般的な解説をする前に，日常に登場しそうな例を考察してみよう．

■ 例 2.5　友達と

$$\text{明日晴れたらハイキングに行こう} \tag{2.23}$$

と約束したとする．これで，実際に翌日が晴れなら，ハイキングに行くことになる（おめでとう；楽しんでください）．これは，「(2.21) に従っている」ということである．問題は，「翌日が晴れでなかったときどうするか」である．常識的には，「(2.23) と約束したとき，翌日晴れなかったらハイキングには行かない」が「正解」の解釈であろう．しかし，翌日が晴れでなかったときに，筆者などは，友達に電話して「晴れてないけど，どうするの？」などと聞いてしまう（非常識，と言われる）．なぜそんな電話をするか，の「正当化」はあとで説明したい．□

■ 例 2.6　子供に買い物をねだられたお父さんが晩酌で酔っぱらって

$$\text{お天道}^{てんとう}\text{さまが西から昇ったら，バイク（または，バーキンのバッグ）でも何でも買ってやらあ} \tag{2.24}$$

と吠えたとする[5]．発言 (2.24) は，「約束」と言ってもいいだろう．その「約束」をしたお父さんが，「酔いが醒めたあとバイクもバッグも買ってくれなかった」というのは，ありそうなことである．しかし，お父さんが何も買ってくれなかったとしても，お天道さまが西からは昇らない以上，「お父さんが約束を破った」ということにはならない．「お父さんが約束を破った」と言えるのは，「お天道さまが西から昇ったのに，お父さんがバイク（または，バッグ）を買ってくれなかった」という場合だけである．「約束は，守るか破るかのどちらかだ」とすれば，「お父さんが約束を破った」と言えない以上，「お父さんは約束を守った」と言わざるを得ない．日常生活では，何も買ってくれなかったお父さんが「約束を守った」とは考えにくい．しかし，排中律（(2.2) のこと）を厳格に認める数学の論理では，「約束を破ることが起きない以上，それは，約束

---

[5] 「私のお父さんは酔っぱらって吠えたりしない！」と言って怒らないでください．あなたの家の話ではありません．世の中には，いろいろなお父さんがいるのです．とにかく，自分のお父さんを思い浮かべるのはやめて，(2.24) という発言の「論理」について考えてください．

を守ったことになる」と考えるしかない（『「約束を守った」と見なす以外の選択肢がない』と言ってもいい）．

非常に"優しい"お父さんだと，「太陽が（ちゃんと）東から昇ったのに，バイク（または，バッグ）を買ってくれた」ということも考えられる[6]．この場合にも，「お父さんが約束を守った」という表現には何となく違和感がある．しかし，この状況では「約束を破った」ことにならないのは確かだから，「約束を守った」ことになる．結局，「お父さんがバイク（または，バッグ）を買った」という状況なら，お天道さまが西から昇ろうが昇るまいが「お父さんは (2.24) という約束を守った」と見なされる． □

■ 例 2.7　日常生活で出会う

$$20才以上ならばお酒を飲んでもよい \qquad (2.25)$$

という主張をどう解釈するか考えよう．「ならば」の意味の (2.21) に従えば，(2.25) が

$$ある人が20才以上なら，その人はお酒を飲むのを許される \qquad (2.26)$$

を主張していることは，当然である．さらに，(2.25) が一般論として述べられている状況なら，主張 (2.25) が

$$20才未満ならお酒を飲むのは許されていない \qquad (2.27)$$

という意味を含んでいる，と理解するのは，「日常的解釈」として「普通のこと」といえる．つまり，日常生活の中で，一般論として (2.25) を見たら，

「お酒を飲む」ということについて，「20才以上」という条件が
わざわざ持ち出されているのだから，「お酒を飲んでいいかどう
か」の境界が20才なんだな　　　　　　　　　　　　　　(2.28)

と解釈するのが普通である．また，日常生活では，(2.25) を見て (2.28) のように理解できないと，「困った人」になってしまうかもしれない．

---

[6] 個人的感想としては，「息子にバイクを買ってやる」というのはありそうにないが，「娘にバッグを買ってやる」というのは，十分ありそうに思える．

以上の考察と対比する意味で，次の状況を考えてほしい．筆者とある学生とで，「飲みに行こう」という話になったとして，筆者が「でも，君は（未成年で）お酒を飲んではいけないのでは？」と聞いたとする．そのときに彼（または，彼女，でもいいが...）が「自分はもう22才なので，大丈夫です」と言ったら，筆者は

$$22 \text{才ならば，お酒を飲んでもいいね} \qquad (2.29)$$

と答えて，安心して飲みに行くことになる．この状況での発言 (2.29) は，単純に「22才ならお酒を飲んでも許される」と言っているだけで，「22才未満だったらどうなのか」ということはまったく考えていない．だから，(2.29) は，22才未満の人がお酒を飲んでいいかどうかについては何も主張していない．つまり，この状況での (2.29) は，『(2.25) に対する「(2.28) のような解釈」』を含んでいない． □

以上の例を受けて，「ならば」の使い方の分析をしてみよう．日常生活で「ならば」を使うときに，「$P$ ならば $Q$」の意味として

$$Q \text{ が成り立つための「根拠」が } P \text{ なのである} \qquad (2.30)$$

と理解することがままある．この (2.30) があると，

$$Q \text{ が成り立つためには } P \text{ が成り立っていなくてはならない} \qquad (2.31)$$

と解釈することになってしまう．例 2.7 での (2.25) の解釈の (2.27) は，「$P$ ならば $Q$」に対して (2.30) や (2.31) の解釈をおこなっている．しかし，例 2.7 での (2.29) は，「(2.31) のような解釈をしない」という例である．例 2.6 で，「（太陽が東から昇っても）お父さんがバイク（または，バッグ）を買えば，約束を守ったことになる」という解釈も，『「$P$ ならば $Q$」を (2.31) の意味では解釈しない』という例である．

このように，日常生活で「$P$ ならば $Q$」という主張をする場合には，その中に (2.31) という主張を含める場合もあるし，含めない場合もある．しかし，厳密な議論が身上である数学の論理では，『「$P$ ならば $Q$」が (2.31) の意味に解釈されたりされなかったりする』という曖昧さは許されない．その結果，数学の論理では，『「$P$ ならば $Q$」という主張は，(2.31) のようには解釈しない』と決めている．そういうと話が複雑そうに聞こえてしまうかもしれないが，実は

話は単純で，数学の論理では『「$P$ ならば $Q$」の内容は (2.21) であり，それ以上でも以下でもない』ということである．これは，『「$P$ ならば $Q$」が成り立つ，ということは，「$P$ が真であるとき $Q$ も真であることが保証される」ということだけ』と言ってもいい．その結果

$$P \text{ が偽であるときには，「} P \text{ ならば } Q \text{」は何も主張していない} \qquad (2.32)$$

と理解することになる．この (2.32) という「論理のルール」が，例 2.5 で「晴れなかったとき，電話する」となる理由である．つまり，(2.23) という約束は「晴れたとき」の行動は決めているが，「晴れなかったとき」のことは何も決まってない（(2.32) に従って判断している）．だから，「晴れなかったときは，あらためて確認する必要がある」と思ってしまうのである．

数学の論理では，例 2.6 での議論と同じ流れで

何も主張しない
$\longrightarrow$ 決してウソにはならない
$\longrightarrow$ 真である

と解釈しなくてはならない．こうして，必然的に

$$P \text{ が偽であるときには，「} P \text{ ならば } Q \text{」は真である} \qquad (2.33)$$

と定めることになる．このルール (2.33) が初学者には馴染みにくいようなので，長々と説明してみた．(2.33) と定めることの「必然性」を，十分に納得しておいていただきたい．

(2.21) と (2.33) によって，数学の論理では，

$$Q \text{ が真のときは，（} P \text{ が真でも偽でも）「} P \text{ ならば } Q \text{」は真である} \qquad (2.34)$$

という性質も成り立っている．「ならば」に対して (2.31) のような感覚をもっていると，(2.33) や (2.34) に違和感が生じることもある．そのような例も挙げておこう．

■ **例 2.8** この例では，「円周率は 3 より大きい」「5 は素数である」「10 は素数でない」という事実を認めて話を進める（すべてよく知られたことである）．さて，「ならば」の理解の仕上げとして

(1) 円周率が3より大きいならば，5は素数である
(2) 円周率が3より小さいならば，5は素数である
(3) 円周率が3より大きいならば，10は素数である
(4) 円周率が3より小さいならば，10は素数である

という4つの主張の真偽を判定してほしい．これらの主張は数学に関わるものなので，登場する「ならば」は「論理的意味（つまり，(2.21)だけ，ということ）」で理解してもらわねばならない．

　答えは，

$$(1): 真 \quad (2): 真 \quad (3): 偽 \quad (4): 真$$

である．答えのうち，「(3)が偽」ということには誰も異存がないだろう．その他の3つは，「おかしい」と感じる人もいるだろうから，解説しておこう．一番疑問が起きそうなのは，「(4)が真」という答えだろう．『どこにも正しいことが書いてないのに「真」なのか？』というわけである．この疑問を解決するには，『いまは「円周率が3より大きいかどうか」の真偽を考えているのではなく，「ならば」で結合して作られた（新しい）主張(4)の真偽を考えているのだ』と理解することが大切である（この論点は他の主張についても同じ）．さて，「(4)が真」となる理由は，(2.33)である．(4)は「円周率が3より小さい場合」のことしか述べていない．そして，「円周率が3より小さい」ということは起きないのだから，「円周率が3より小さい場合」のことしか主張していない(4)は，決してウソにはならない．したがって，(4)は真なのである（例2.6のお父さんの約束と同じ）．(4)が真であることは，対偶（5.4節参照）を考えても理解できる．(4)の対偶は，「10が素数でないなら，円周率は3以上である」となる．これなら「正しい」と納得できるだろう．対偶はもとの主張と同値だから，(4)の対偶が真なら，(4)も真である．

　(2)が真である理由も(4)と同じである．つまり，(2.33)を適用すれば，真であることがわかる（例2.6で，お父さんがバイク（か，バッグ）を買ってくれた場合に対応する）．(1)が真になる，というのは問題なさそうだが，1つ注意しておきたいことがある．それは，『主張(1)は真だが，真となる理由は，「(2.30)のように解釈しているから」ではない』ということである．言い換えれば，(1)が真だとはいっても，それは『「5が素数である」ことを証明するために「円周

率が 3 より大きい」ことを利用している』という意味ではない．「(1) が真」と言われて，「円周率と 5 の間に何か深い関係があるのか？」と不審に思う読者がいるといけないので，念のために注意しておく．「(1) が真」だというのは，『$P$ が真で $Q$ も真なら「$P$ ならば $Q$」は真』という単純な「論理のルール」に従って判定しているだけである． □

「ならば」を (2.30) のように解釈するのは，『「ならば」は因果関係を表現する言葉だ』と理解していることになる．日常生活では，『「ならば」＝「因果関係」』という理解に問題はない．しかし，数学の論理では，「ならば」が「因果関係」と解釈できることもあるが，そうでない場合もある．いずれにしても，数学の学習においては，『「ならば」は，(2.21) だけを意味する』だと（徹底して）理解しておいてほしい．

## 2.7 「すべての」と「任意の」

数学で考察する対象はただ 1 つだけではない．自然数は無限に存在するし，実数も無限にある．3 角形も無数にあるし，もっと複雑な図形はいくらでもある．そのようなたくさんのものを扱うときには，個々のものについてある性質が成り立つかどうかを考えるだけでなく，「どのくらいの対象について成り立つか」「どの範囲で成り立つか」を考察する必要がある．この状況で大切になってくるのが，「すべて」や「存在する」という言葉である．本節では，「すべて」について説明する．

「すべて」という言葉の意味自体には，疑問は生じないだろう．数学の議論で，考察する対象の範囲が明確であるとき，その範囲全体を指すために「すべて」を使う．実際の議論で「すべて」が登場したときには，「考えている範囲は何か」ということ（つまり，どの範囲について「すべて」と言っているか）は問題になる．しかし，「範囲の確認」をおろそかにしなければ，この問題はすぐに解決できる．本節では，「すべて」という言葉に関して注意点を 2 つ取り上げる．

まず第 1 に，「すべての」と同じ意味合いで使われる言葉がいくつかあることに注意してほしい．その代表が「任意の」という言葉で，数学の議論では「任意の（ナントカ）について」という文が非常によく登場する．「すべて」と

「任意」の違いを理解するには，対応する英語を知るのが効果的かもしれない．「すべての」は英語の for all に対応して，「任意の」は for any に対応している．英語の授業で説明されたかと思うが，for all は「考えている範囲の全体を一度に見渡す」感覚で，for any は，「個々の対象に目をつけるのだが，目をつける対象が考えている範囲の全体を動くと想定する」という感覚である．「考えている範囲の対象ならどれでもいい」ことを強調したいときは，for any の代わりに for arbitrary を使う場合もある．「すべての」で表現するか「任意の」で表現するかは，基本的には「各人の好み」である．しかし，筆者も含めて数学者の書く文章では，「任意の」が多い気がする．筆者の場合だと，たとえば，「すべての自然数 $n$」という表現には違和感があって，どうしても「任意の自然数 $n$」と書きたくなる．その理由は，「$n$ と書く以上 $n$ は 1 つの自然数だろう」と感じるからである．つまり，「$n$ は 1 つの自然数だが，その $n$ は自然数全体を動くのだ」と捉えるのは自然だが，「1 つの記号 $n$ が自然数全体（＝すべて）を表す」というのはおかしいだろう，と感じてしまう．というわけで，筆者（や，多くの数学者）は「任意の」という言葉に昔から馴染んでしまっている．しかし，近ごろは高校数学では「任意の」を使わず，すべて[7]「すべて」で済ませているようで，「任意の」に戸惑う人が多いようである．

■ **例 2.9** 筆者が出会った例を少しデフォルメしてお伝えしよう．筆者が

$$\text{任意の自然数 } n \text{ について，} n(n+1) \text{ は偶数であることを示せ} \quad (2.35)$$

という問題を出したとする．それに対して

$n$ は任意であるから，$n = 1$ としてよい．
このとき，$n(n+1) = 2$ であり，2 は偶数である．
これで (2.35) は示された．

という解答が出てくる．筆者が「これではダメ」と言うと，「でも $n = 1$ なら $n(n+1) = 2$ で，2 は偶数ですよね．どこが間違っているのですか．」などと「反論」されたりする．別に筆者も，「2 が偶数なのがおかしい」と言い出すほどボケてはいないのだが，学生はそう思ってくれないらしい．筆者の判定に同意してもらうには「問題文 (2.35) の理解の仕方が違っているのだよ」というこ

---

[7] ミスプリントではありません．

とを説得しなければならず，大いに苦労する．「任意の」の正確な意味については，下の説明を参照してほしい．

問題を出したので，解答も書いておこう．少ししつこいが，(2.35) の詳しい解答を書くとすれば，次のようになる．

自然数は偶数であるか奇数であるかのどちらかである．
$n$ が偶数なら，$n$ の倍数の $n(n+1)$ も偶数である．
$n$ が奇数なら，$n+1$ は偶数で，$n+1$ の倍数の $n(n+1)$ も偶数である．
いずれにしても $n(n+1)$ は偶数であるから，(2.35) が成り立つ． □

「任意の」という言い回しが実感として理解できないと数学の学習が進みにくいので，解説しておこう．「任意」の意味は「意志に任せられている」ということだが，『ここでの「意思」は，誰の「意志」か』という点が問題である．例 2.9 で挙げた学生の解答では，これが「自分の意思」と解釈されている．「自分の意思に任されている」と思うから，「では（自分の意思で）$n=1$ と選ぼう」となってしまう[8]．「誰の意思か」に対する「正解」は，『「自分を超越したもの」の意思』である．欧米文化なら「神の意志」ということになるだろうが，日本人には「天の意志」と捉えるほうがしっくりくるのではなかろうか．「自分を超越したもの」の意思は，自分の力ではコントロールできない．したがって，例 2.9 の問題のように「任意の自然数 $n$ について …」という主張を見たときには，「$n$ は天の意志で決まっているのだから自分でどうこうすることはできない．だから $n$ については自然数ということがわかっているだけで，それ以上の制限を付けてしまってはいけない」と考えなければならない．その結果，「任意の自然数 $n$ について …」という主張は「すべての自然数 $n$ について …」という主張と同じ意味になる．数学を学ぶ上では，ぜひ，このタイプの「任意の」に馴染んでおいてほしい．

「任意の」の他にも，「どんな」「勝手な」「いずれの」などの言葉が，「すべての」と同じ意味で使われる．したがって，

- すべての自然数 $n$ に対して …
- 任意の自然数 $n$ に対して …

---

[8] こんなところに「自分の意思」などを登場させること自体が，驚きである．しかし，そんなことを言い出すと「年よりのボヤキ」となってしまうから，先に進もう．もちろん，「自分の意思」ということはあり得ます．あり得ますが，この状況ではそうではないのです．

- どんな自然数 $n$ に対しても $\cdots$
- 勝手な自然数 $n$ に対して $\cdots$
- いずれの自然数 $n$ に対しても $\cdots$

などは，表現は違っても，「主張していること」は同じである．ただ，多少の「ニュアンスの違い」はあって，「勝手な」はちょっと"口語的"すぎるかもしれない．また，「いずれの」はかなり"古めかしい"言葉で，現在はほとんど使わないようである（筆者が学生時代に読んだ教科書にはよく登場していたが）．言葉遣いは違っても，その言葉の表している数学的状況を正確に理解することが大切である．

「すべての」に対する第2の注意点は，『「すべての」は省かれることがある』ということである．つまり，数学で「一般的言明」を述べる場合に「すべての」とか「任意の」という言葉が省かれることがある．そういうときは，自分で言葉を補って解釈する必要がある．この「補い」ができないと，「何を言っているかわからない」となるので，注意が必要である．

■ 例 2.10　微積分の最初のほうに出てくる

微分可能関数は連続である

という定理を思い出してほしい．この定理について「たとえば $f(x) = \sin x$ とすれば $f(x)$ は微分可能関数だし，この $f(x)$ が連続なのは明らかだから，それでいいんじゃないですか」などと質問されて戸惑ったことがある．質問にきた学生と話し合ってみたら，定理の主張自体について誤解があった．学生は「微分可能関数で連続なものがあればそれでいい」と考えていたようであるが，それはこの定理の主張している内容ではない．この定理の主張は

すべての微分可能関数は連続である

ということである．だから，$\sin x$ というような「1つの関数」についてだけ考えるのでは不十分で，「微分可能関数」をすべて相手にしなければならない．それならちゃんと「すべての」と書けばいいじゃないか，と言われそうであるが，そう思った人は，（日本語に限らず多くの）言語の習慣として「書かなくてもわかるものは書かない」という方向にいくことを意識してほしい．「微分可能関数は連続である」という主張について言えば，いきなり何の限定もなく

「微分可能関数」が登場するので，こういう場合は「すべての」（または，「任意の」）という意味に解釈するのが当然だし，「妥当な解釈」はそれしかない．「微分可能関数は連続である」という表現に接すると，筆者などは，「およそ微分可能関数というものは，連続なのである」と言い換えるのが一番しっくりくる．しかし，こんなところに「およそ」を使うのは，古すぎて現在では理解されないかもしれない． □

同様な例として，1章で扱った「3角形の内角の和は2直角である」という定理もある．これも，「どんな3角形をとってきても，その内角の和は2直角である」という意味であり，「すべての3角形」を考えている．

## 2.8 「存在する」と「唯1つ」・「一意的」

「存在する」も，ある範囲の数学的対象について考察するときに登場する言葉である．つまり，「ある範囲にある条件をみたす対象が存在する」というのが「存在する」が使われる基本パターンである．「(ナニナニ) が存在する」の代わりに，もう少し"軽く"，「(ナニナニ) がある」と表現されることもある．「存在する」のほうが"正式な"感じがするし，主張が明確だと言えるだろう．この節では「存在する」について，注意点をまとめる．

数学で「(ナニナニ) が存在する」と言った場合は，かならず

$$\text{(ナニナニ) が少なくとも1つ存在する} \tag{2.36}$$

という意味である[9]．単に「存在する」と言えば，『「少なくとも1つ」であることは自然に了解できる』という理由で，通常は，「少なくとも1つ」と書くのを省略する（ことさら「少なくとも1つ」であることを強調したい場面では，書くこともある）．この「ルール」がわかっていないと「どのくらい存在するのだろう？」と戸惑うことになってしまう．「⋯ をみたす自然数が存在する」は英語だと「There exists a natural number satisfying ...」などと表現される．英語だと a が入っているわけで，「1つは存在する」という感じがはっきり表されている．日本語は，『「少なくとも1つ」の部分を通常は省略する』という

---

[9] 「存在する」が (2.36) のように理解されるのは，あくまでも，「存在する」を単独で使った場合に限られる．たとえば「複数存在する」と言えば，もちろん存在するのは複数（＝2つ以上）である．この場合の「存在する」に (2.36) を当てはめてはいけない．

だけで，中身は同じである．

上に述べた通り，数学では，「存在する」という表現は「1つでもあればOK」という意味で使われる．この場合，重要なのは「(少なくとも1つ) あるかどうか」だけで，「いくつあるか」「どのくらいの割合あるか」などのことはまったく問題にしない．たとえば，実数の性質を知っていれば

$$x^2 \geq 0 \text{ をみたす実数 } x \text{ が存在する} \tag{2.37}$$

と主張されると，何となく「違和感」をもつだろう．(2.37) などと言わずに

$$\text{すべての実数 } x \text{ について } x^2 \geq 0 \text{ が成り立つ} \tag{2.38}$$

と言えばいいじゃないか，というわけである．それはその通りであるが，そのような事情は，(2.37) の真偽とは別問題である．そして，論理的にいって，(2.37) は「正しい主張」である．なぜなら，たとえば $x=0$ は実数で $x^2=0 \geq 0$ をみたす．だから，「$x^2 \geq 0$ をみたす実数が確かに1つはあった」というわけで，主張 (2.37) は正しい．同じように「女子校には女子学生がいる (＝存在する)」という主張は，論理的に正しい主張である．日常生活でこんな事を言い出すと「何を言っているんだ」ということで不審がられそうだが，数学的には「正しい」という他ない．

それでは「どのくらいたくさん存在するか」を議論したいときにはどうしたらいいのか？　数学での答えは，「場面場面で主張したいことを明確に表現する」となる．一番極端なのが，「どのくらいたくさん存在するか」の答えが「全部」という場合で，そのときには「すべて」を使えばいい (2.7節参照)．たとえば，「どのくらいの実数 $x$ について $x^2 \geq 0$ が成り立つか」と考えれば，答えは「全部」である．ここで「全部」ということを表現したければ，(2.38) という主張をすればよい．

存在するものの個数を問題にしたければ，その個数を表現すればよい．たとえば，「2つ」であれば，「2つ存在する」と書けばよいのである．ただし，「2つ存在する」という表現は，「ちょうど2つ」なのか「少なくとも2つ」なのかが微妙なので，注意して使ってほしい．

数学では，(ある条件をみたすものが)「ちょうど1つ存在する」という主張が重要になることが多い．しかし，最初に述べたように，単に「存在する」と書いたのでは「ちょうど1つ」ということは表現されない ((2.36) 参照)．だから，『「ちょうど1つ」と言いたければ，そのことを明確に表現しなければなら

ない』というのが数学のルールである．その場合に，「ちょうど 1 つ」というのは"口語的"すぎるので，他の表現が使われることが多い．たとえば，「唯 1 つ」はよく使われる．さらに"硬い"表現として「一意的」という言葉もある．たとえば，$x, y$ を実数とするとき

$$y \geq 0 \text{ ならば}, y = x^2 \text{ かつ } x \geq 0 \text{ をみたす } x \text{ が唯 1 つ存在する}$$

という表現は「標準的」で，自然に理解できるだろう．まったく同じことを

$$y \geq 0 \text{ ならば}, y = x^2 \text{ かつ } x \geq 0 \text{ をみたす } x \text{ が一意的に定まる}$$

と言い表すことも多い．こちらは，初めて見るとびっくりする表現かもしれない．「一意的」は英語の unique （これは形容詞；副詞は uniquely）からきているので，そのまま「ユニーク」と言ってしまうこともよくある[10]．さらに，「一意的であること」を「一意性 (uniqueness)」と表現する．数学では，素因数分解の一意性，常微分方程式の初期値問題の解の一意性，など，「一意性」が登場する重要事項がたくさんある．それだけ，「唯 1 つに定まること」が数学的考察の出発点となることが多いのである．

「存在する」と同じ意味で別の表現をすることもある．これも重要なので，取り上げておこう．すなわち，「（ナントカ）をみたす（カントカ）が存在する」と同じことを，「ある（カントカ）で（ナントカ）をみたすものが存在する」と表現することがある（最初の「ある」という言葉を省くこともある）．さらに，同じことを「ある（カントカ）は（ナントカ）をみたす」「ある（カントカ）があって，（ナントカ）をみたす」「ある（カントカ）に対して，（ナントカ）が成り立つ」などと書くことも多い．この表現では「存在する」という言葉が抜けているが，「ある」という言葉から，『「存在すること」を主張している』と理解できる．

■ 例 **2.11** 実数 $x$ について $f(x) = x^3 - x + 1$ とおく．このとき，「$f(x) = 0$ をみたす実数 $x$ が存在する」という主張が成り立つ（証明は，この例の最後を参照）．この主張を，「ある実数 $x$ が $f(x) = 0$ をみたす」とか「ある実数 $x$ に

---

[10] 普通「ユニーク」と言うと，「変わっている」「独特な」という意味を思い浮かべるだろうが，数学ではその意味では（ほとんど）使わない．英語の unique の uni は「1 つ」を表す言葉だから，unique は「唯 1 つ」というのが元の意味である．唯 1 つ → 同じものは 2 つはない → 独特な → (他にはないほど) 変な，と変遷して，現在の意味にたどり着いた．

ついて $f(x) = 0$ が成り立つ」などとも表現する．「方程式」と「解」という用語が導入されていれば，同じことを「方程式 $f(x) = 0$ は実数解をもつ」とも表現できる．ここには「存在する」という言葉は登場していないが，もちろん，「解をもつ」というのは「解が存在する」と同じである．さらに，方程式の解を問題にするときには，「解を探す」という感覚が生じることも多い．その結果，「$f(x) = 0$ をみたす実数 $x$ が存在する」と同じ意味で，「$f(x) = 0$ をみたす実数 $x$ がとれる」とか「うまく実数 $x$ をとって，$f(x) = 0$ とできる」という表現をすることもある．さらに，「適当に実数 $x$ をとれば，$f(x) = 0$ となる」という言い方もよく登場する．この場合の「適当に」は，（当然ながら）「いいかげんに」ということではなくて，「適切に」という意味である[11]．

「$f(x) = 0$ をみたす実数 $x$ が存在する」という主張は，

$$f(-1) = 1 > 0, \quad f(-2) = -5 < 0$$

という事実と中間値の定理から証明できる．さらに $f(x) = 0$ をみたす実数 $x$ は唯 1 つであることも証明できるが，こちらはもう少し詳しい議論が必要である（その議論は省略する：章末問題 2.1 参照）． □

以上のように，「存在する」とか「唯 1 つ存在する」ことを表すために，いろいろな言い回しがある．その結果，「表現法が異なっていても，内容的には同じ」という事態がよく起きる．「同じ意味」をもつ表現がいくつもあるときに，どの表現を好むかは「個人差」の問題になる．「あるタイプの表現を好む人は，別のタイプの表現はいまひとつピンとこない」こともあるので，注意してほしい．いずれにせよ，言葉の表面上の形式に惑わされずに，実質的な「内容」をしっかり把握することが大切である．コミュニケーションを円滑に行うためには，いろいろな表現に馴染んでおいたほうがいい．

## 2.9 否定（その3）

この節では，

---

[11] 昔は「適当に」は「適切に」というような良い意味だったと思われるが，いつのころからか「いいかげんに」の意味のほうが"主流"になった気がする（高田純次の影響，でもなかろうが）．だいたい，「いいかげん」という言葉も，昔は「良い加減」であって，良い意味だったはずである．人間誰しも安きに流れてしまう，ということだろうか．

## 2.9 否定（その 3）

$$\text{カラスは黒い} \tag{2.39}$$

の否定がどのように表現されるかを考察する．「(2.39) の否定」の答えとして想定される表現に

(1) カラスは白い
(2) カラスは黒くない
(3) カラスは黒いとは限らない
(4) カラスは黒いとはいえない
(5) 白いカラスがいる
(6) 黒くないカラスがいる
(7) 黒くないカラスもいる
(8) 昨日カラスにつつかれた

などがある．最初に，これらのうち「どれが正しくて，どれが正しくないか」を，読者自身で考えてみてほしい．

「(2.39) の否定」として (8) を挙げた人は，直ちに本を読むのをやめて，横になって休んだほうがいい．いくら本書が面白いからといって，あまり根を詰めて読むのは健康に良くない．もし，(8) と答えた友達がいたら，そのまま「あとずさり」して逃げたりしないで，彼（女）のことをケアしてあげよう[12]．ということで[13]，(8) は無視して，(1) から (7) について考えていく．

これからの議論の大前提は「カラス（と呼ばれる鳥）は複数いる」ということである[14]．そうなると，2.7 節の最後に説明したように，(2.39) は「すべてのカラスは黒い」という意味に解釈しなければならない．主張の否定を考えるときも，『「すべての」が入っている』という事実が重要になってくる．

さて，(1) と (5) は完全に「不正解」である．(1) についても「不正解の理由」は同じなので，(5) について説明する．(5) を正解と考える人の言い分は「(5) が成り立てば，(2.39) は成り立たないじゃないか．だから，(5) は (2.39) を否定しているのだ」というものだろう．この言い分に対して，筆者は，『「(5) が成り立てば (2.39) は否定される」という主張は正しい．しかし，それは「(2.39) の否定が (5) である」ということとは**違う**のだ』と説明する．「(2.39) の否定が

---

[12] このあたりは，すべてジョークのつもりで書いております．ご理解ください．
[13] って，どういうことだ？
[14] 「カラスが一羽しかない」という世界だったらこれからの話は通用しないが，まあ，そんな世界のことを心配するより，自分の世界のことをきちんと考えよう．

(5) だ」と思う人は

$$P と「P の否定」は両立しない \qquad (2.40)$$

という事実（だけ）に意識が向かっている（$P$ は何らかの主張を表す；いまの場合，$P$ は (2.39) のことだと考えればよい）．「(5) は (2.39) と両立しない主張だから，(5) が (2.39) の否定だ[15]」というわけである．しかし，上にも書いたように，これは「(5) が成り立てば，(2.39) は否定される」というだけで，「(2.39) の否定」という "地位" に昇るにはこれだけでは不十分である．すなわち，(2.40) は「$P$ の否定」の重要な性質だが，「否定」にはもう 1 つ欠かせない性質がある．それは

$$P か「P の否定」のどちらかが，かならず成立しなければならない \qquad (2.41)$$

という要求である．(2.41) を言い換えれば，『どんな事態が起きても，それは $P$ か「$P$ の否定」かのどちらかに当てはまらなければならない』となる．この (2.41) があるので，(5) は「(2.39) の否定」とはいえない．なぜなら，「白いカラスは（一羽も）いないが，赤いカラスがいる」ということも考えられて，このケースは「(2.39) も成り立たないが (5) も成り立たない」ことになる．したがって，条件 (2.41) をみたさないから，(5) は「(2.39) の否定」ではない．

(2) も「(2.39) の否定」ではないが，その理由も (2.41) にある．(2) は「すべてのカラスは黒くない（＝どんなカラスも黒くない）」という意味だが，これだと「(2.39) か (2) のどちらかが，かならず成り立つ」とはいえない（なぜなら，「黒いカラスもいるし，黒くないカラスもいる」ということがあり得るから）．

(4) には日本語の解釈上の問題があって，少しややこしい．(4) を『カラスは「黒いとはいえない（＝黒くない）」』と解釈すれば，(2) と同じ主張になる．それなら，((2) と同じ理由で) (4) は「不正解」である．しかし，(4) を『「カラスは黒い」とはいえない』と解釈することも可能であろう．そうなると，(4) は「(2.39) を否定した」といっているのと同じで，正解といえば正解だが，実際は「言葉の置き換え」にすぎない（否定を「とはいえない」と表現しただけ）．

「(2.39) の否定」の "堂々たる" 正解は，(6) である．そのことを（念入りに）確認してみよう．まず，(6) の意味は「黒くないカラスが少なくとも一羽いる」ということである．すると，「カラスがすべて黒いのに，黒くないカラスもい

---

[15] この言明は正しくありません．説明の都合上，書いてあるだけです．誤解のないように．

る」ということはあり得ないから，否定の条件の1つである (2.40) はみたされている．さらに，「黒くないカラス」は「一羽もいない」か「少なくとも一羽いる」のどちらかであり，「(黒くないカラスが) 一羽もいない」なら (2.39) が成り立っていて，「(黒くないカラスが) 少なくとも一羽いる」なら (6) が成り立っている．これで，もう1つの条件 (2.41) もクリアしていることがわかった．以上で，「(2.39) の否定は (6) である」と結論できる．

(7) は正解ではないが，それには日本語の表現法が関わってくる．それは，(7) のように，『黒くないカラス「も」いる』と「も」をつける場合，『「黒いカラスがいる」ということが前提になっている』ということである．つまり，『「黒いカラスがいる」ことはわかっている』という事実が，『黒くないカラス「も」』の「も」に込められていると解釈できる．そうなると，(7) は「(2.39) の否定」とはいえない．なぜなら，「黒いカラスは一羽もいない」という状況もあり得るからである．「黒いカラスは一羽もいない」という可能性が除外されたのでは，条件 (2.41) をみたすことができない．結局，(7) という主張は『「黒いカラスがいる」かつ「黒くないカラスがいる」』という意味になる．すると，「黒いカラスがいる」という主張が入っているので，(7) は「(2.39) の否定」ではない．「黒いカラスが (少なくとも一羽) いる」という前提で議論するなら話は別だが，数学の議論では，その「認めている事実」をどこかにはっきり書いておく必要がある．(7) では，その前提が示されていないので，(7) は「(2.39) の否定」とはいえない．

この説明に対して，「黒いカラスがいることはみんな知っているからいいじゃないか．自分は昨日も見たぞ」と反論しないでいただきたい[16]．「黒いカラスがいる」ことは確かで，筆者も黒いカラスを見たことはある．しかし，いまはそういった「事実」の有無を議論しているのではなくて，「論理」の構造を問題にしている．

最後に，(3) も「(2.39) の否定」としては適切ではない．なぜなら，(3) には「カラスは基本的に黒いものなのだけれど」という前提があると思われるからである．その前提があるとすると，(7) について説明したのと同じ理由で，(3) も「(2.39) の否定」とはいえない．

とはいえ，数学では「…とは限らない」という表現はよく登場するので，そのあたりの「事情」を説明しておこう．数学での典型的な使用例は「連続関

---

[16] 筆者の後輩のY君，こんなところでイチャモンをつけるのは，勘弁してね．

数は微分可能とは限らない」である．これは，内容的には「微分可能でない連続関数が存在する」ということで，その意味では「連続関数は微分可能である[17]」という主張の否定になっているのは確かである．それではなぜシンプルに「微分可能でない連続関数が存在する」と言わずに「⋯とは限らない」という表現をするかというと，それは背後に「微分可能関数は連続である」という定理があるからである．この定理を意識していると「微分可能関数はかならず連続なのだけれど，連続だからといって微分可能とはいえないのですよ」という気持ちになって，そこから「⋯とは限らない」という表現をしたくなる．一般的に，「$P$ ならば $Q$ である」という主張を前提としている場合に，「$Q$ が成り立っても $P$ が成り立つとはいえない」という状況を「$Q$ でも $P$ とは限らない」と表現する．したがって，「$Q$ でも $P$ とは限らない」といえば『「$Q$ ならば $P$」は成立しない』ということで，『「$Q$ ならば $P$」の否定』には違いない．しかし，その「気持ち」としては，『「$P$ ならば $Q$」は成立しているが，その逆である「$Q$ ならば $P$」は成り立たないのだ』ということである．「⋯とは限らない」という主張に出会ったら，その「背後の事情」に思いを馳せてみることをお勧めする．

以上の議論からわかるように，「すべての（ナントカ）は（カントカ）である」の否定は「（カントカ）でない（ナントカ）が存在する」（または別の表現で，「ある（ナントカ）は（カントカ）でない」）となる．『「すべて」の否定』には，「存在する」が登場することに注意してほしい．

## 2.10　2等辺3角形・長方形・多項式

これまでは論理に関わるような言い回しについて，注意点を挙げてきた．その他にも，単純な「数学用語」で，日常の使い方と数学の使い方で「ずれている」と感じられるそうなものも多い．たとえば，数学ではかならず

- 正3角形は2等辺3角形の一種である
- 正方形は長方形の一種である
- （$x^2$ などの）単項式も多項式の一種である

---

[17] この主張は数学的に正しくありませんので，注意してください．ここでは「否定される主張」の例として挙げています．もちろん，主張するのは自由で，単に「それは正しくない」と言われるだけですが．

と解釈することになっている．つまり，数学で「$\triangle ABC$ を 2 等辺 3 角形とする」といえば，「$\triangle ABC$ が正 3 角形の場合も含まれている」と解釈する．言い換えれば，「2 等辺 3 角形」の定義は「ちょうど 2 つの辺が等しい 3 角形」ではなくて「少なくとも 2 つの辺が等しい 3 角形」なのである．このような言葉の使い方は，日常生活の使い方とずれている．

■ **例 2.12** T シャツがほしいと思って店に買いに行ったところ，気に入ったデザインのものがあったが，色が白・黒・赤の 3 種類あったとする．さらに，どの色を買うか迷って，値段も気になったので，店員さんに価格を聞いて，その答えが「白と黒は同じ値段ですよ」だったとする．それで，「赤は特別な色だから高いんだな」と（勝手に）解釈して，「では，白か黒にしよう」と考えて，白い T シャツを買ったとする．そのあとで，友達から「あれは 3 つとも同じ値段だよ」と聞かされたら，あなたは怒らないだろうか？　筆者は，怒る．怒りをぶつけても，当の店員さんは「私はウソは言っていませんよ．白と黒は確かに同じ値段だし，別に赤だけ値段が違うなんて言ってませんし」と主張するかもしれない．しかし，そんな主張をされたら，さらに激しく怒ってしまいそうである．やはり，人生は数学ではない･･･．　□

■ **例 2.13** 以前，筆者は父親の土地を相続して，その手続きのために，土地に関する法律を少しだけ勉強したことがあった．そのときに，法律の条文で「正方形または長方形の形の土地が･･･」などという表現に出会った（古い条文だと，長方形のことは矩形と書かれていた）．法律の世界では（したがって，社会一般では）正方形を長方形の中に入れていないのだ，と知って驚いた次第である．　□

上のような例にもかかわらず，数学の世界では「正 3 角形は 2 等辺 3 角形の特別な場合」「正方形は長方形の特別な場合」と考える．理由は，「そうしないと不便だから」である．つまり，正方形を長方形から切り離してしまうと，「2 辺の長さが $a, b$ である長方形が･･･」という表現は $a \neq b$ のときしか使えなくなって，$a = b$ の可能性があるときには「2 辺の長さが $a, b$ である正方形または長方形が･･･」と言わなくてはならない．問題は「正方形を長方形の仲間に入れるのと入れないのとでどちらが便利か」ということだが，上で述べたように，数学では圧倒的に「正方形は長方形の一種である」とするほうが便利である．

「1つしかないものをたくさんとは言わないだろう」という理屈で「単項式と多項式は別物だ」と主張する人がいるようだが，そんな使い分けをしたら不便でたまらない．たとえば，単項式を多項式の仲間に入れないと「（変数$x$の）多項式$ax^2+bx+c$が$\cdots$」という表現はできなくなる．なぜなら，$a, b, c$のうち2つが0だったら$ax^2+bx+c$は単項式になってしまうから．しかし，これでは「不便」で仕方ない．さらに言えば，『$(x^2+1$みたく）項が2つやったらどないするん？ 2つっきゃあらへんのに「多」言いまんのんか？』とツッコミを入れたくなる．こんなことを言っていると，せっかくの「多項式」という言葉を使う場面がなくなってしまう．やはり，「単項式も多項式の中に入れておく」というのが，一番妥当な方策である．

## 2.11 パラドックス（逆説，逆理）

パラドックス (paradox) というのは「妥当な仮定から出発して，理屈にあった推論だけをしたにもかかわらず，おかしな結論にたどり着いてしまう」という現象をさす．「理屈に逆らう」ということから，日本語では「逆理」とか「逆説」という言葉が当てられている．パラドックスの中には実際に矛盾にたどり着いてしまって「論理の危機」を引き起こす（ように見える）"激しい"ものもあるし，「何となくおかしいように感じられるが，じつは何も矛盾してない」というものもある．前者の例として，ラッセルのパラドックスがある（3.11節参照）．後者は，論理的に矛盾ではないので「問題」を起こすわけではない．しかし，知的興味をかき立てる現象もたくさんあって，面白い．後者のような現象を，逆説的 (paradoxical) と形容することもある．

「パラドックスといえばゼノン」と連想するくらい，ギリシャ時代のゼノンの考えたパラドックスが有名である．たとえば，「アキレスと亀（アキレスは亀に追いつけない）」「矢は飛ばない」などが有名である．本書ではパラドックスについて詳しく説明する余裕がないので，興味のある読者は他書を参照してほしい．

パラドックスの例を1つだけ取り上げておこう．それは

$$\text{この文は正しくない} \tag{2.42}$$

という主張である．さて，(2.42) という文は正しいだろうか間違っているだろうか．

まず,「(2.42) は正しい」と仮定してみる.すると,(2.42) が正しいのだから,『「この文は正しくない」という主張が正しい』ことになる.これは「この文は正しくない」ということである.ここで,『「この文」= (2.42)』であることを当てはめると,「(2.42) は正しくない」となる.「(2.42) は正しい」という仮定から「(2.42) は正しくない」ことが導かれたので,矛盾である.

次に,「(2.42) は正しくない」と仮定してみる.すると,「(2.42)(という主張)が正しくない」のだから,

$$\text{「この文は正しくない」(という主張) は正しくない} \tag{2.43}$$

ことになる.ここで,「2重否定＝もとの主張」という性質((2.3) や 5.2 節参照)を使うと,(2.43) は「この文は正しい」と同じである.再び,『「この文」= (2.42)』であることを当てはめると,「(2.42) は正しい」となる.今度は,「(2.42) は正しくない」という仮定から「(2.42) は正しい」という結論が導かれたので,これも矛盾である.

結局,(2.42) が正しいとしても矛盾するし,正しくないとしても矛盾が起きてしまった.「間違った推論をしたわけでもないのに,なぜ？？？」というわけで,(2.42) がパラドックスを引き起こす.

(2.42) からパラドックスが生じてしまう原因は,読者各自で考えてみてほしい.キーワードは「自己言及 (self-reference)」である.

## 章末問題

**問題 2.1** 3次方程式 $x^3 + ax + 1 = 0$ が唯 1 つの実数解をもつように,実数 $a$ の範囲を定めよ.

**問題 2.2** 連続だが微分可能でない関数の例を挙げよ.

**問題 2.3** 「100字以内の日本語で定義できない最小の自然数」を考えると矛盾がおきてしまう.どのような矛盾か説明せよ.(ヒント：括弧の中にある文字の数を数える.)

**問題 2.4** 文字 $A$ を書いたカードが $a$ 枚, $B$ を書いたカードが $b$ 枚, $C$ を書いたカード $c$ 枚が伏せておいてある.そこから何枚かをとってきて表を見るとき,かならず次の条件がみたされるためには,それぞれ,少なくとも何枚のカードをとってくる必要があるか答えよ.ただし, $0 < a < b < c$ であるとする.

(1) とってきたカードの中に,違う文字のものがある.

(2) とってきたカードの中に，同じ文字のものがある．
(3) とってきたカードの中に，3文字が全部含まれている．
(4) とってきたカードの中に，文字 $C$ を書いたものがある．

**問題 2.5** 次の命題の否定は何か．

(1) （私は）ステレオかテレビを買う．
(2) （私は）学校に行って講義を聞く．
(3) 夏には雪が降らない．
(4) 明日晴れたら遠足に行く．
(5) 砂糖は甘い．

**問題 2.6** 自然数 $a$ と $b$ の組 $(a,b)$ を次のような順序で一列に並べる．

$$(1,1), (2,1), (1,2), (3,1), (2,2), (1,3), (4,1), (3,2), (2,3), (1,4), (5,1), \cdots$$

たとえば，8番目に現れる組は $(3,2)$ である．

(1) 200番目に現れる組は何か．
(2) 自然数の組 $(m,n)$ は何番目に現れるか．

**問題 2.7** 3つの2次方程式

$$x^2 - 2x + a = 0 \cdots\cdots (1)$$
$$x^2 - 4x + b = 0 \cdots\cdots (2)$$
$$x^2 - 8x + c = 0 \cdots\cdots (3)$$

において，(1)と(2)，(2)と(3)，(1)と(3) はそれぞれ共通解をもち，(1)と(2)と(3) のすべてに共通な解はないとする．このとき，$a, b, c$ を求めよ．

**問題 2.8** 関数 $f(x)$ が $x = a$ で微分可能ならば，

$$\lim_{h \to 0} \frac{f(a+h) - f(a-h)}{2h} = f'(a)$$

が成り立つことを証明せよ．（ただし，$f'(a)$ は $f(x)$ の $x = a$ での微分係数を表す．）また，上式の左辺の極限が存在しても，$f(x)$ は $x = a$ で微分可能とは限らないことを示せ．

**問題 2.9** アルファベットの各文字に0から9までの数字の1つを入れて，等式

```
    S E N D
  + M O R E
  ---------
  M O N E Y
```

が正しくなるようにせよ．ただし，異なる文字には異なる数字が入るものとする．

# Chapter 3 集　合

「集合」は現代の数学で非常に大きな役割を果たしていて，数学の「基本言語」になっている．本章では，集合に関する言葉遣いや記号をまとめるとともに，数学に頻繁に現れる重要な集合を導入する．数学すべてについて言えることだが，集合についても，言葉や記号の定義を読むのは簡単だが，それを使いこなせるようになるにはトレーニングが必要である．本章に用意した例についてよく考えたり，練習問題を解いたりして，集合の言葉に慣れていただきたい．

## 3.1　集合の概念

「集合とは何か？」を徹底的に追及するのは，かなり厄介な仕事で，数学の中で「集合論」という（難しい）専門分野をなしている．しかし，普通に数学を学ぶ場合には，あまり"哲学的"にならずに，素朴に

**定義 3.1**　集合とは，ものの集まりである．

と考えておけば十分である．集合は，英語では set, フランス語では ensemble, ドイツ語では Menge, と表現されていて，いずれも「集まり」を表す言葉である．日本語では「集まり」では「学術用語」という感じがしないので，「集合」という言葉が当てられたと思われる．

「ものの集まり」である集合 $A$ があったとして，集合 $A$ に属するものを，$A$ の元または要素（英語では element of $A$）と呼ぶ．「$a$ が集合 $A$ の元であるこ

と」を記号で

$$a \in A$$

と表す．言葉遣いとして，「$a$ が $A$ の元である」ことを，「$a$ は $A$ に属する」と表現することも多い（英語では，$a$ belongs to $A$）．「否定を表すために斜線を引く」という数学の記号の"慣例"通りに，記号 $a \notin A$ は $a \in A$ の否定（つまり，$a$ が $A$ の元でないこと）を表している．

記号 $\in$ の由来は element の e であることを知っておく[1]と，覚えやすいと思う（$\in \leftarrow$ e $\leftarrow$ element）．

**!注 3.2** 記号 $a \in A$ の「読み方」の基本は，「$a$ は $A$ の元（または，要素）である」または，「$a$ は $A$ に属する」だといえる．しかし，話の"文脈"によっては，「$A$ の元 $a$ に対して…」と読むのがいいことも多い．このあたりは臨機応変の対応が必要である．

ときたま $a \in A$ が，「$a$ は $A$ に含まれる」と読まれることがある．しかし，この「含まれる」には，注意が必要である．というのは，「含まれる」という言葉は，あとに登場する「部分集合」を表す記号 $\subset$ についても使われるので，混同してしまいやすいからである．2 つの記号 $\in$ と $\subset$ は異なった意味で使われることを忘れないでほしい．この混同を避けるために，筆者は，$\in$ は「元である」（または「属する」）と読み，$\subset$ は「含まれる」と読むことを推奨している．

集合はかなり自由度の高い概念である．つまり，集合は「ものの集まり」にすぎないので，自分が集めたい（または，まとめておきたい）ものを全部集めてくれば，それだけで集合を作ることができる．しかし，集合は数学の対象なので，曖昧なことは許されない．これを正確に言うと，集合 $A$ を考えるときには

どんなものに関しても，それが「$A$ の元であるか，ないか」が，
明確に定まっている　　　　　　　　　　　　　　　　　(3.1)

という性質が要求される．つまり，「$A$ の元なのかそうでないのかが，はっきりしない」という事態が起きてはならない．たとえば，「カッコイイ人の集まり」とか「びっくりするほど大きな実数の集まり」というのは，集合とは言え

---

[1] 最近，$\in$ の由来はドイツ語の enthalten だ，という説があることを知った．歴史的にどちらの説が正しいかはよくわからないが，「記号に親しみをもつ」という目的のためには，自分が好きなほうを思い浮かべるようにすれば OK である．

ない．なぜなら，「カッコイイかどうか」「びっくりするほど大きいかどうか」の判断は状況によって違ってしまうから，(3.1) が成り立っているとは言えないからである．

2つの集合は，元全体が一致するとき「等しい」という．これをしつこく言うと

$$A \text{ の元がすべて } B \text{ の元であり，同時に } B \text{ の元が}$$
$$\text{すべて } A \text{ の元であるときに，} A \text{ と } B \text{ は等しい} \tag{3.2}$$

となる．また，2つの性質が同値であることを表す記号 $\iff$ （5.1節参照）を使えば

2つの集合 $A, B$ が等しいとは「$x \in A \iff x \in B$」が成り立つこと (3.3)

とも表現できる．((3.2) と (3.3) はまったく同じことを言っているが，(3.3) のほうが理解しやすいのではないだろうか．記号 $\iff$ の威力である．)

「(3.2) や (3.3) は当たり前じゃないか」と思ってしまうかもしれない．しかし，このような「基本」を押さえておくことは，大切である．次節で示すように「表示は違うが，実は同じもの」という状況がよく起こる．そのときに「等しい（＝同じ）とは何か」が問題になり，「等しいこと」の「定義」である (3.3) に戻る必要が出てくる．

## 3.2 集合の表記

人間の頭の中にあることを他人と共有するためには言葉（や身振り）が必要なように，集合について議論するためにも，集合を表記（または，表示）する必要がある．この節では，集合を書き表す方法についてまとめる．

まず根本的なことを注意しておくと，「集合」と「集合の表記」は同じではない．表記しなければ集合について考えることは困難だが，表記しなくても集合は存在している．また，これは，「1つの集合をいろいろな方法で書き表すことができる」ということでもある．実際上は，「見た目が違っていても同じ集合を表すことがある」という点に，注意が必要である（例3.3参照）．このことは，

$$\frac{1}{2}, \quad 0.5, \quad 0.49999\cdots, \quad \int_0^1 x\,dx$$

などの表記がすべて同じ1つの実数を表している，という状況と同じである．

集合の表示に関する最も基本的なルールは

$$\text{集合は，}\{ \text{ と }\} \text{で囲んで書き表す} \tag{3.4}$$

ということである．この (3.4) は現在の「世界標準」である．

ルール (3.4) を踏まえた上で，集合 $A$ を表示するには，大きく分けて2種類の方法がある．それは

(I) $A$ の元をすべて書き並べる
(II) $A$ の元となるための条件を書く

という2つである．(I) の方法は外延的と呼ばれ (II) の方法は内包的と呼ばれるらしい．しかし，この用語は難しいし，どうもピンとこなくて，筆者はほとんど使わない．そして，使わなければならないときは，いつもどっちがどっちだったか考えてしまう．用語は忘れても，集合が正しく書き表せれば，それで十分である．

2つの表記の方法を確認しておこう．まず，(I) は単純で，集合に属する元を（コンマで区切って）すべて並べて，それを左右から $\{\ \}$ で囲むだけである．(II) は，$\{\ \}$ の中を縦棒 $|$ で区切り，縦棒の左側に集合に属する元の記号を書き，縦棒の右側にその元のみたすべき条件を書く．つまり，形式上

$$\{a \mid a \text{ に関する条件}\} \tag{3.5}$$

となり，これで，

右側の条件をみたす $a$ すべてからなる集合

を表す．ここでは，「条件をみたす $a$ を**すべて集める**」というところが重要である（単に「条件をみたす $a$ をいくつかとってきた」というのではダメ）．

■ **例 3.3** 上の (I), (II) の表示の例として

(I) $A = \{1, 2, 3, 4, 5\}$
(II) $B = \{n \mid n \text{ は } n^2 - 6n + 5 \leq 0 \text{ をみたす整数}\}$

を見てほしい．(I) の表示は「$A$ は $1, 2, 3, 4, 5$ を元とする集合だ」ということをダイレクトに表していて，わかりやすい．まず，元のすべてである $1, 2, 3, 4, 5$

を並べる．次に，それらを { } で囲むことで，「これは集合なのですよ」ということを表現している．(II) の表示は，「$n^2 - 6n + 5 \leq 0$ をみたす整数 $n$ をすべて集めたものが集合 $B$ である」と言っている．さて，ここで簡単な因数分解を実行してみると，$n^2 - 6n + 5 = (n-1)(n-5)$ となる．したがって，$n^2 - 6n + 5 \leq 0$ という条件は $1 \leq n \leq 5$ と同値だが，$n$ は整数なので，$n = 1, 2, 3, 4, 5$ となる．これで，(II) の表示に表れた条件は，$n = 1, 2, 3, 4, 5$ と書き換えられた．以上のことから，$B$ の元全体は「整数 $1, 2, 3, 4, 5$」となる．つまり，上の2つの集合 $A, B$ は，表示法は異なっているが，じつは同じ集合である．見かけが違うものを「同じ」と判断するには基準が必要で，その「基準」が (3.3) である． □

**!注 3.4** 上に述べたこと以外の，集合の表記に関する注意を挙げておこう．

(1) 集合を表すとき，{ } の中に同じ元を重複して書いても構わない．しかし，集合の定義に「元の重複」という概念はないので，重複はキャンセルされる．たとえば

$$\{1, 2, 2, 3, 3, 3\} = \{1, 2, 3\} \tag{3.6}$$

となる（例 3.6 も参照）．
このことは，「集合はその集合に属する元で定まる」ということから理解できる．つまり，「$a$ が集合 $\{1, 2, 2, 3, 3, 3\}$ に属する」ということは「$a$ が $1, 2, 2, 3, 3, 3$ のどれかに等しい」ということである．これは「$a = 1$ または $a = 2$ または $a = 3$」ということと同じなので，(3.6) が成り立つ．
等式 (3.6) が成り立つのは，

> { と } とで囲まれたものは，集合を表している

という「ルール」に基づいていることはしっかりと意識しておいてほしい．集合でなくて，たとえば「数列」として考えるなら，数列 $1, 2, 2, 3, 3, 3$ と数列 $1, 2, 3$ は同じではない．

(2) 集合を (I) の方式で表すとき，元を並べる順番は自由である．たとえば

$$\{1, 2, 3, 4, 5\} = \{3, 1, 4, 5, 2\} \tag{3.7}$$

である．集合は「元の集まり」であって元の並べ方は問題にしないので，(3.7) が成り立つ．集合を考えるときは並べ方は"問題外"としておいて，並べ方について考えたいときはまた別の扱いをする，というのが数学の流儀である．
等式 (3.7) を見て「右辺のように乱雑なのは気に入らない．左辺のようにきれいに並べることにすればいいじゃないか」と感じる人もいるだろう．(3.7) についてはもっともな意見かもしれないが，そこはそれ，世の中（＝数学の世界）のものにすべて「標準的並べ方」が決まっているわけでもないし，いつも「並べ替

え」をしなくてはならないのも面倒である．「並べ方はどうでもいい」としておいたほうが，自由で，使い勝手がいい．

(3) (II) の表記で，| の右側にコンマで区切って複数の条件を列挙することができるが，このとき『コンマは「かつ」を意味する』というルールになっている．たとえば，条件が2つの場合を書くと

$$\{a \mid （条件1），（条件2）\} = \{a \mid （条件1）かつ（条件2）\}$$

ということである（条件1と条件2は，$a$ に関する条件）．複数の条件を「または」でつなぎたいときは，コンマを使わずにはっきり「または」と書かなければならない．

(4) ある集合 $X$ が定まっていて，(II) の表記の条件の1つとして $a \in X$ という条件が入っていたとする．このときには，$\{a \in X \mid a \text{の条件}\}$ と書いてもよい．つまり

$$\{a \in X \mid 条件\} = \{a \mid a \in X, 条件\} = \{a \mid a \in X \text{ かつ 条件}\}$$

ということである．これは頻繁に使われる記法なので，覚えておいてほしい（例 3.5 参照）．

(5) 「集合はものの集まり」と説明した．このとき，「集まり」という表現は，極端な場合として『「もの」が1個しかないとき』も含んでいる[2]．つまり，記号 $\{a\}$ は「1つ（だけ）の元 $a$ からなる集合」を表している．集合 $\{a\}$ を考えることは単に $a$ を考えるのと同じように見えるかもしれないが，数学的対象としては

$$a \text{ と } \{a\} \text{ は同じではない}$$

ので，注意してほしい（$a$ は1つの「もの（＝数学的対象）」であり，$\{a\}$ は「$a$ を元とする**集合**」である）．さらにいえば，$\{\{1\}\}$ は「$\{1\}$ を元とする集合」であり，これは $\{1\}$ とは別物である．上の記号で説明すると，$\{\{1\}\}$ は「$a = \{1\}$ としたときの $\{a\}$」である[3]．何だかややこしい話なので，簡単な表を作っておくのがわかりやすいだろう（表 3.1）．

(6) (2) で「集合の元の重複は無視する」という注意をしたが，「重複を無視する」のはあくまでも「集合の元」に対してである．集合を表す括弧 $\{\ \}$ は「集合の元」ではないので，話が別である．括弧の重複は大きな意味をもっている．決して無視してはならない．

■ **例 3.5** 「不等式 $x^2 - x - 1 < 0$ をみたす実数 $x$ をすべて集めてできる集合」は

---

[2] さらに極端な場合として「0個」でもいい．3.3 節参照．
[3] どんなもの（＝数学的対象）でも集合の元になれる．集合 $\{1\}$ は立派な数学的対象なので，$a = \{1\}$ として $\{a\}$ を考えることができる．$a = \{1\}$ を"代入"すれば，$a = \{1\}$ のとき，$\{a\} = \{\{1\}\}$ である．

表 3.1

| 集合 | 集合の元 |
|---|---|
| $\{1\}$ | $1$ |
| $\{\{1\}\}$ | $\{1\}$ |

$$\{x \mid x \text{ は } x^2 - x - 1 < 0 \text{ をみたす実数}\}$$

と書き表せる．これはまた

$$\{x \mid x \text{ は実数}, x^2 - x - 1 < 0\}$$

と書いてもいい（注意 3.4(3) 参照）．また，3.3 節に出てくる集合の記号 **R** を使えば

$$\{x \mid x \in \mathbf{R}, x^2 - x - 1 < 0\}$$

と書き表せるし，さらに注意 3.4(4) の方式で

$$\{x \in \mathbf{R} \mid x^2 - x - 1 < 0\} \tag{3.8}$$

とも書ける．最後の書き方（つまり，(3.8)）が一番よく使われる．

もちろん，2 次不等式の知識があれば

$$x^2 - x - 1 < 0 \iff \frac{1-\sqrt{5}}{2} < x < \frac{1+\sqrt{5}}{2}$$

がわかる．したがって，集合 (3.8) は開区間 $\left(\dfrac{1-\sqrt{5}}{2}, \dfrac{1+\sqrt{5}}{2}\right)$ と一致している（開区間の記号は 3.3 節参照）． □

◼ **例 3.6** 集合

$$A = \{n^2 - 5n + 6 \mid n \text{ は } 5 \text{ 以下の自然数}\}$$

は 3 つの元からなる集合である．なぜなら，「5 以下の自然数」は $1, 2, 3, 4, 5$ であり，$n = 1, 2, 3, 4, 5$ に応じて $n^2 - 5n + 6 = 2, 0, 0, 2, 6$ となるので，重複を省いて（注意 3.4(1) 参照），「$A$ の元は $2, 0, 6$ の 3 つ」だからである．結局，$A = \{2, 0, 6\}$ である．「元を並べる順番は自由」というルールに従えば，$A = \{0, 2, 6\}$ とも書ける．このほうが，見ていて「落ち着く」だろう．

「5以下の自然数」の個数は5である（当然である）．しかし，そうだからといって，集合$A$の元の個数が5になるわけではない（実際，$A$の元の個数は3であった）．このことには，十分注意を払っておいてほしい． □

■ 例3.7　整数の平方（へいほう）として表せる数を平方数と呼ぶ[4]．平方数全体の集合は

$$\{m \mid m = n^2 \text{ をみたす整数 } n \text{ が存在する}\}$$
$$\{n^2 \mid n \in \mathbf{Z}\}$$
$$\{0, 1, 4, 9, 16, \cdots\}$$

などと表すことができる（3つとも同じ集合を表している）．2番目のような表記はよく使われるので，慣れておいてほしい．2番目の書き方の「気持ち」を解説すると，次のようになる；右側の条件$n \in \mathbf{Z}$から，$n$が整数全体を動くことがわかる．つまり，

$$n = \cdots, -3, -2, -1, 0, 1, 2, 3, \cdots$$

である．そのおのおのの$n$について，左側に示された$n^2$を求めると，

$$n^2 = \cdots, 9, 4, 1, 0, 1, 4, 9, \cdots$$

となる．そして，2番目の記号の意味しているのは「そのようにしてできた$n^2$をすべて集めてこい」ということなので，指定された集合は

$$\{\cdots, 9, 4, 1, 0, 1, 4, 9, \cdots\} = \{0, 1, 4, 9, \cdots\}$$

となり，「平方数全体の集合」であることがわかる．

　3番目に登場する$\cdots$（テンテンテン）は数学的な厳密性はもっていなくて，「常識的にわかりますよね」ということである．つまり，「$0, 1, 4, 9, 16$と来たら次は$25, 36, \cdots$だよねえ」という「常識」を前提とした書き方である．『そんな「常識」に依存するのは嫌だ』という人には，1番目や2番目の書き方をお勧めする（そのほうが厳密なやり方である）． □

---

[4] 「平方」は，2乗することを表している．この定義では0は平方数となる．0を平方数に入れない流儀もあるので，注意してほしい．

■ **例 3.8** これまでの例では整数や自然数を表す記号として $n$ を使ってきたが，$n$ という記号を使ったのは，「$n$ と書くと自然数のような"雰囲気"が出る」という「習慣」に従っただけで，「数学的必然性」は何もない．だから，記号は変えてしまっても構わなくて，たとえば，例 3.7 で扱った平方数の集合 $\{n^2 \mid n \in \mathbf{Z}\}$ は，$\{x^2 \mid x \in \mathbf{Z}\}$ と書いてもいいし，（お勧めはしないが）漢字などを使ってしまって $\{甲^2 \mid 甲 \in \mathbf{Z}\}$ でも構わない．要は，「$\mathbf{Z}$ の元をとってきて，それを 2 乗したもの全体の集合」ということがわかればいい．そのために必要なのは，『「$n \in \mathbf{Z}$ の $n$」と「$n^2$ の $n$」が一致していること』であって，$n$ という記号（＝文字）自体は重要ではない．このような事情を，「$\{n^2 \mid n \in \mathbf{Z}\}$ では，記号 $n$ はダミー (dummy) である」などと表現する．ダミーというのは「操り人形」という意味で，この場合は，「$n$ と $n^2$ が連動していることが大切で，$n$ 自体に意味があるわけではない[5]」という状況を表している．この状況は，「定積分を書くとき $\int_0^1 f(x)dx$ と書いても $\int_0^1 f(t)dt$ と書いても同じだ」というのと同じことで，定積分の場合は，この例の $x$ や $t$ が「ダミー変数」と呼ばれている． □

## 3.3 代表的な集合

数学では，「非常によく登場するので，みんなが同じ記号を使う習慣になっている」という集合がいくつもある．そのような「標準的な集合」については世界共通の記号が定まっている[6]．本節では，それらのうち，いくつかを挙げてみる．

集合は元（＝要素）の集まり，と説明したが，数学では，極端な場合として

元を 1 つももたない集合

も集合の 1 つと考える（0 も数の 1 つと考えることに似ている）．これを「空集合 (empty set)」と呼び，記号で $\emptyset$ と書き表す．つまり，$\emptyset$ とは

どんな $a$ についても $a \notin \emptyset$ が成り立つ集合

---

[5] これは，「あなたが生活費を稼いでくることが重要で，あなた自身には意味がない」と言われる夫の立場に似ている．身につまされる．

[6] 「定まっている」といっても，「何らかの国際機関が認定した」というわけではなく，「強制力」はない．しかし，よく出てくる集合は記号も一定であるほうが便利なので，多くの人が「ルール」に従っている，という事情である．

のことである.

■ 例 3.9　$c$ を実数として，集合
$$A = \{x \in \mathbf{R} \mid x^2 < c\} = \{x \mid x \text{ は } x^2 < c \text{ をみたす実数}\} \tag{3.9}$$
を考えよう．このとき，$c > 0$ ならば $A$ は「$-\sqrt{c}$ より大きく $\sqrt{c}$ より小さい実数全体の集合」となる．しかし，$c \leq 0$ ならどうだろうか？ $x^2$ が負になる実数 $x$ は存在しないので，「$c \leq 0$ なら $A$ に属する元は 1 つもない」となる．このことは，数学では

$$c \leq 0 \text{ ならば } A \text{ は空集合である（つまり，} A = \emptyset\text{）}$$

と表現される．もし空集合を集合の「仲間」に入れておかないと，$c$ が正であることを確かめた上でなければ (3.9) という表現ができない．それでは不便で困るので，空集合も集合と見なすのがよい．　□

「世界標準」として使われている数学の記号には，次のようなものがある.

$\emptyset$　：　空集合

$\mathbf{N} = \{1, 2, 3, \cdots\}$　：　自然数全体の集合

$\mathbf{Z} = \{\cdots, -1, 0, 1, 2, 3, \cdots\}$　：　整数全体の集合

$\mathbf{Q} = \left\{ \dfrac{n}{m} \mid n \in \mathbf{Z}, m \in \mathbf{Z}, m \neq 0 \right\}$　：　有理数全体の集合

$\mathbf{R}$　：　実数全体の集合

$\mathbf{C} = \{x + yi \mid x, y \in \mathbf{R}\}$　：　複素数全体の集合（ここで，$i = \sqrt{-1}$）

!注 3.10　言葉に関する注意事項がある.

(1) たとえば，集合 $\mathbf{N}$ の説明は，「自然数全体の集合」となっている．注意点は，「自然数全体の集合」は「自然数の集合」とは**違う**ということである．単に「自然数の集合」といった場合，それは「自然数からなる集合」という意味[7]であり，自然数を「すべて」集めてくる必要はない．だから，たとえば $\{1, 3, 5\}$ という集合は「自然数の集合」ではあるが，（もちろん）「自然数全体の集合」ではない．英語だと，「自然数全体の集合」は the set of integers，「自然数の集合」は a set of integers となり，冠詞で違いを伝えることになる．

---

[7] 3.5 節で出てくる言葉を使えば，それは「$\mathbf{N}$ の部分集合」と同じこと.

(2) 英語での表現を知っていると，記号の由来もわかって，親しみがもてる．上の記号の **N**, **R**, **C** は，自然数 (natural number)，実数 (real number)，複素数 (complex number) から来ている．有理数 (rational number) の頭文字も R であるが，これは実数に「負けてしまった」ようである．有理数を **Q** で表すのは quotient（商）から来ているのではなかろうか（有理数は整数の商として表される）．整数は英語で integer であるが **Z** にはその面影はない．これは，ドイツ語の Zahl（一般的に数のことも指すが，特に整数を指すことも多い）から来ていると思われる．

■ **例 3.11** 上では有理数を「2つの整数の比」と考えて，集合 **Q** を書き表した．しかし，有理数を表すときは，分母を正にとることができる．そう考えると，**Q** は

$$\mathbf{Q} = \left\{ \frac{b}{a} \mid a \in \mathbf{N}, b \in \mathbf{Z} \right\} \tag{3.10}$$

とも表示できる．(3.10) では，$\frac{b}{a}$ は既約分数とは限らないことに注意してほしい．たとえば，(3.10) の表示では，$a=6, b=4$ ということも起こる．そして，このときは，$\frac{4}{6} = \frac{2}{3}$ と通分することになる．つまり，$a=6, b=4$ と $a=3, b=2$ は同じ有理数を表しているわけだが，集合のルールで「重複は省く」となっている（注意 3.4(1) 参照）ので，これで構わない．「そんな重複は無駄だ」と感じて，既約分数だけを考えたいときは，「$a$ と $b$ は互いに素」という条件を付け加えればよい．つまり，

$$\mathbf{Q} = \left\{ \frac{b}{a} \mid a \in \mathbf{N}, b \in \mathbf{Z}, \gcd(a, b) = 1 \right\}$$

と書き表せばよい（gcd は最大公約数を表す記号）．

前の **Q** の表記では分数を表す記号として $m, n$ を使ったが，この例では $a, b$ を使っている．これらの記号も「ダミー変数」（例 3.8 参照）であり，「首尾一貫している」という条件さえみたせば，記号自体は何を使ってもよい． □

その他の「よく使われる集合の記号」として，実数直線上の区間の記号がある．区間の端点がその区間に属するかどうかによって，いろいろなパターンが出てくる．しつこいようだが，すべての組み合わせについて定義を書いてみよう．これを眺めれば，この記号の「ルール」（つまり，( と ) は「（端が）区間に属さない」ことを表し，[ と ] は「（端が）区間に属する」ことを表す）が理解

できるだろう．

以下では，$a, b$ は実数とする．

$$(a, b) = \{x \in \mathbf{R} \mid a < x < b\} = \{x \in \mathbf{R} \mid x > a \text{ かつ } x < b\}$$
$$[a, b] = \{x \in \mathbf{R} \mid a \leq x \leq b\}$$
$$[a, b) = \{x \in \mathbf{R} \mid a \leq x < b\}$$
$$(a, b] = \{x \in \mathbf{R} \mid a < x \leq b\}$$
$$(a, +\infty) = \{x \in \mathbf{R} \mid a < x\}$$
$$[a, +\infty) = \{x \in \mathbf{R} \mid a \leq x\}$$
$$(-\infty, b) = \{x \in \mathbf{R} \mid x < b\}$$
$$(-\infty, b] = \{x \in \mathbf{R} \mid x \leq b\}$$

**!注 3.12** 区間の記号に関する注意点をまとめておく．

(1) 記号 $+\infty, -\infty$ は便利で，よく使われる．しかし，「$+\infty$ と $-\infty$ は数ではない」ことを忘れないでほしい．その結果として，$[a, +\infty]$ などの記号は現れない（$+\infty$ は数ではないので，実数 $x$ について，$x = +\infty$ とはならない；$-\infty$ についても同じ）．

(2) 開区間の記号 $(a, b)$ は平面の座標を表す記号とまったく同じで，記号を見ただけで両者を区別することは不可能である．両者の区別は「文脈」によって判断するほかない．つまり，議論の流れを把握して，「ここに登場している記号は区間なのか座標なのか」を判定する．こう言うと難しいようであるが，慣れれば自然に判断できて，困ることはない．ただし，「曖昧だ」と感じたときは，しっかり確認する努力をするのを忘れないでほしい．

(3) 開区間の記号 $(a, b)$ は，通常，$a < b$ が成り立っている状況で使われる．しかし，$a \geq b$ となる可能性があっても，記号 $(a, b)$ は使える．なぜなら，$a \geq b$ である場合には，記号 $(a, b)$ は空集合を表すと解釈できるから（$a \geq b$ の場合には $a < x < b$ をみたす $x$ は存在しないので空集合になる）．このことからも，「空集合も集合の仲間に入れておくべきだ」といえる．

## 3.4 集合による定理の表現

現代の数学では，「集合」は欠かすことのできない概念である．集合が重要である理由の 1 つに，「数学的主張自体が集合の言葉で述べられる」いう事実がある．本節では，なるべく簡単な題材を取り上げて，「集合を使って主張を

述べる」ことの例を取り上げる．

■ **例 3.13** 整数の比で表される数を有理数と呼び，有理数でない実数を無理数 (irrational number) という（有理数も実数の仲間であることに注意）．実数の中には無理数が存在することはよく知られている（たとえば，$\sqrt{2}$ は無理数である；例 2.4 参照）．この「無理数が存在する」という主張は，集合の記号を使って，$\mathbf{R} \neq \mathbf{Q}$ と表される． □

■ **例 3.14** 整数の2乗がまた整数であることは当たり前であるが，逆に，2乗して整数になる有理数は整数に限る（命題 1.4 参照）．2つの主張をまとめると，「有理数 $r$ が整数であるための必要十分条件は $r^2$ が整数であること」といえる．この主張は，集合の等式として

$$\{r \in \mathbf{Q} \mid r^2 \in \mathbf{Z}\} = \mathbf{Z}$$

と表現される．ここで，$\mathbf{Q}$ を $\mathbf{R}$ に取り換えると，等式は成立しない．つまり，$A = \{r \in \mathbf{R} \mid r^2 \in \mathbf{Z}\}$ とすれば，$A \neq \mathbf{Z}$ である．なぜなら，たとえば，$\sqrt{2} \in A$ であるが $\sqrt{2} \notin \mathbf{Z}$ だから（例 2.4 参照）． □

■ **例 3.15** $y$ を実数とする．このとき，$y \geq 0$ となる必要十分条件は $y = x^2$ をみたす実数 $x$ が存在することである．この主張も，集合の等式として

$$\{y \in \mathbf{R} \mid y \geq 0\} = \{x^2 \mid x \in \mathbf{R}\} \tag{3.11}$$

と表せる．「(3.11) なんか当たり前じゃないか」という人は，(3.11) の $\mathbf{R}$ を $\mathbf{Q}$ で置き換えた場合を考えてみてほしい．置き換えた結果は，(3.11) のような等式は成立せず，

$$\{y \in \mathbf{Q} \mid y \geq 0\} \neq \{x^2 \mid x \in \mathbf{Q}\} \tag{3.12}$$

となる．なぜなら，たとえば，整数 2 は (3.12) の左辺には属しているが右辺には属していない（$\sqrt{2}$ は無理数；例 2.4 参照）．だから，等式 (3.11) は実数の重要な性質を表している（(3.12) からわかるように，有理数は，その性質をもっていない）． □

■ **例 3.16** $-1$ は負であるから，$x^2 = -1$ をみたす実数 $x$ は存在しない．このことも，集合の等式として

$$\{x \in \mathbf{R} \mid x^2 = -1\} = \emptyset$$

と表される．こういうときにも，空集合は便利である．

　複素数まで範囲を広げて考えると，$z = \pm i$ が $z^2 = -1$ をみたす（$i$ は虚数単位を表す）．したがって，$\{z \in \mathbf{C} \mid z^2 = -1\} = \{i, -i\}$ となり，これは空集合ではない．ついでに書いておくと，$i$ と $-i$ を元とする集合を $\{\pm i\}$ と書き表すことが多い． □

## 3.5 部分集合

　集合は「ものの集まり」なので，「その集まりから一部分だけとってくる」ということが考えられる．このような状況に対応して「部分集合」の概念がある．正式に定義を述べよう．

**定義3.17** 集合 $A, B$ に対して

$$x \in B \quad \text{ならば} \quad x \in A \quad \text{である} \tag{3.13}$$

が成り立つとき，「$B$ は $A$ の部分集合 (subset) である」といい，記号で

$$B \subset A$$

と書き表す．また，「$B \subset A$ かつ $B \neq A$」が成り立つとき，$B$ は $A$ の真部分集合 (proper subset) であるという．

　集合 $B$ が集合 $A$ の部分集合であること（つまり，$B \subset A$ が成り立つこと）を「$B$ は $A$ に含まれる」とも表現する．「$B \subset A$ が成り立つこと」を「$B$ が $A$ に属する」とは言わないので注意してほしい．これが，『$a \in A$ は「$a$ は $A$ に属する」と読むべきで，「$a$ は $A$ に含まれる」と読まないほうがいい』と筆者が主張する理由である（注意3.2参照）．

**!注3.18**　「定義により，$B = A$ のときは $B \subset A$ が成り立っている」ということを確認してほしい．つまり，「$B$ は $A$ の部分集合である」という場合，$B = A$ である可能性もある．言い換えれば，$B$ が「$A$ 全体」と一致しているときも「$B$ は $A$ の部分集合である」と表現するのである．『「全体」のことを「部分」とは表現しない』という

のが日常的な言語感覚かもしれないが，数学では『「部分」がたまたま「全体」と一致することもある』と考える．その理由は，2.10 節で取り上げた例の場合と同じで，「そのほうが便利だから」である．

「$B = A$ は除いて考えたい」という状況に対応するために「真部分集合」という言葉が用意されている．「$B$ が $A$ の真部分集合であること」を表すのに $B \subsetneq A$ という記号を使うこともある．記号 $\subset$ の形は，数の大小に関する記号 $<$ を「丸くしたもの」だが，$\subset$ と $<$ の「使い方の感じ」は**ずれている**ことを忘れないでほしい[8]．ずれてしまう理由は，数の大小では $<$ も $\leq$ もよく登場して重要だが，集合では，「部分集合を考えることは頻繁に起こるが，その部分集合が真部分集合かどうかを考察する頻度は非常に低いからだ」と（筆者は）思う．

ある集合が別の集合の部分集合であったりなかったりする関係のことを「包含関係」と呼ぶ．

■ **例 3.19** 空集合が絡む包含関係をまとめておこう．まず，「空集合は（与えられた集合の）部分集合か？」を考えると，「空集合は，すべての集合の部分集合だ」となる．つまり，任意の集合 $A$ について，

$$\emptyset \subset A$$

が成り立つ．このことを理解するには，

$$P \text{ が偽なら，「} P \text{ ならば } Q \text{」は真である} \quad (3.14)$$

という論理法則を納得する必要がある（2.6 節，5.4 節，5.5 節参照）．条件 (3.13) では，$P$ が $x \in B$ で，$Q$ が $x \in A$ である．そして，$\emptyset \subset A$ かどうか考えるには，$B = \emptyset$ とすればよい．すると，空集合の定義によって，$x \in \emptyset$ は常に（つまり，どんな $x$ についても）偽である．このことと (3.14) によって，『「$x \in \emptyset$ ならば $x \in A$」という主張は真である』と結論できる．したがって，定義 3.17 によって，$\emptyset \subset A$ が成り立つことになる．

次に，「空集合の部分集合は何か？」に対する答えは，「空集合の部分集合は，空集合だけ」となる．つまり，$A \subset \emptyset$ となるのは $A = \emptyset$ のときだけである．こちらのほうは，定義 3.17 を見れば，自然に納得できるだろう．もし $A \neq \emptyset$ な

---

[8] 数の大小の記号に合わせて，「本書の $\subsetneq$」を $\subset$ と書き，「本書の $\subset$」を $\subseteq$ と書く，という流儀もあることはある．しかし，その流儀は，数学の世界では「マイナー」である．本書の記号は世界の大勢に従っている．

ら $x \in A$ をみたす $x$ が（少なくとも 1 つ）存在し，その $x$ は $x \in \emptyset$ をみたさない．したがって，$A \neq \emptyset$ のときは (3.13) が成立しないので，$A$ は $\emptyset$ の部分集合ではない． □

■ **例 3.20** 「標準的」として挙げた集合の間には

$$\emptyset \subset \mathbf{N} \subset \mathbf{Z} \subset \mathbf{Q} \subset \mathbf{R} \subset \mathbf{C}$$

という包含関係が成り立っている． □

■ **例 3.21** 実数の区間の間の包含関係について考えてみる（記号は，3.3 節参照）．実数 $a, b, a', b'$ について，$[a', b'] \subset [a, b]$ となる条件は「$a' \geq a$ かつ $b' \leq b$」が成り立つことである．また，$[a', b'] \subset (a, b)$ となる条件は「$a' > a$ かつ $b' < b$」となる． □

部分集合の基本性質をまとめておこう．

‖ **命題 3.22** ‖ $A, B, C$ を集合とするとき，次の性質が成り立つ．

(1) $A = B$ が成り立つことは，「$A \subset B$ かつ $B \subset A$」が成り立つことと同じである．
(2) $\{a\} \subset A$ が成り立つことと $a \in A$ が成り立つことは同じである．
(3) 「$B \subset A$ かつ $C \subset B$」ならば $C \subset A$ が成り立つ．

**証明** 3 つとも「定義から明らか」であるが，念のために証明を書いておく．
 (1)：定義 3.17 により，$A \subset B$ は「$x \in A \Longrightarrow x \in B$」ということで，$B \subset A$ は「$x \in B \Longrightarrow x \in A$」と同じである．したがって，「$A \subset B$ かつ $B \subset A$」は「$x \in A \Longrightarrow x \in B$ かつ $x \in B \Longrightarrow x \in A$」であり，さらにこれは「$x \in B \Longleftrightarrow x \in A$」と同じである．「集合が等しいこと」の定義である (3.3) によって，(1) が成り立つ．
 (2)：定義 3.17 により，$\{a\} \subset A$ となるのは，

$$x \in \{a\} \implies x \in A \tag{3.15}$$

が成り立つときである．そして，集合 $\{a\}$ には元が 1 つしかないので，$x \in \{a\}$

は $x = a$ と同じことである．したがって，(3.15) は「$x = a \implies x \in A$」となり，これは $a \in A$ が成り立つことと同じである．これで (2) が示せた．

(3)：条件 $B \subset A$ は「$x \in B \implies x \in A$」ということで，条件 $C \subset B$ は「$x \in C \implies x \in B$」ということである．両方が同時に成り立つなら，$x \in C \implies x \in B \implies x \in A$ となって，「$x \in C \implies x \in A$」が成り立つ．これで $C \subset A$ が示せた． ∎

命題 3.22(1) は「当たり前のこと」であるが，数学の議論で非常によく使われる．つまり，「2つの集合 $A, B$ があって $A = B$ を示したい」というときに，その課題を「$A \subset B$ を示すこと」と「$B \subset A$ を示すこと」に「2分割」して達成する（標語：困難は分割せよ）．命題 3.22(3) も「標語」で表現しておくと，「部分の部分は部分だ」となる．何だかややこしい表現だが，言っている内容は「当たり前」である．

**!注 3.23** 2つの条件 $\{a\} \subset A$ と $\{a\} \in A$ は「違う条件」である．命題 3.22(2) によって，$\{a\} \subset A$ は $a \in A$ と同じであるので，「$a \in A$ と $\{a\} \in A$ は違う」と言ってもよい．混同しやすいので，注意してほしい．同時に，$\{a\} \subset A$ と $\{a\} \in A$ は「違う」というだけで，「両立しない」のではないことも忘れないでほしい（例 3.24 参照）．

**■ 例 3.24** 自然数 1 と集合 $A$ について，4つの条件

$$1 \in A, \quad 1 \subset A, \quad \{1\} \in A, \quad \{1\} \subset A$$

を考える．これらの条件の相互関係について，最初に自力で考えてみてほしい．

一般的に言えることを挙げておくと，まず「$1 \subset A$ は成り立たない」と言える．理由は，「1 は数であって集合ではないから」である．また，命題 3.22(2)

表 3.2

| $A$ | $1 \in A$ | $1 \subset A$ | $\{1\} \in A$ | $\{1\} \subset A$ |
|---|---|---|---|---|
| $\{2\}$ | × | × | × | × |
| $\{1, 2\}$ | ○ | × | × | ○ |
| $\{\{1\}, 2\}$ | × | × | ○ | × |
| $\{1, \{1\}, 2\}$ | ○ | × | ○ | ○ |

によって，「$1 \in A$ と $\{1\} \subset A$ は同値」である．その他については，いろいろなことが起こり得る．いくつかの例を，表3.2に挙げておいた．表3.2では，一番左に集合 $A$ の例が挙げてあり，そのおのおのについて条件の正否を○・×で表している． □

■ **例 3.25**　「（ある集合の）部分集合をすべて挙げよ」というのはいかにも"数学らしい"問題である．2つの元からなる集合 $\{a, b\}$ について，この問題の答えを出そう．

部分集合をすべて求めるには，集合の「元の個数」に着目するのが，1つの方法である．つまり，考えている集合 $\{a, b\}$ は2つの元からなる集合だから，その部分集合の元の個数は2以下である．そして，「$\{a, b\}$ の部分集合」の元は「$a$ か $b$」しかあり得ない．以上のことから，$\{a, b\}$ の部分集合を求めるには，$a$ と $b$ の2つのものから，0個，1個，2個，を選んでくればよいことがわかる．これを具体的に実行して部分集合を作ると，「0個の元からなる部分集合は $\emptyset$，1個の元からなる部分集合は $\{a\}$ と $\{b\}$ の2つ，2個の元からなる部分集合は $\{a, b\}$」となる．結局，$\{a, b\}$ の部分集合は4つあって，それらは

$$\emptyset, \{a\}, \{b\}, \{a, b\}$$

である．「部分集合を全部求める」ための別の方法が例3.40にある．そちらも参照してほしい． □

## 3.6　和集合・共通部分・差集合・補集合

読者は，2つの数を足したり掛けたりして新しい数を作ることには慣れているだろう．このような「足す」とか「掛ける」という操作を，数学では「演算 (operation)」と呼ぶ．足し算や掛け算は「数の演算」である．集合に関しても，同じ意味での「演算」がいくつもあり，節の表題に挙げたのはその代表的なものである．本節では，これらの演算の基本について説明する．

**定義 3.26**　集合 $A, B$ に対して

$A \cup B$：　$A$ と $B$ の和集合 (union)

$A \cap B$：　$A$ と $B$ の共通部分 (intersection)

$A - B :$  $A$ から $B$ を引いた集合（差集合；difference set）

という 3 つの集合を

$$A \cup B = \{x \mid x \in A \text{ または } x \in B\}$$
$$A \cap B = \{x \mid x \in A \text{ かつ } x \in B\}$$
$$A - B = \{x \mid x \in A \text{ かつ } x \notin B\} = \{a \in A \mid a \notin B\}$$

と定義する．

**!注 3.27** 「和集合」は合併（または，合併集合）とも呼ばれる．英語が union なので，合併のほうが用語としては妥当な気もするが，「和集合」が一般的に使われている．また，「共通部分」に対しては，「交わり」とか「積集合」という用語もある．「和集合」という呼び名を使うなら「積集合」も使えばいい，とも思えるが，「積集合」はあまり使われないようである．

会話のときは，筆者は，$A \cup B$ を「$A$ または $B$」，$A \cap B$ を「$A$ かつ $B$」と呼んでしまうことが多い．しかし，それは邪道であるかもしれない．記号の形から，$\cup$ と $\cap$ をそれぞれカップ (cup) とキャップ (cap) と読むこともある（英語でのシャレである）．

基本性質をまとめておこう．

**命題 3.28**  集合 $A, B$ について，次が成り立つ（$\emptyset$ は空集合を表す）．

(1) $A \cup A = A$, $A \cap A = A$, $A - A = \emptyset$
(2) $A \cup \emptyset = A$, $A \cap \emptyset = \emptyset$, $A - \emptyset = A$, $\emptyset - A = \emptyset$
(3) $A \cup B = B \cup A$, $A \cap B = B \cap A$
(4) $A \cap B \subset A$, $A \subset A \cup B$
(5) $A \cap B \subset A \cup B$
(6) 次の 4 つの条件は同値である．
　(i) $B \subset A$
　(ii) $A \cup B = A$
　(iii) $A \cap B = B$
　(iv) $B - A = \emptyset$

**!注 3.29** 命題 3.28 に関連して，記号に関する注意をしておく．たとえば，(4) に登場する $A \cap B \subset A$ は，$(A \cap B) \subset A$ と，括弧を付けて表すと明確に理解できる．

つまり，(4) は「共通部分 $(A \cap B)$ は $A$ の部分集合だ」と主張している．注意というのは，「通常はこの括弧は省略される」ということで，さらに言えば，「自力で括弧を補って理解しなければならない」ということである．何だか不親切のようだが，慣れればこの作業はすぐにできてしまって，括弧があると「かえって煩雑だ」と感じるようにもなる．括弧を省略する理由は，「他の解釈は不可能だから」である．つまり，別の括弧の付け方として「形式上」は $A \cap (B \subset A)$ があるが，この括弧の付け方では，記号が意味をなさない．だから，

$\qquad A \cap (B \subset A)$ という括弧付けはあり得ない

$\longrightarrow \ (A \cap B) \subset A$ と解釈する以外にない

$\longrightarrow \ $ 括弧を省略して $A \cap B \subset A$ と書いて構わない

となる．同じ理由で，命題3.28(5) の $A \cap B \subset A \cup B$ も，$(A \cap B) \subset (A \cup B)$ と解釈することになる．

「省略しても意味の紛れが起きない括弧は省略する」というのは数学の一般的ルールである．このルールに馴染んでおいてほしい[9]．もちろん，「括弧の付け方が複数可能であり，括弧の付け方で意味が違ってしまう場合には，きちんと括弧を付ける」というのもルールの一部である．「省かれた括弧を復元する」というのは，数学を学習する上で必要な「小技(こわざ)」なので，マスターしておいてほしい．

定義3.26 を参照すれば，命題 3.28 の証明は，すぐにできる．各自で証明を確認してほしい．

集合の演算にイメージをもち，命題 3.28 を理解しやすくするには，ベン図 (Venn diagram) が便利である（図 3.1）．

和集合を理解するときには，$A \cap B \subset A \cup B$ であること（命題3.28(5)）に

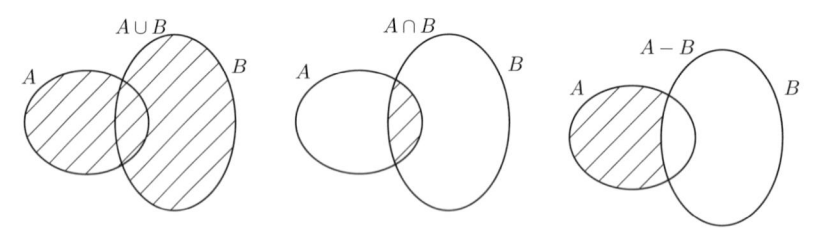

図 3.1 和集合・共通部分・差集合

---

[9] ただし，数学者の性格によって括弧を付けるか付けないかは変わってくる．筆者は，少し入り組んだ式になると，括弧が省略できる場合でも「念のため」と思って括弧を書いてしまうことが多い（弱気である）．しかし，『括弧なんか，「省いてナンボ」じゃい』（と思っているかどうか知らないが）という風情(ふぜい)で，括弧をバンバン省略していく豪胆(ごうたん)な人もいる．

**図 3.2** 対称差

**図 3.3** $B \subset A$

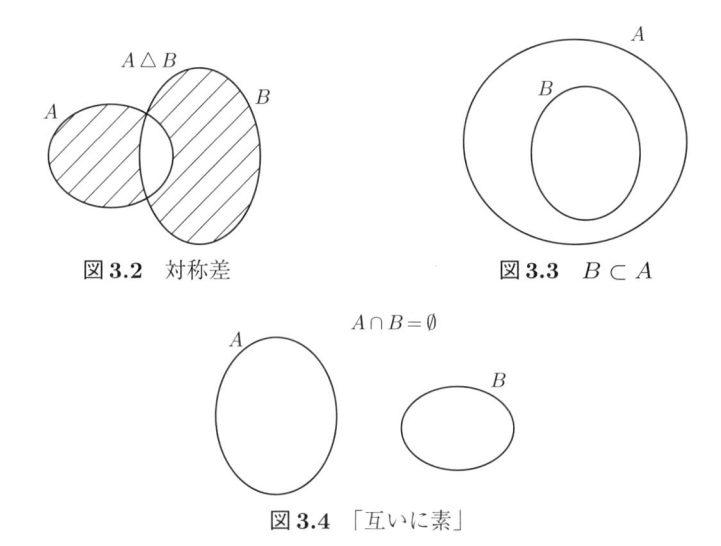

**図 3.4** 「互いに素」

気をつけてほしい．2.3 節で述べた，「または」の「使用上の注意」に注意しないと，$A \cup B$ の意味を誤解してしまうことがある．

2.3 節で説明した「排他的または」に対応して，「集合 $A$ と $B$ の対称差 (symmetric difference)」（記号で $A \triangle B$）を考えることがある．定義は

$$A \triangle B = \{x \mid x \in A \cup B \text{ かつ } x \notin A \cap B\} \tag{3.16}$$

である．定義 (3.16) によって

$$A \triangle B = (A \cup B) - (A \cap B) = (A - B) \cup (B - A)$$

であり，ベン図では図 3.2 のようになる．

命題 3.28(6) の 4 つの条件は，ベン図では図 3.3 の状況に対応している．

また，$A \cap B = \emptyset$ が成り立つことを「集合 $A$ と $B$ は互いに素である (disjoint)」と表現するが，これは図 3.4 のような状況である．

高校で「補集合 (complementary set)」について学んだのを覚えている人は，「補集合は出てこないのか？」という疑問をもったかもしれない．その疑問の答えは「実は，補集合は差集合の特別な場合なのだ」となる．集合 $A$ の補集合の作り方は，「$A$ に属さない元をすべて集めてくる」である．このときに，『「すべて」といっても，いったいどの範囲を考えればいいのか』が問題である．この疑問を追求してみると，『補集合を考えるときは，その前提として，考察の

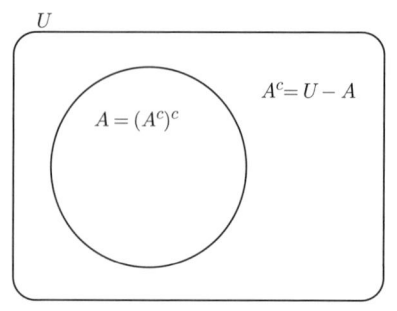

図3.5 補集合

対象となっているものをすべて含むような"大きな"集合$U$が定まっている状況だ』ということがわかる．このとき，この"大きな"集合$U$を母集合・全体集合 (total set)・ユニバース (universe) などと呼ぶ[10]．この$U$が「考察の対象となっているものをすべて含む」という状況なので，考える集合もすべて「$U$の部分集合」である．そして，（$U$の部分集合である）集合$A$があるとき，差集合$U-A$のことを「$A$の（$U$に関する）補集合」と呼ぶ（図3.5参照）．$A$の補集合を$A^c$などと書くが，この記号$A^c$を使う前提として，"大きな"集合$U$が想定されていることを忘れてはならない．この「前提」は明確に提示されているとは限らず，「暗黙のうちに了解されている」ということが多い．このような「暗黙の了解」を見落とさないようにすることが，数学をスムーズに学習ための1つのポイントとなる．

差集合の定義から，

$$A \subset U \text{ のときに } U - (U - A) = A$$

であることが容易に確かめられる．この性質は，$A^c$という記号では$(A^c)^c = A$と書き表され，言葉で表せば「補集合の補集合はもとの集合である」となる．これも，ベン図を眺めて考えれば，容易に確かめられる（図3.5参照）．

命題3.28は2つの集合に関する性質であったが，集合が3つになると，いろいろややこしい状況が登場する．そのうちで基本的なものをまとめてみる．3つの集合に関する演算の組み合わせは非常に多いが，命題3.30にある性質を組み合わせれば，すべて解決できる．

---

[10] ユニバースは，もちろん「宇宙」のこと．上の$U$は，「すべてのものがそこに収まっているような広大な存在」なので，「宇宙」というイメージになる．

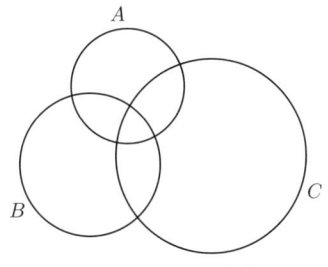

図 3.6　3つの集合

**命題 3.30**　集合 $A, B, C$ について，次のことが成り立つ．

(1) $(A \cup B) \cup C = A \cup (B \cup C)$, $\quad (A \cap B) \cap C = A \cap (B \cap C)$
(2) $A \subset C$ かつ $B \subset C$ であれば，$A \cup B \subset C$ である
(3) $C \subset A$ かつ $C \subset B$ であれば，$C \subset A \cap B$ である
(4) （分配法則）$(A \cup B) \cap C = (A \cap C) \cup (B \cap C)$,
   $\qquad\qquad (A \cap B) \cup C = (A \cup C) \cap (B \cup C)$
(5) （ド・モルガンの法則）$A - (B \cup C) = (A - B) \cap (A - C)$,
   $\qquad\qquad A - (B \cap C) = (A - B) \cup (A - C)$

定義 3.26 と簡単な論理の法則を使えば命題 3.30 は証明できる．おのおのについて対応する論理法則を書いておくと，

(1) 『「$P$ または $Q$」または $R$』は『$P$ または「$Q$ または $R$」』と同じ
(2) 「$P$ ならば $R$」かつ「$Q$ ならば $R$」であれば，『「$P$ または $Q$」ならば $R$』である
(3) 「$R$ ならば $P$」かつ「$R$ ならば $Q$」であれば，『$R$ ならば「$P$ かつ $Q$」』である
(4) 『「$P$ または $Q$」かつ $R$』は『「$P$ かつ $R$」または「$Q$ かつ $R$」』と同じ
(5) 『「$P$ または $Q$」の否定』は『「$P$ の否定」かつ「$Q$ の否定」』と同じ

となる．ただし，(1), (4), (5) に対しては，最初の等式についてだけ書いておいた．2番目がどういう法則に対応するかは，自分で確認してほしい．また，3つの集合に関するベン図を利用すると，命題 3.30 が理解しやすくなるだろう（図 3.6 参照）．

命題 3.30(1) があるので，単に $A \cup B \cup C$ や $A \cap B \cap C$ と書くことが許され

る（括弧の付け方は 2 通りあるが，「どちらも同じ集合になる」というのが命題 3.30(1) であるから）．さらに，命題 3.30(3) のおかげで，順番を入れ替えてもよい（つまり，$A \cup B \cup C = B \cup A \cup C$ などが成り立つ）．命題 3.30 の (2) と (3) は簡単だが，それぞれ，$A \cup B$ と $A \cap B$ の重要な性質である．命題 3.30(4) は，等式の形が足し算と掛け算に関する分配法則

$$(a + b) \times c = a \times c + b \times c$$

に似ているので，その名前を"拝借"して，「分配法則 (distributive law)」と呼ばれている．命題 3.30(5) に対応する論理法則は，2.5 節で扱った「ド・モルガン (De Morgan) の法則」そのものである．

和集合や共通部分は数学のあらゆる場面で登場するので，例はいくらでもある．ここでは，整数に関する例を 1 つだけ挙げておこう．

■ 例 3.31　偶数（＝ 2 で割り切れる整数）全部の集合を $A$ とし，3 の倍数（＝ 3 で割り切れる整数）全部の集合を $B$ とする．つまり，

$$A = \{2n \mid n \in \mathbf{Z}\}, \quad B = \{3n \mid n \in \mathbf{Z}\}$$

である．このとき，$\mathbf{Z} - A$ は奇数全部の集合であり，$\mathbf{Z} - B$ は 3 で割り切れない整数全部の集合である．また，$A \cap B$ は「2 と 3 の両方の倍数である整数全部の集合」なので，「6 の倍数全部の集合」となる．さらに，$A \cup B$ は「2 と 3 のどちらか少なくとも一方では割り切れる整数全部の集合」であり，これは「6 で割った余りが $0, 2, 3, 4$ のどれかである整数全部の集合」ともいえる．差集合 $A - B$ は「3 の倍数ではない偶数全部の集合」なので，「6 で割ったときの余りが 2 か 4 である整数全部の集合」となる．最後に，対称差 $A \triangle B$ は「2 と 3 のどちらか一方だけで割り切れる整数全部の集合」なので，「6 で割った余りが $2, 3, 4$ のどれかである整数全部の集合」となる．　□

## 3.7　直積集合

日常生活でも「2 つのものをまとめて扱いたい」ことは多い．たとえば，身体測定をしたときに，「ある人の身長と体重をまとめて記録したい」場合などである．数学でも，「2 つの集合の元をまとめて扱う」という機会が多く，そのために登場するのが直積集合である．

## 3.7 直積集合

2つの集合 $A, B$ があるとする．数学で，$A$ の元 $a$ と $B$ の元 $b$ を組（＝ペア）として扱うときには，2つを並べて括弧で囲んだ $(a, b)$ という記号を使う．ここで，$A$ の元 $a, a'$ と $B$ の元 $b, b'$ について

「$(a, b) = (a', b')$ が成り立つ」とは，「$a = a'$ かつ $b = b'$」であること

となっている．平面の座標を知っていれば，これが座標と同じルールであることに気づくだろう．実際，「座標平面」は直積集合の「代表例」である（例 3.33 参照）．

**定義 3.32** 集合 $A, B$ に対して，$A$ の元と $B$ の元の組全体の集合を「$A$ と $B$ の直積（または，直積集合；direct product）」と呼び，$A \times B$ という記号で表す．つまり，
$$A \times B = \{(a, b) \mid a \in A, b \in B\}$$
である．

たとえば，$A = \{1, 2, 3\}, B = \{4, 5\}$ という集合の場合を考えると，直積集合は
$$A \times B = \{(1, 4), (1, 5), (2, 4), (2, 5), (3, 4), (3, 5)\}$$
となる．

定義 3.32 は大袈裟に見えて，「近寄りがたい」と感じられてしまうかもしれない．しかし，定義 3.32 が出てくる「ルーツ」は「組にして考える」という単純なアイディアにすぎないことを忘れないでほしい．そのアイディアを数学的な厳密性をもって議論できるようにする「土俵」が「直積集合」である．

定義 3.32 の集合に対して「積」という言葉が使われる（そして，記号もそれに準じている）のは，直積集合の「元の個数」の性質からきている（命題 7.5(4) 参照）．$A \times B$ は「集合の積」なのだが，『それでは「集合の元の積」と紛らわしい』というような理由で「直積」という「ちょっと偉そうな」名前になっている．

■ **例 3.33** 典型的な場合として $A = B = \mathbf{R}$ のときを考えてみよう（$\mathbf{R}$ は実数全体の集合）．このときは
$$\mathbf{R} \times \mathbf{R} = \{(a, b) \mid a \in \mathbf{R}, b \in \mathbf{R}\} \tag{3.17}$$

となる．(3.17) の右辺に登場するのは，まさに平面の座標である．つまり，集合 $\mathbf{R} \times \mathbf{R}$ は平面に他ならず，(3.17) の右辺に現れる $(a,b)$ は平面の点の座標そのものである．通常，平面の座標については $x$-座標・$y$-座標という言い方をして $x, y$ という記号を使う．しかし，ここで $x, y$ という記号を使うのは，単なる「習慣」であって，「守らなくてはならないルール」ではない．一般的に表現したいときには，組 $(a,b)$ について，$a$ を第1成分（または，第1座標）と呼び $b$ を第2成分（または，第2座標）と呼べば，特定の記号を使わなくても大丈夫である． □

数の積 $a \times a$ を $a^2$ と書いたように，直積集合についても（$B = A$ であるときに）$A \times A$ を $A^2$ と書くことが多い．このルールに従って，例 3.33 で登場した平面 $\mathbf{R} \times \mathbf{R}$ も $\mathbf{R}^2$ と表記されるのが普通である．読者も，こちらの書き方のほうに馴染みがあるかもしれない．

■ **例 3.34** 直積集合 $A^2 (= A \times A)$ を具体的に書くと

$$A^2 = \{(a, a') \mid a \in A, a' \in A\} \tag{3.18}$$

となる．(3.18) の右辺で，$a$ と $a'$ は等しいとは限らない[11]．(3.18) で $a = a'$ が成り立つ組全体は，(それなりに) 重要である．そこで，その集合を $\Delta_{A^2}$ と表し，対角集合 (diagonal) と呼ぶ．つまり，

$$\Delta_{A^2} = \{(a, a') \in A^2 \mid a' = a\} = \{(a, a) \mid a \in A\}$$

ということで，$\Delta_{A^2}$ は $A^2$ の部分集合となっている．ただし，$\Delta_{A^2}$ という記号は「世界標準」ではなく，違う記号が使われることも多い． □

■ **例 3.35** 数学では「極端な場合」を押さえておくことも大切なので，空集合が絡んだ場合の直積集合についてまとめておく．まず，どんな集合 $A$ についても

$$A \times \emptyset = \emptyset, \quad \emptyset \times A = \emptyset \tag{3.19}$$

が成り立つ．(3.19) は，納得していただけるだろうか？ 念のために説明しておこう．まず，「$A \times \emptyset$ に属する組 $(a,b)$ を探そう」と考える（そのような組を

---

[11] このことも「座標平面」を思い浮かべると理解しやすいだろう．つまり，平面 $\mathbf{R}^2$ の点を座標 $(x,y)$ で表すときには，$x, y$ はそれぞれどんな実数であってもよくて，等しいとは限らない．

全部集めてきたものが，集合 $A \times \emptyset$ である）．しかし，$b \in \emptyset$ をみたす元 $b$ は存在しないので，組の作りようがない．つまり，「該当する組がない」ということなので，「$A \times \emptyset$ に属する元はない」となる．これは「$A \times \emptyset$ は空集合だ」ということに他ならないので，$A \times \emptyset = \emptyset$ となる．$\emptyset \times A$ についても，同じである．次に

$$A \neq \emptyset \text{ かつ } B \neq \emptyset \text{ であるならば, } A \times B \neq \emptyset \text{ である} \qquad (3.20)$$

が成り立つ．この (3.20) は，納得しやすいだろう．(3.20) の左の仮定が成り立つなら，$a \in A, b \in B$ をみたす $a, b$ が存在するから，それから作った組 $(a, b)$ は $A \times B$ に属している．つまり，$A \times B$ は少なくとも 1 つは元をもつのだから，$A \times B \neq \emptyset$ である．(3.20) の対偶は

$$A \times B = \emptyset \text{ ならば, } A = \emptyset \text{ または } B = \emptyset \text{ である} \qquad (3.21)$$

となる．(3.20) の対偶なので，(3.21) も成り立っている（5.4 節参照）．(3.19) と (3.21) を合わせると「2 つの集合の直積集合が空集合になるための必要十分条件は，2 つの集合の少なくとも一方が空集合に等しいことである」といえる．
□

## 3.8　集合族：集合の集まり

「集合族」というと大仰に聞こえてしまうかもしれないが，意味は簡単で，「集合の集まり」ということである．英語の family of sets を訳したものが「集合族」で，family に「族」という言葉を当てたのである．「集合の家族」と訳されても困るから，やはり「集合族」となりそうである．しかし，もとの family のほうが親しみをもてるのも確かで，話をするときには「集合のファミリー」と言ってしまうことも多い．

これまで，「集合 $A, B$ について $\cdots$」という表現が何度も出てきたが，これも『$A, B$ という 2 つの集合の「集合族」を考えている』と見なせる．集合が 2 つしか登場しないので $A, B$ と違うアルファベットを使って表したが，「番号」を使って「集合 $A_1, A_2$ について $\cdots$」と書くこともできる．「集合族」としてまとめて扱う集合の個数が多くなってくると，「違うアルファベットを使う」という方法は無理になって，「番号を付ける」というやり方が「標準」となる．た

とえば，自然数 $n$ について，$n$ 個の集合

$$A_1, A_2, \cdots, A_n \tag{3.22}$$

を考える機会は多い．(3.22) が，「集合族」の例である．

「集合族について，和集合・共通部分・直積集合が考えられる」ということと，それらを表す記号の説明が本節のテーマである．まず，$n$ 個の集合からなる集合族 (3.22) について考えよう．

集合族 (3.22) の和集合については，自然に理解できると思う．つまり，「(3.22) 全体の和集合を考える」というときには，まず $A_1 \cup A_2$ を作り，その後それと $A_3$ の和集合 $(A_1 \cup A_2) \cup A_3$ を作り，次は $A_4 \cdots$，と $A_n$ に到達するまで繰り返せばよい．このとき，命題 3.30(1) があるおかげで，「途中の括弧は付ける必要がない」となり，話が簡単になる．これで，集合族 (3.22) の和集合 $A_1 \cup A_2 \cup \cdots \cup A_n$ ができた．「こうしてできた和集合を $\bigcup_{k=1}^{n} A_k$ と書き表す」というのが「新しい記号の導入」となる．つまり，

$$\bigcup_{k=1}^{n} A_k = A_1 \cup A_2 \cup \cdots \cup A_n \tag{3.23}$$

という意味である．(3.23) の左辺の記号は，数の和を表す「シグマ記号」と同じノリの表記法である．また，(3.23) の左辺と同じ意味で

$$\bigcup_{1 \leq k \leq n} A_k \tag{3.24}$$

ことも多いが，これは高校では出てこなかった方式かもしれない．記号 $\bigcup$ で「和集合をとる」という「意思表示」をして，$\bigcup$ の下にある $1 \leq k \leq n$ が「$k$ のみたすべき条件」を表している．このとき，「$k$ は整数を表す」という前提が了解されているとする[12]．すると，整数 $k$ に対する条件 $1 \leq k \leq n$ は $k = 1, 2, \cdots, n$ と同じことだから，(3.24) は (3.23) と同じ意味になる．

共通部分についても，考え方も記号も和集合の場合と「同じ方式」でいける．その結果

$$\bigcap_{k=1}^{n} A_k = \bigcap_{1 \leq k \leq n} A_k = A_1 \cap A_2 \cap \cdots \cap A_n \tag{3.25}$$

---

[12] この「前提」は，記号 (3.24) の中には書かれていなくて，「暗黙の了解」である．ただし，いまの状況では，$k$ が整数でなければ $A_k$ という記号自体が意味をもたないから，『必然的に「$k$ は整数だ」と判断できる』ともいえる．このあたりは「状況判断」が大切である．

が集合族 (3.22) の共通部分を表すことになる．

直積集合についても，上と同様の「一歩一歩進む」という方式も可能である．しかし，直積集合の場合は「いっぺんに積をとってしまう」ほうが簡単である．つまり，集合族 (3.22) の直積を

$$A_1 \times A_2 \times \cdots \times A_n = \{(a_1, \cdots, a_n) \mid a_1 \in A_1, \cdots, a_n \in A_n\} \tag{3.26}$$

と定義する．言い換えれば，(3.22) のおのおのから元をとってきてできる「$n$ 個の要素をもつ組」$(a_1, \cdots, a_n)$ を考え，それら全部の集合として直積集合 $A_1 \times A_2 \times \cdots \times A_n$ を考える．線形代数で $n$ 次元ベクトルに馴染んでいる読者には，「組 $(a_1, \cdots, a_n)$ を作るのは，ベクトルの考え方と同じ」と説明すれば納得しやすいだろう．直積集合を「一気に表す」ときには，積の記号として，$\times$ ではなく $\prod$ という記号を使う．この $\prod$ はギリシャ文字の「パイの大文字」で，積 (product) の頭文字であるアルファベットの p に対応している[13]．まとめると，集合族 (3.22) の直積集合は

$$\prod_{k=1}^{n} A_k = \prod_{1 \le k \le n} A_k = A_1 \times A_2 \times \cdots \times A_n \tag{3.27}$$

などと表示される．数の積の場合と同様に，ベキの記号も使われる．すなわち，(3.22) で $A_1 = A_2 = \cdots = A_n = A$ である場合には，(3.27) を $A^n$ と書き表す．

実は，集合族を考える醍醐味は，「無限個の集合からなる集合族」を扱うところにある．たとえば，自然数全体で番号付けられた集合族

$$A_1, A_2, A_3, \cdots \tag{3.28}$$

を考えよう ((3.28) は，(3.22) のように途中で止まらずに，無限に続く)．集合の無限族[14] (3.28) について，和集合・共通部分・直積集合が考えられて，それぞれ，(3.23), (3.25), (3.27) と同様に

$$\bigcup_{k=1}^{\infty} A_k = \bigcup_{k \ge 1} A_k = A_1 \cup A_2 \cup A_3 \cup \cdots$$

---

[13] 高校では登場しなかったかもしれないが，一般的に「数の積」を表すときに $\prod$ が使われている．これは，「数の和 (sum)」をシグマ記号で表したのと同じ方式である．ちなみに，「パイの小文字」である $\pi$ は，円周率の記号として，君臨している．「小文字なのに頑張っていて，偉い」とみんなで褒めてあげよう．

[14] 集合の族で，無限個の集合からなるものを集合の無限族と呼ぶ．

$$\bigcap_{k=1}^{\infty} A_k = \bigcap_{k \geq 1} A_k = A_1 \cap A_2 \cap A_3 \cap \cdots$$

$$\prod_{k=1}^{\infty} A_k = \prod_{k \geq 1} A_k = A_1 \times A_2 \times A_3 \times \cdots$$

という記号で表される．各行の真ん中の記号の書き方について説明しておく．ここでも「$k$ は整数を表す」という了解がある．そして，$k \geq 1$ が出てきたとき，『$k$ は「1 以上の整数」という条件をみたす範囲全体を動く』と理解する．結局，「$k$ の動く範囲は $k = 1, 2, 3, \cdots$ だ」となる．

無限個の集合の直積

$$\prod_{k=1}^{\infty} A_k \tag{3.29}$$

は，理解するのに少し抵抗があるだろう．(3.22) の元は

$$(a_1, a_2, a_3, \cdots) \quad (\text{すべての } k \geq 1 \text{ について } a_k \in A_k) \tag{3.30}$$

という「無限個のものの組」である．(3.30) を理解するには，「数列」のイメージをもてばよい．集合 $A_k$ は「数の集合」とは限らないので，(3.30) 自体はかならずしも「数列」とはいえない．しかし，たとえば，$A_k$ がすべて実数の集合 $\mathbf{R}$ である場合には，(3.30) はまさに「実数列（＝実数の数列）」のことである．「$k = 1, 2, 3, \cdots$ について $A_k$ から 1 つずつ元をとって並べる」というのが (3.30) の「意味」で，これは「数列を作る操作」そのものである（例 4.57 の説明参照）．

集合の無限族を扱うと，しばしば，有限個の集合だけの場合とは「違った感じ」の現象が起こる．1 つだけ，例を挙げよう．

■ **例 3.36** 自然数 $k$ に対して

$$A_k = \left[0, 2 - \frac{1}{k}\right] \tag{3.31}$$

とおく．ただし，(3.31) の右辺は，実数の閉区間を表している（3.3 節参照）．このとき，集合

$$\bigcup_{k=1}^{\infty} A_k \tag{3.32}$$

を定めよ，という問題を考える（まず，自力で答えを出すことをお勧めする）．

答えは,「集合 (3.32) は, 半開区間 $[0,2)$ に等しい」となる (注: $[0,2) = \{x \in \mathbf{R} \mid 0 \leq x < 2\}$; 3.3 節参照).「区間の端点（＝はじっこの点）2 は $[0,2)$ には属していない」ことが, この問題のポイントである.

自力で答えを出せた人でも「正確な証明を書け, と言われると困ってしまう」ということも多いだろう. 証明の書き方は 1 通りではないが, 代表的な証明の例を提示しておく. 方針は, 証明を

(i) $\bigcup_{k=1}^{\infty} A_k$ が $[0,2)$ の部分集合であることを示す.

(ii) $[0,2)$ が $\bigcup_{k=1}^{\infty} A_k$ の部分集合であることを示す.

という 2 つのステップに分けることである. この 2 つが示せれば「(3.32) と $[0,2)$ は等しい」と結論できる（命題 3.22(1) 参照）.

まず (i) を示す. 任意の $k \geq 1$ について $2 - \frac{1}{k} < 2$ である. したがって,

$$\text{すべての } k = 1, 2, 3, \cdots \text{ について } A_k \subset [0,2) \text{ が成り立つ} \tag{3.33}$$

といえる. (3.33) から（命題 3.30(2) を繰り返し使って）$\bigcup_{k=1}^{\infty} A_k \subset [0,2)$ が導かれる. これで, (i) が示された.

次に (ii) を示す. $x$ を $[0,2)$ の（任意の）元とする（つまり, $x$ は $0 \leq x < 2$ をみたす実数）. このとき $2 - x > 0$ であるので, $k_0 \geq \frac{1}{2-x}$ をみたす自然数 $k_0$ をとることができる. すると, $k_0$ の定め方により, $k_0$ は

$$x \leq 2 - \frac{1}{k_0} \tag{3.34}$$

をみたす[15]. 仮定から $x \geq 0$ でもあるので, (3.34) から,

$$x \in A_{k_0} \tag{3.35}$$

が導かれる. $A_{k_0}$ は (3.32) の部分集合である（命題 3.28(4) 参照）から, (3.35) によって

$$x \in \bigcup_{k=1}^{\infty} A_k \tag{3.36}$$

---

[15] 条件をみたす $k_0$ は唯 1 つではなくて, たくさんある. ここでは「どれでもいいから, 条件をみたすものを 1 つとればよい」という状況である. また, $k_0$ は「$x$ に応じて定まる」ことにも注意してほしい. これは「$x$ が変われば $k_0$ も変わる可能性がある」ことを意味している.

がわかる．$x$ は $[0,2)$ の任意の元であったので，(3.36) によって

$$x \in [0,2) \text{ であれば，} x \in \bigcup_{k=1}^{\infty} A_k \text{ が成り立つ} \tag{3.37}$$

ことが示せた．(3.37) は，(ii) に他ならない（定義 3.17）．これで (ii) も示せたので，(i) と合わせて，「集合 (3.32) は $[0,2)$ に等しい」ことが証明できた． □

## 3.9 たとえばこんな例題を

　集合の無限族についてあれこれ議論するのは，いかにも「数学らしい」場面で，筆者も好きなテーマである．ということで，ここで解答に苦労しそうな，少し「高級」な例題を扱って，徹底的に解説してみよう．
　集合の無限族 $A_1, A_2, A_3, \cdots$ が与えられているとして，集合 $S, T$ を

$$S = \bigcup_{n=1}^{\infty} \bigcap_{k=n}^{\infty} A_k, \quad T = \bigcap_{n=1}^{\infty} \bigcup_{k=n}^{\infty} A_k \tag{3.38}$$

と定める．このとき問題は

(1) 包含関係 $S \subset T$ が成り立つことを示せ．
(2) $S \neq T$ が成り立つような集合族 $A_1, A_2, A_3, \cdots$ の例を挙げよ．

という 2 つである．
　この問題を見て「(3.38) の記号の意味がわからない」ということだと，話が進まない[16]．集合 $S$ について「目の付け所」を説明しよう．まず，(3.38) の $S$ を表す記号は

$$S = \bigcup_{n=1}^{\infty} \left( \bigcap_{k=n}^{\infty} A_k \right) \tag{3.39}$$

と，括弧を付けるとわかりやすい（(3.38) は「慣れている人」用に，括弧の省略をおこなっている）．ここで，『「(3.39) の括弧の中の集合」は $n$ で定まる』ことを確認してほしい（(3.39) の括弧の中は「$k$ が $n$ から $\infty$ まで動いてできる集

---

[16] こう書くと，「そんなの当然だ」と感じる人も多いだろう．しかし，数学の学習で苦しんでいる人を見ていると，扱っている記号の意味を把握しないで議論を進めようとしているケースが非常に多い．(3.38) に現れる記号を生まれて初めて見て，一瞬で理解できる人はいないと思う．「これはいったいどんな意味なのだ？」と疑問をもって，追求し，解明していく努力が大切である．

合」なので,「出発点」である $n$ によって定まる).したがって,括弧の中の集合を $B_n$ と書くことにすれば,$S = \bigcup_{n=1}^{\infty} B_n$ となる.これが (3.38) の意味するところで,これをまとめて書けば

$$S = \bigcup_{n=1}^{\infty} B_n, \quad B_n = \bigcap_{k=n}^{\infty} A_k \tag{3.40}$$

となる.

集合 $T$ についても,話は同じである.(3.40) に当たることを書くと

$$T = \bigcap_{n=1}^{\infty} C_n, \quad C_n = \bigcup_{k=n}^{\infty} A_k \tag{3.41}$$

となる(ここで,$C_n$ という記号を導入した).

解答に取り掛かろう.論理的順番から言えば,(1) を示してから (2) の例を挙げるのが「本手(ほんて)」だが,ここではまず (2) の例について説明する.そのほうが,集合 $S$ や $T$ にイメージをもちやすいだろうから.「もうイメージはもてている」という人は,(2) の例をパスして,あとに書いた (1) の証明に飛んでほしい.

(2) に答えるには,条件に合う「集合族の例」を 1 つ挙げればいい.そして,そのような例はたくさんあるが,ここでは「0 と 1 だけからなる数列」に着目して,例を挙げる.そのために,「0 と 1 だけからなる数列」全体の集合に $U$ という名前を付けておく.つまり,

$U = \{(a_1, a_2, \cdots) \mid a_j = 0, 1 \ (j = 1, 2, \cdots)\}$
$\phantom{U} = \{(a_1, a_2, \cdots) \mid \text{すべての } j = 1, 2, \cdots \text{ について } a_j = 0 \text{ または } a_j = 1\}$

である.そして,自然数 $k$ に対して,「$U$ の元 $(a_1, a_2, \cdots)$ で $a_k = 1$ をみたすもの全体からなる集合」を $A_k$ とする.記号で書けば,

$$A_k = \{(a_1, a_2, \cdots) \in U \mid a_k = 1\} \tag{3.42}$$

である($k$ は任意の自然数).これから,(3.42) で定まる集合族が (2) の例となっていることを示す.そのために

$$u = (a_1, a_2, \cdots) \in U$$

とおいて，この $u$ が $S$ に属する条件と $T$ に属する条件を調べていく．まず $S$ からいくと，$S$ の定義 (3.38) によって，

$$u \in S \iff u \in B_n \text{ をみたす } n \text{ が存在する}$$
$$\iff \text{ある自然数 } N \text{ について } u \in B_N \text{ が成立する}$$

となる（「特定の $n$」を表すために，大文字の $N$ を使った）．ここで，(3.40) により $B_N = \bigcap_{k=N}^{\infty} A_k$ であるから，

$$u \in B_N \iff k \geq N \text{ をみたすすべての } k \text{ について，} u \in A_k \text{ である}$$
$$\iff k \geq N \text{ をみたすすべての } k \text{ について } a_k = 1 \text{ である}$$

となる（あとのほうの同値は，$A_k$ の定義 (3.42) による）．これらを合わせると

$$u \in S \iff \text{ある自然数 } N \text{ があって，} k \geq N \text{ ならば } a_k = 1 \text{ である} \quad (3.43)$$

がわかる．

$T$ についても，同じように「段階的に」考えていく．まず，(3.41) によって

$$u \in T \iff \text{任意の } n \text{ について } u \in C_n \text{ である}$$

となり，$C_n$ の定義（(3.41) 参照）から

$$u \in C_n \iff \text{条件「} k \geq n \text{ かつ } u \in A_k \text{」をみたす } k \text{ が存在する}$$
$$\iff \text{条件「} k \geq n \text{ かつ } a_k = 1 \text{」をみたす } k \text{ が存在する}$$

となる（あとのほうの同値は，$A_k$ の定義 (3.42) による）．これらを合わせて

$$u \in T \iff \text{任意の } n \text{ に対して，条件「} k \geq n \text{ かつ } a_k = 1 \text{」}$$
$$\text{をみたす } k \text{ が存在する} \quad (3.44)$$

が得られる．(3.44) の条件は，もっと簡単な形に言い換えられる．すなわち，(3.44) の条件は

どんな自然数 $n$ をとっても，$n$ 以上の自然数 $k$ で $a_k = 1$ をみたすものがある
$$(3.45)$$

ということで，これは条件

$$a_k = 1 \text{ をみたす自然数 } k \text{ が無限個存在する} \tag{3.46}$$

と同値である[17]．これで

$$u \in T \iff a_k = 1 \text{ をみたす } k \text{ が無限個存在する} \tag{3.47}$$

が得られた．

(3.43) と (3.47) の条件の違いを考えれば，$S$ と $T$ の違いがわかる．(3.43) の条件は「あるところから先の $k$ については，すべて $a_k = 1$」ということであり，これに対して，(3.47) の条件は「$a_k = 1$ となる $k$ が（飛び飛びでもいいから）無限個ある」となる．こう言い換えれば，「(3.43) の条件が成り立てば (3.47) の条件が成り立つ」ことは明らかである（注：これが「$S \subset T$ が成り立つ」ことを意味している）．そして，「(3.47) の条件は成り立つが (3.43) の条件は成り立たない」ような例を探すのも簡単である．たとえば

$$u_0 = (0, 1, 0, 1, 0, 1, \cdots) \in U \tag{3.48}$$

という，「0 と 1 が交互に出てくる数列」はその例である[18]．実際，(3.47) と (3.48) によって $u_0 \in T$ であり，(3.43) と (3.48) によって $u_0 \notin S$ である．この $u_0$ の存在により，$S \neq T$ であることがわかる．これで，「(3.42) で与えられる集合族が (2) で要求された例になっている」ことが確認できた．

いよいよ (1) の「証明」に取り掛かろう．証明の書き方は 2 通りある．1 つは「集合の元(げん)について議論する方法」で，もう 1 つは「集合の包含(ほうがん)関係から攻める方法」である．どちらも重要なので，両方書いておく．

**証明 1** 最初に，集合の元をとって議論する方法を述べる．すなわち，$S \subset T$ を示すために

$$u \in S \text{ のときは，} u \in T \text{ が成り立つ} \tag{3.49}$$

---

[17] (3.45) が成り立つと仮定する．このとき，(3.45) で $n = 1$ とすれば，$a_{k_1} = 1$ をみたす自然数 $k_1$ があることがわかる．次に，(3.45) で $n = k_1 + 1$ とすれば，$k_2 \geq k_1 + 1 > k_1$ をみたす自然数 $k_2$ で $a_{k_2} = 1$ となるものがある．次は (3.45) で $n = k_2 + 1$ すれば $\cdots$，という操作を繰り返す．そうすれば，$a_{k_j} = 1$ かつ $k_{j+1} > k_j$ をみたす自然数の列 $k_j$ ($j = 1, 2, \cdots$) がとれるので，(3.46) が成り立つ．これで，(3.45) から (3.46) が導かれることがわかった．また，自然数が無限個あれば，その中からいくらでも大きな自然数をとることができるので，(3.46) から (3.45) が導かれる．

[18] (3.48) の数列は具体的に与えられた「1 つの数列」で，一般的に数列を表しているわけではない．したがって，一般的に数列を表すために使っていた記号 $u$ と区別するために，$u$ の下に 0 を付けて，$u_0$ という記号を使っている．数学では，このような記号の使い方が頻繁に登場する．

ことを示す[19]．さて，$u \in S$ だとすると，$S$ の定義 (3.40) によって，

$$u \in B_n \text{ となる } n \text{ が存在する} \tag{3.50}$$

ことがわかる．(3.50) で存在が保証された $n$ を 1 つとって，それを $N$ とすると，

$$u \in B_N \tag{3.51}$$

が成り立つ．ここで，(任意の) $n$ に対して，$K = \max\{N, n\}$ とおく[20]．すると，$K \geq N$ であることと (3.51) および，$B_N$ の定義 ((3.40) 参照) によって

$$u \in A_K \tag{3.52}$$

が成り立つ．また，$K \geq n$ であることと $C_n$ の定義 (3.41) により，$A_K \subset C_n$ である．したがって，(3.52) から

$$u \in C_n \tag{3.53}$$

が得られる．結局，任意の $n$ について (3.53) が成り立つことが示されたので，

$$u \in \bigcap_{n=1}^{\infty} C_n \tag{3.54}$$

が成り立つ．(3.54) の右辺は $T$ に他ならない ((3.41) 参照) ので，(3.54) は $u \in T$ を示している．これで，$u \in S$ なら $u \in T$ であることがわかったので，$S \subset T$ が成り立つ．■

**証明 2** 次は「集合の元」を持ち出さずに，集合の包含関係の性質だけを（激しく）使う証明を与える．そのためには，$S$ と $T$ の定義である (3.40) と (3.41) を使うが，そこの記号のままだと（慣れないうちは）混乱してしまう可能性が高い．そこで，説明のために，(3.40) を

$$S = \bigcup_{m=1}^{\infty} B_m, \quad B_m = \bigcap_{k=m}^{\infty} A_k \tag{3.55}$$

---

[19] ここで $u$ という記号を使っているが，これは (2) の説明で登場した数列のことではなく，一般的に $U$ の元を表している．いまは (1) の証明をしているので，(2) に関する具体例の話をしているわけではない．(2) に関する話は「リセット」して考えてほしい．

[20] 記号 $\max\{x, y\}$ は，『$x$ と $y$ の「大きいほう」を表す』と言いたくなるが，『$x$ と $y$ の「小さくないほう」を表す』と言うのが「正解」である．理由は「$x$ と $y$ が等しいこともあるから」である．たとえば，$\max\{3, 4\} = 4$ で，$\max\{3, 3\} = 3$ となる．

と書き換えておく．（ただし，「書き換え」といっても，$B_n$ の $n$ を $m$ にしただけである．）(3.40) の $n$ はダミー変数（例 3.8 参照）なので，(3.40) を (3.55) にしても中身はまったく変わらない．

　それでは証明を始めよう．以下では，「$k, m, n$ は常に自然数を表す」と決めて，自然数であることはいちいち断らないことにする．最初に，任意の $m$ と任意の $n$ について

$$B_m \subset C_n \tag{3.56}$$

が成り立つことを示す．そのために，与えられた $m, n$ に対して，$K = \max\{m, n\}$ とおく．すると，$K \geq m$ なので，$B_m$ の定義 (3.55) から

$$B_m \subset A_K \tag{3.57}$$

が成り立つ．同様に，$K \geq n$ なので，$C_n$ の定義 (3.41) から

$$A_K \subset C_n \tag{3.58}$$

が導かれる．(3.57) と (3.58) が両方とも成り立っているので，(3.56) が得られる（命題 3.22(3) 参照）．

　(3.56) があれば，(1) が簡単に証明できる．まず $m$ を（任意に）1 つとって，固定する．すると，任意の $n$ について (3.56) が成り立つことから，

$$B_m \subset \bigcap_{n=1}^{\infty} C_n \tag{3.59}$$

が導かれる（命題 3.30(3) 参照）．(3.59) の右辺は $T$ に等しい（(3.41) 参照）ので，(3.59) は

$$B_m \subset T \tag{3.60}$$

を意味している．ここから $m$ を動かしていく．すべての $m$ について (3.60) が成り立っていることから，

$$\bigcup_{m=1}^{\infty} B_m \subset T \tag{3.61}$$

が導かれる（命題 3.30(2) 参照）．しかし，(3.61) の左辺は $S$ に等しい（(3.55) 参照）ので，(3.61) は $S \subset T$ を示している．これで，(1) が証明された．■

## 3.10 ベキ集合：部分集合全体の集合

定義 3.17 で，「集合 $B$ が集合 $A$ の部分集合であること」を定義した．さて，集合 $A$ が 1 つ固定されている状況では，「$A$ の部分集合をすべて集めてこよう」という発想が生まれる[21]．そして，「数学的対象を集めてくれば，それで集合が作れる」ので，「$A$ の部分集合」を全部集めてきて，新たな集合を作ることができる．こうして，次の定義が登場する．

**定義 3.37** 集合 $A$ に対して「$A$ の部分集合全体からなる集合」を $A$ のベキ集合 (power set of $A$) と呼び，記号で $\mathrm{Pow}(A)$ と表す．集合の記号では

$$\mathrm{Pow}(A) = \{B \mid B \subset A\} \ (= \{B \mid B \text{ は } A \text{ の部分集合}\}) \tag{3.62}$$

と書き表せる．

「ベキ集合」という名前は，$\mathrm{Pow}(A)$ の元の個数が 2 のベキであること（命題 3.42 参照）からきている．ベキ集合の記号は「世界標準」というものがなく，いろいろな記号が使われている．他の記号としては，$\mathcal{P}(A)$ や $2^A$ などがある[22]．

ベキ集合は「集合の集合（属する元(げん)が集合である集合）」なので，注意 3.2 で説明した「$\in$ と $\subset$ の違い」で混乱が起きやすい．ベキ集合の定義によって

$$B \in \mathrm{Pow}(A) \iff B \subset A \tag{3.63}$$

となることを，確認してほしい．

例 3.19 で説明したように，任意の集合 $A$ について $\emptyset \subset A$ が成り立っている．したがって，(3.63) によって，

$$\text{任意の集合 } A \text{ について，} \emptyset \in \mathrm{Pow}(A) \text{ が成り立つ} \tag{3.64}$$

---

[21] このような，「ある条件をみたすものをすべて求めよ」というタイプの問題を好むのが，数学の特徴である．

[22] 記号 $2^A$ はミスプリントではない．この記号を使う人は，"確信をもって"整数 2 の右肩に集合を乗っけている．この記号の由来も命題 3.42 で，「元の個数が $2^{|A|}$ に等しい集合なんだから，集合自体を $2^A$ と書いてしまえ」ということである．そうすると，命題 3.42 によって，等式 $|2^A| = 2^{|A|}$ が成り立つのが，この記号の「自慢」である．筆者も，その「理屈」は理解するが，どうも「性(しょう)に合わない」ので，使っていない（か細い数字 2 の「背負わされているもの」が重すぎて，見ているだけでツライ）．とはいえ，この記号がお気に召した方は，積極的にご利用ください．

といえる．

■ **例 3.38** 空集合 $\emptyset$ の部分集合は空集合だけである（例 3.19 参照）．したがって，
$$\mathrm{Pow}(\emptyset) = \{\emptyset\}$$
となる．ここで，$\emptyset$ と $\{\emptyset\}$ は「異なる集合」であることに注意してほしい．空集合 $\emptyset$ は「元を 1 つももたない集合」で，$\{\emptyset\}$ は「元を 1 つだけもつ集合（その元が $\emptyset$）」である． □

■ **例 3.39** 1 つの元 $a$ だけからなる集合 $\{a\}$ については
$$\mathrm{Pow}(\{a\}) = \{\emptyset, \{a\}\}$$
である． □

■ **例 3.40** 2 つの元からなる集合 $\{a,b\}$ のベキ集合を定めよう．といっても，この問題の答えは例 3.25 で得られていて，
$$\mathrm{Pow}(\{a,b\}) = \{\emptyset, \{a\}, \{b\}, \{a,b\}\} \tag{3.65}$$
である．

　部分集合をすべて求めるためには，例 3.25 とは違う方法がある[23]．その方法を理解するには，「$\{a,b\}$ の部分集合を（自分で）作る」という作業を想定するとよい．部分集合を作るときに，まず $\{a,b\}$ の元 $a$ に着目して，部分集合に「$a$ を入れるか入れないか」を考え，次に元 $b$ に着目して「$b$ を入れるか入れないか」を考える．そして，「入れる」と判断した元をすべて集めてくれば，部分集合が 1 つできる．おのおのの元に関する「入れるか入れないか」の判断の違いによって，異なった部分集合ができてくる．この作業を表にまとめたのが，表 3.3 である．表 3.3 では，「入れるか入れないか」の判断を，「入れる = 1，入れない = 0」と数字で表し，表の一番右側に，「判断」に従ってできる部分集合が書いてある．$a, b$ のおのおのに 0 または 1 を割り振る方法は全部で $2^2 = 4$ 通りあるから，できてくる部分集合も 4 つである． □

---

[23] このような「発想の転換」に遭遇し，それを鑑賞し，味わうことができるのが数学を学ぶ醍醐味の 1 つである．

表 3.3

| $a$ | $b$ | | 部分集合 |
|---|---|---|---|
| 0 | 0 | $\leftrightarrow$ | $\emptyset$ |
| 0 | 1 | $\leftrightarrow$ | $\{b\}$ |
| 1 | 0 | $\leftrightarrow$ | $\{a\}$ |
| 1 | 1 | $\leftrightarrow$ | $\{a,b\}$ |

表 3.4

| $a$ | $b$ | $c$ | | 部分集合 |
|---|---|---|---|---|
| 0 | 0 | 0 | $\leftrightarrow$ | $\emptyset$ |
| 0 | 0 | 1 | $\leftrightarrow$ | $\{c\}$ |
| 0 | 1 | 0 | $\leftrightarrow$ | $\{b\}$ |
| 0 | 1 | 1 | $\leftrightarrow$ | $\{b,c\}$ |
| 1 | 0 | 0 | $\leftrightarrow$ | $\{a\}$ |
| 1 | 0 | 1 | $\leftrightarrow$ | $\{a,c\}$ |
| 1 | 1 | 0 | $\leftrightarrow$ | $\{a,b\}$ |
| 1 | 1 | 1 | $\leftrightarrow$ | $\{a,b,c\}$ |

■ **例 3.41** 3つの元からなる集合 $\{a,b,c\}$ のベキ集合を求めよう．例 3.25 の方法のように「部分集合の元の個数」に着目して考えてもよいが，元が3つもあると，少し面倒である．例 3.40 の「元ごとに，入れるか入れないかを判断する」という方法に従うと，表 3.4 ができる．表 3.4 の一番右に出てくる集合を全部集めてできる集合が $\mathrm{Pow}(\{a,b,c\})$ なので，

$$\mathrm{Pow}(\{a,b,c\}) = \{\emptyset, \{a\}, \{b\}, \{c\}, \{a,b\}, \{a,c\}, \{b,c\}, \{a,b,c\}\}$$

となる．3つの元について「入れるか入れないか」の「2択」を繰り返すので，$\mathrm{Pow}(\{a,b,c\})$ の元の個数（＝部分集合の総数）は $2^3 = 8$ である． □

例 3.40 と例 3.41 で説明したことを一般化すると，次の命題が得られる．（注：

集合の元の個数の性質は，7.1 節にまとめてある.）

**命題 3.42** $A$ を有限集合として，$A$ の元の個数を $|A|$ と表す．このとき，ベキ集合 $\mathrm{Pow}(A)$ について

$$|\mathrm{Pow}(A)| = 2^{|A|}$$

が成り立つ．

**証明** $n = |A|$ として，$A = \{a_1, a_2, \cdots, a_n\}$ だとする．このとき，$A$ の部分集合を定めることは，$a_j$ $(j = 1, 2, \cdots, n)$ のおのおのについて「（部分集合に）属する・属さない」の 2 つの選択肢のうちどちらかを選んでいくことと同じである．このような選び方は全部で $2^n$ 通りあるので，ベキ集合 $\mathrm{Pow}(A)$ の元の個数は $2^n = 2^{|A|}$ に等しい． ∎

例 3.25 の「部分集合の元の個数を考える方法」も，「だめな方法」ではない．例 3.25 と例 3.40 の 2 つの方法を比較すると，面白い等式が証明できる．

**命題 3.43** 自然数 $n$ に対して，等式

$$\sum_{k=0}^{n} \binom{n}{k} = 2^n \tag{3.66}$$

が成り立つ．ただし，$\binom{n}{k}$ は 2 項係数で

$$\binom{n}{k} = {}_nC_k = \frac{n!}{k!(n-k)!}$$

である．

**証明** $A$ を $n$ 個の元からなる集合とする（たとえば，$A = \{1, 2, \cdots, n\}$ ととればよい）．命題 3.42 によって

$$|\mathrm{Pow}(A)| = 2^n$$

が成り立っている．一方で，$0 \leq k \leq n$ をみたす整数 $k$ に対して，$A$ の部分集合で $k$ 個の元からなるものの総数は，2 項係数（= 組み合わせの数）の定義に

より，$\binom{n}{k}$ に等しい．したがって，

$$|\mathrm{Pow}(A)| = \sum_{k=0}^{n} \binom{n}{k}$$

が成り立つ．以上の2つの等式により，(3.66) が証明された． ∎

等式 (3.66) は，見たことのある人も多いかもしれない．通常，(3.66) は，2項定理

$$(1+x)^n = \sum_{k=0}^{n} \binom{n}{k} x^k$$

で $x = 1$ とおくことで証明される．しかし，上のように，「ベキ集合の元の個数を2通りに数える」という方法でも証明できる，というのが筆者の指摘したかったことである[24]．もっとも，2項定理の証明（数学的帰納法を使うのでなく，直接証明する方法）を思い浮かべれば，「両者の考え方は同じ」ともいえる．

## 3.11 ラッセルのパラドックス

集合は自由自在に活用できて，便利である．しかし，いくら「自由」だからといって，あまりに「無茶」をすると矛盾が生じてしまうことが明らかになった．そのような現象の一つが，ラッセル (B. Russel) のパラドックスである．

ラッセルのパラドックスを説明しよう．集合 $A$ に対して，$A \in A$ か $A \notin A$ のどちらか一方（だけ）が成り立つはずである．そこで，$A \notin A$ をみたす集合 $A$ すべてを集めた集合 $X$ を作る．つまり，

$$X = \{A \mid A \text{ は } A \notin A \text{ をみたす集合}\} \tag{3.67}$$

である．たとえば，自然数全体の集合 $\mathbf{N}$ は $\mathbf{N} \notin \mathbf{N}$ をみたす（つまり，「集合 $\mathbf{N}$ 自体は自然数ではない」ということ）ので，$\mathbf{N} \in X$ となる[25]．

---

[24] 実は，同じものを（わざわざ）2通りの数え方をすることで，「あっと驚くような等式」を導く，というのは高度な数学でも起きる現象である．いまは「同じものに対して別の見方をする」と説明したが，これが「違う風に見えていたのに，実は同じものだった」という形で現れることもある．

[25] ここで，(3.67) で定まる $X$ が「集合の集合」であることをはっきり意識しておいてほしい．つまり，$X$ 自体が集合であるが，$X$ の元も集合である．

ここで，

$$集合 X は，X の元か？ \quad (3.68)$$

という「問い」を発すると，ラッセルのパラドックスに到達する．パラドックスの中身を理解しやすくするために，1つ言葉を用意する．すなわち，集合 $A$ が条件 $A \notin A$ をみたすときに，$A$ を「"普通の"集合」と呼ぶことにする[26]．たとえば，$\mathbf{N} \notin \mathbf{N}$ であるので，「$\mathbf{N}$ は"普通の"集合である」となる．この言葉を使えば，(3.67) は，

$$X = \{A \mid A は "普通の" 集合である\} \quad (3.69)$$

と言い換えられる．

これから，「問い (3.68) の答えがどうなっているか」を考えていく．もちろん，問いの答えは YES か NO のどちらかである．そして，YES というのは $X \in X$ が成り立っていることで，NO というのは $X \notin X$ となっていることである．それぞれの場合に，場合分けして議論を進める．(注：場合 (2) のほうが，理解しやすいかもしれない．最初に (2) の場合を考えることをお勧めする．)

(1) $X \in X$ の場合：$X \in X$ であるから，$X \notin X$ は成り立っていない．したがって，「"普通の"集合」の定義によって，「$X$ は"普通の"集合ではない」といえる．これは，「$X$ は (3.69) の右辺の集合に属さない」ということである．しかし，(3.69) によって，「(3.69) の右辺の集合」は $X$ に等しい．よって，$X \notin X$ が成り立つ．以上で，$X \in X$ であることから $X \notin X$ が導かれてしまった．これは矛盾である．

(2) $X \notin X$ の場合：$X \notin X$ であるから，「"普通の"集合」の定義により，$X$ は"普通の"集合である．すると，$X$ は (3.69) の右辺の集合に属することがわかる．したがって，(3.69) によって，$X \in X$ が成り立つ．つまり，$X \notin X$ が成り立っているのに，$X \in X$ が導かれてしまった．これは矛盾である．

上の (1) と (2) によって，「$X \in X$ としても矛盾，$X \notin X$ としても矛盾」ということになってしまった．しかし，「否定」の定義によって，$X \in X$ か

---

[26] この「"普通の"集合」という言葉は，本書のこの場所でだけ登場する「地域限定」の用語である．他の場所では通用しない言葉遣いなので，注意してほしい．なお，「普通の」といっても，通常の意味の「普通」とは違うことを明示するために，引用符で囲んで"普通の"と書いている．

$X \notin X$ のどちらかは成り立たなければならないので，これはおかしな事態である．「さあ，上の議論はどこがおかしかったのでしょうか？」というのがラッセルのパラドックスである．

この「ラッセルのパラドックス」は，「数学の危機」を引き起こした．（正確には，集合論から発生した「数学の危機」が，ラッセルのパラドックスに集約された．）この「数学の危機」は，一時は非常に深刻に捉えられたようである．しかし，多くの優れた数学者の努力によって，現在では「ラッセルのパラドックス」から発生した問題は解決されている[27]．本書では「どのように解決されたか」の詳細を述べる余裕はないが，大ざっぱに言ってしまえば，「集合を作るときのルールが明確に規定された」ことがポイントである．そして，その「ルール」に従うと，「(3.67) の $X$ は，集合とは見なせない」ということになる[28]．$X$ が集合でないなら，上に述べた矛盾はおきないことを確認してほしい．それが，「ラッセルのパラドックスの克服」である．集合に対する「ルールの設定」によって，「なんでもかんでも集合にできる」という（過度の）自由性は失われた．しかし，一方では，集合の「ルール」は十分に寛容であることもわかっている．つまり，通常の数学に登場する集合の範囲なら，矛盾は起きないことが保証されている．特に，「(3.67) の $X$」は例外として，それ以外の本書に登場する集合は，すべて上記の「ルール」をみたす集合なので，本書を読んで矛盾に巻き込まれる心配はない．読者には，「ラッセルのパラドックス」が存在することは知っておいてほしいが，そのことに余り神経質にならずに，集合を十分に活用して，楽しく数学を学習することをお勧めしておく．

## 章末問題

**問題 3.1** 集合 $\{\{1,2\}\}$ はいくつの元を含むか？

**問題 3.2** 集合 $A = \{1, 2, \{2, 3\}\}$ について，次のおのおのの主張が正しいかどうか答えよ．

(1) $1 \in A$

---

[27] 「解決した」というより，「解消した」というほうが，筆者にはピンとくる．「問題の解決」と「問題の解消」がどう違うか，考えてみてほしい．

[28] つまり，「(3.67) の $X$」は集合の世界から排除されてしまった．しかし，数学者が「(3.67) の $X$」を（冷酷に）見捨ててしまったわけではない．「(3.67) の $X$ をどのように扱えばよいか」という問題にも，ちゃんと解答が提示されているので，ご安心を．

(2) $\{1\} \in A$
(3) $1 \subset A$
(4) $2 \in A$
(5) $2 \notin A$
(6) $3 \in A$
(7) $\{3\} \in A$
(8) $\{2,3\} \in A$
(9) $\{2,3\} \subset A$
(10) $\{\{2,3\}\} \subset A$

**問題 3.3**　次の集合の元をすべて挙げよ．

(1) $\{a \in \mathbf{N} \mid 方程式\, x^2 + 5x + a = 0\, は実数解をもつ\}$
(2) $\{d \in \mathbf{N} \mid d\, は 12 の約数\}$
(3) $\{a \in \mathbf{N} \mid 5 + 2a - a^2 > 0\}$
(4) $\{d \in \mathbf{N} \mid d\, は 120 の約数, d \leq 20\}$

**問題 3.4**　次の集合を記号を使って表せ．

(1) 偶数全体の集合
(2) $n!$ が $3^n$ 以下である自然数 $n$ すべての集合
(3) 4 で割ると 1 余るような整数全体の集合
(4) 2 つの平方数の和として表せる自然数全体の集合

**問題 3.5**　次の集合の部分集合をすべて挙げよ．

(1) $\{1, \{2,3\}\}$
(2) $\{1, 2, \{2,3\}\}$

**問題 3.6**　次の集合を平面上に図示せよ．

(1) $\{(x,y) \in \mathbf{R}^2 \mid x^2 - y^2 > 0\}$
(2) $\{(x,y) \in \mathbf{R}^2 \mid 等式\, t^2 + 2xt + y = 0\, をみたす実数\, t\, が存在する\}$
(3) $\{(x,y) \in \mathbf{R}^2 \mid 方程式\, xt^2 + yt + x = 0\, は実数解をもつ\}$

**問題 3.7**　次の主張が正しいか正しくないか答えよ．また，正しくないものには，反例を挙げよ．ここで，$A, B, C$ は集合を表している．

(1) $a \in B \cup C$ ならば $a \in B$ または $a \in C$ である．
(2) $A \subset B \cup C$ ならば $A \subset B$ または $A \subset C$ である．
(3) $a \in B \cap C$ ならば $a \in B$ かつ $a \in C$ である．
(4) $A \subset B \cap C$ ならば $A \subset B$ かつ $A \subset C$ である．

**問題 3.8**　集合 $A = \{x \in \mathbf{R} \mid x^2 - 2x - 3 > 0\}$ と $B = \{x \in \mathbf{R} \mid x^2 + bx + c \leq 0\}$ が条件「$A \cup B = \mathbf{R}$ かつ $A \cap B = (3, 4]$」をみたすように，実数 $b, c$ を定めよ．

# Chapter 4

# 写　像

　前章では，個々の集合の性質を学んだ．すると，次は2つ（以上）の集合があったときに，それらの関係を考えることが問題になってくる．現代数学では，集合の間の関係は写像を使って記述される．本章では，写像について基本的なことを解説する．

　「写像」という言葉に馴染みのない読者は，高校の数学に出てくる「関数」を思い浮かべるとよい．現代の数学では，まず一般的に写像を導入し，「写像の特殊なもの」として関数を捉えている．つまり，「関数は写像の一種である」ということで，本章でも，その「路線」に従って説明している．しかし，同じことを「写像は関数の一般化である」と表現することもできる．だから，すでに関数を知っている人は，関数から出発して写像を理解していくことができる．関数に関する注意点を 4.2 節にまとめておいた．「関数は知っているが理解が曖昧だ」という読者は，まず 4.2 節を読んでほしい．

## 4.1　写像の定義

　本節では，写像を定義して，基本的な注意をまとめる．
　最初に，写像の一般的な定義を述べよう．

**定義 4.1**　$A, B$ を集合とする．

(1) $f : A \to B$ が写像（map または mapping）であるとは，任意の $a \in A$ に

対して $f(a) \in B$ が定まっていることである．このとき，$f(a)$ のことを，$a$ の $f$ による像 (image) と呼ぶ．
(2) 写像 $f : A \to B$ に関して，集合 $A$ を $f$ の定義域 (domain of definition; または単に domain) と呼び，集合 $B$ を $f$ のレインジ (range) と呼ぶ．
(3) 写像 $f : A \to B$ に対して，$A$ の元の $f$ による像となるような $B$ の元全体の集合を写像 $f$ のイメージ（または，像；image）と呼び，$\mathrm{Image}(f)$ という記号で表す．つまり

$$\mathrm{Image}(f) = \{b \in B \mid b = f(a) \text{ となる } a \in A \text{ が存在する}\}$$
$$= \{f(a) \mid a \in A\}$$

である．
(4) 2つの写像 $f : A \to B$ と $f' : A' \to B'$ があるとき，$f$ と $f'$ が等しい，とは

$A = A'$ かつ $B = B'$ かつ 任意の $a \in A$ について
$f(a) = f'(a)$ が成り立つ

ことである．

写像を思い浮かべるには，図を描いてみるとよい（図 4.1）．このような図は，写像に関する議論をフォローする上で，非常に役に立つ．

定義 4.1(3) の $\mathrm{Image}(f)$ は，「$f$ の像となる $B$ の元全体の集合」である．この場合も，図を描いてみると，理解しやすい（図 4.2）．

**!注 4.2** 定義 4.1 について，注意点をまとめておく．
(1) 定義 4.1(2) の「レインジ」を，「値域」と呼ぶことも多い．しかし，値域という言葉は，定義 4.1(3) の「イメージ」の意味でも使われていて，混同しやすい．こ

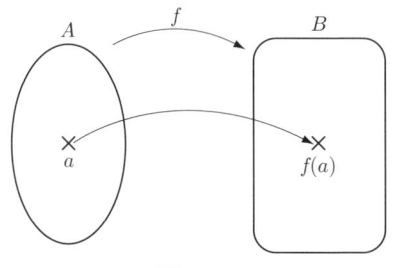

図 4.1

**図 4.2**

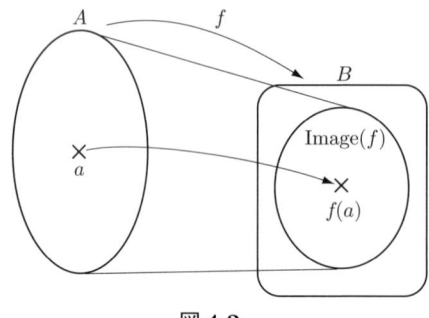

の混同はなかなか「罪深い」もので，あとで出てくる「全射」の議論で混乱を巻き起こしたりする．この理由で，本書では値域という言葉は使わず，レインジ・イメージとして区別することにした．本書の意味でのレインジとイメージの違いを十分理解した上で，「値域」という言葉を使用することをお勧めする．

(2) イメージを表す記号は，他にも Im$(f)$ や $f(A)$ などがある．記号 Im は複素数の虚部 (imaginary part) の意味でも使われるので，混同を避けるために，本書ではイメージを Image と書くことにした．記号 $f(A)$ については，注意 4.46(1) の説明を参照してほしい．

(3) 「写像が等しい」という言葉を，「弱い意味」で使う場合があるので，注意してほしい．すなわち，「写像が等しい」となるためにはレインジが一致することが必要である（定義 4.1(4) 参照）が，場合によっては，『「レインジの一致」を要求せずに「写像が等しい」という言葉を使う』ことがある．たとえば，2 つの写像

$$f: \mathbf{R} \to \mathbf{R}, \quad g: \mathbf{R} \to [-1, 1]$$

を

$$f(x) = \sin x \quad (x \in \mathbf{R}), \quad g(x) = \sin x \quad (x \in \mathbf{R})$$

と定めたとする．このとき，厳密に言えば，定義 4.1(4) により，「写像 $f$ と $g$ は等しくない」となる（$f$ と $g$ のレインジが異なっているので）．しかし，$f$ と $g$ は定義 4.1(4) の残りの 2 つの条件である「定義域の一致」と「像の一致」はみたしている．このようなときに「$f$ と $g$ は等しい」と見なすことがある．それが「弱い意味」での「等しい」の使い方である．

本書の趣旨は「基本を学ぶ」ことであるので，本書では，この「弱い意味」の使い方はせず，「写像が等しい」ことの意味は定義 4.1(4) の通りである．

(4) 写像 $f: A \to B$ があり，$C$ が $A$ の部分集合であるとき，新たな写像 $g: C \to B$ が

$$g(x) = f(x) \quad (x \in C) \tag{4.1}$$

によって定義される．この $g$ を，「$f$ の定義域を $C$ に制限して得られる写像」といい，$f$ から $g$ を作る操作を「定義域の制限」と呼ぶ．(4.1) を見て，「$g$ は $f$ と同

じじゃないか」と思ってはいけない[1]．確かに $C = A$ ならば，$f$ と $g$ は等しい．しかし，$C \neq A$ の場合には，$f, g$ は定義域が異なっているので，定義 4.1(4) の条件をみたしていない．したがって，$C \neq A$ ならば，$f$ と $g$ は等しくない．(4.1)は「$f(x)$ と $g(x)$ が両方定義される場合（つまり，$x \in C$ のとき）には，それらが等しい」と言っているだけである．$C \neq A$ の場合には，$A$ には属するが $C$ には属さない元 $x_0$ が存在して，$f(x_0)$ は定義されているが $g(x_0)$ は定義されていない．ここに「$f$ と $g$ の違い」があるので，$f$ と $g$ は（写像として）等しくない．

用語と記号の確認の意味で，1 つ例を挙げてみよう．

■ **例 4.3** 2 つの集合

$$A = \{1, 2, 3\}, \quad B = \{4, 5\}$$

をとって，この場合に，可能な写像 $f : A \to B$ をすべて書き上げてみよう．

「すべて書き上げる」というと大事に思えてしまうかもしれないが，やるべきことは簡単で，「定義の条件をみたすものを全部とってくる」というだけである．具体的に実行しよう．「写像 $f : A \to B$ が与えられている」とは，「$A$ の各元 $a \in A$ に対して $B$ の元 $f(a) \in B$ が対応させられている」ということだった．いまの場合 $A = \{1, 2, 3\}$ なので，$a$ は $1, 2, 3$ のどれかであり，また，$B = \{4, 5\}$ なので，$f(a)$ は $4, 5$ のどちらかである．つまり，「$f(1), f(2), f(3)$ のおのおのについて，それが 4 と 5 のどちらであるかを定めれば，写像 $f : \{1, 2, 3\} \to \{4, 5\}$ が定まる」となっている．そして，「写像をすべて求めよ」という課題は，「上の条件をみたす組み合わせをすべて求めよ」ということに他ならない．そう考えると，$f(1), f(2), f(3)$ という 3 つのもののそれぞれに 4, 5 という 2 つのものを対応させるさせ方の数だけ写像があることがわかる．このような対応のさせ方の総数は $2 \times 2 \times 2 = 2^3 = 8$ なので，写像 $f : A \to B$ は全部で 8 個あることになる．写像をすべて書き上げるには，表を作ると，見やすいし，理解しやすい．「すべての写像」を表 4.1 にまとめてある．写像は 8 個あるので，それらを区別するために，$f_1, \cdots, f_8$ という番号が付けてある[2]．表の見方はすぐにわかると思うが，念のために書いておくと，縦に写像 $f_j$ ($j = 1, \cdots, 8$) が並んで

---

[1] などと「命令」してはいけませんね．正しく言うと「（一旦は）そう思うのも仕方ないけれど，あとで修正しておいてください」となる．

[2] ここでは，写像を区別するために便宜的に番号が付けてある．一般的に「写像に番号を付けるルールがある」などというわけではないので，誤解しないようにお願いする．

いて，$f_j$ の右側に $f_j(1), f_j(2), f_j(3)$ が書いてある．また，表の一番右側の欄に，おのおのの写像のイメージ $\mathrm{Image}(f_j)$ を書いておいた．写像 $f_j$ に対して，表で横に3つ並んでいる数字（$= B$ の元）からなる集合が $\mathrm{Image}(f_j)$ であることを確認してほしい． □

表 4.1

|       | 1 | 2 | 3 | $\mathrm{Image}(f)$ |
|-------|---|---|---|---------------------|
| $f_1$ | 4 | 4 | 4 | $\{4\}$             |
| $f_2$ | 4 | 4 | 5 | $\{4,5\}$           |
| $f_3$ | 4 | 5 | 4 | $\{4,5\}$           |
| $f_4$ | 4 | 5 | 5 | $\{4,5\}$           |
| $f_5$ | 5 | 4 | 4 | $\{4,5\}$           |
| $f_6$ | 5 | 4 | 5 | $\{4,5\}$           |
| $f_7$ | 5 | 5 | 4 | $\{4,5\}$           |
| $f_8$ | 5 | 5 | 5 | $\{5\}$             |

　もう一度確認しておくと，「写像が与えられている」とは，「（定義域とレンジが定まっていて）定義域である集合の各元に対して，レンジの集合の元が1つ対応させられている」ということである．だから，「対応のさせ方が違えば写像が違う」というのは，当然である．しかし，「対応のさせ方が違っているように見えても，実は同じ」ということもある（例 4.4 参照）．これは，集合についての「表記は違っても，ものは同じ」という現象（3.2 節参照）と同じことである．

◼ **例 4.4** 写像 $g : \{1,2,3\} \to \{4,5\}$ と $h : \{1,2,3\} \to \{4,5\}$ を

$$g(a) = \max\{a+2, 4\}, \quad h(a) = \left[\frac{a+7}{2}\right] \quad (a \in \{1,2,3\}) \qquad (4.2)$$

と定める（ここで，max は最大の元を表し，[] はガウス記号である）．$g$ と $h$ の表示は，異なっている．しかし，計算してみると

$$g(1) = 4, g(2) = 4, g(3) = 5; \quad h(1) = 4, h(2) = 4, h(3) = 5$$

となり，($a = 1, 2, 3$ に対する) 3 つの値がすべて一致している．つまり，「(集合 $\{1, 2, 3\}$ から集合 $\{4, 5\}$ への写像として) $g$ と $h$ は等しい」ということになる (定義 4.1(4) 参照)．例 4.3 で「集合 $\{1, 2, 3\}$ から集合 $\{4, 5\}$ への写像」をすべて求めたので，$g, h$ もその中に入っているはずである．表 4.1 で確認してみると，確かに，$g$ と $h$ は両方とも表 4.1 の $f_2$ と同じ写像であることがわかる．

(4.2) で $g$ と $h$ が「違うもののように見える」のは確かだが，それは表記が違うだけで，実は「写像としては同じ」である． □

例 4.4 のような現象は，「写像を定めるプロセスは違うが，結果として定められた写像は同じである」と説明してもよい．このようなことがあるので，定義 4.1(4) のように，「写像が等しい」ということをしっかりと定義しておくことに意義がある．

# 4.2 関数

この節では，高校で学ぶ程度の関数(かんすう)の知識を前提として，「関数は写像である」ということを説明する．関数のグラフについては 4.4 節で扱っている．

最初に，「多価関数(たかかんすう) (multi-valued function)」という言葉を聞いたことがある人のために，1 つ断っておくことがある．現代の数学 (高校の数学でも同じ) で，単に「関数 $f(x)$」と表現した場合，この「関数」は「一価関数(いっか)」の意味である[3]．つまり，「変数 $x$ に対して関数の値 $f(x)$ が唯 1 つ定まる」と想定している．ある (特殊な) 状況で，「関数の値が 1 つでなくいくつかある」と考えると便利なことがあって，そのようなときに多価関数を考えることがあるのは事実である．しかし，通常は (したがって，本書でも) 単に関数といえば一価関数を指している．「関数は写像の一種である」というときの「関数」も，一価関数を想定した主張である．

大学の講義で「関数は写像だ」と説明したとき，「よくわからない」と質問に来る学生も多い．彼 (女) らが「ピンとこない」という理由を追求してみる

---

[3] 実際には「一価関数」という言葉は使わない (単に「関数」といえば「一価関数」のことなので)．ここでは「多価関数」と対比させる意味で「一価関数」と表現している．

と，「関数」に対してもっているイメージ[4]が，筆者の想定とずれていることがわかってきた．具体的には

 (I) 数式と関数の区別
 (II) 定義域（とレインジ）の指定

の2つが問題になる．確かに，高校では「関数$y = x^2$」とか「関数$y = \sqrt{x}$」などと表現している．その結果，「$x^2$や$\sqrt{x}$という数式自体が関数だ」と思い込んでしまっている人も多い．しかし，一方では，「関数を考えるときは，定義域を確認せよ」などと言われたことはないだろうか？　つまり，高校でも，「関数には定義域（と値域）が定まっている」と教わったはずだと思う．でも，「数式の定義域」ってあるのだろうか？　このようなことを考慮すると，上記の2つの論点が浮かび上がってくる．順番に説明しよう．

　論点(I)に対する答えは簡単で，「数式と関数は別のもの」となる．つまり，現代の数学では，「数式」と「関数」は異なる対象であって，はっきり区別されている．それでも，「数式＝関数」と思ってしまう人が多いことからもわかるように，数式と関数が深く関係しているのは，事実である．ただ，両者の関係は「イコール（＝）」ではなくて，

$$\text{数式を通じて関数を定義する} \tag{4.3}$$

という作業が頻繁におこなわれる，ということである．「関数$y = x^2$」を例にとって，(4.3)の意味を解説しよう．

■**例4.5**　数式として，$X^2$を考える（関数と数式を区別するために，数式には大文字を使うことにする）．この$X^2$は，変数が$X$である多項式で，数式の一種である．そして，「変数$X$は実数というわけではない」ことに伴って，多項式$X^2$自体は関数ではない．しかし，

$$x \text{ が実数のとき，多項式 } X^2 \text{ に } X = x \text{ を代入する}$$

ということができて，それによって実数$x^2$が得られる．つまり，$X^2$という数式があることによって

$$\text{実数 } x \text{ がある} \longrightarrow X^2 \text{ に } X = x \text{ を代入} \longrightarrow \text{実数 } x^2 \text{ が得られる}$$

---

[4] この「イメージ」は定義4.1(3)の「イメージ」ではない．「頭の中で思い浮かべるもの」という意味のイメージである．ちょっと，ややこしい．

という操作ができて，結果的に $x$ という実数に対して $x^2$ という別の実数を対応させることができる．$x$ は任意の実数だったので，これで

$$\text{実数全体を定義域とする実数値関数 } x^2$$

ができたことになり，これを関数 $f(x) = x^2$ と書き表す．以上が，数式が $X^2$ で得られる関数が $f(x) = x^2$ の場合の，(4.3) の具体例である． □

例 4.5 を見て，「何を大袈裟なことを言っているのか．結局同じことじゃないか」と思う人は多いかもしれない．しかし，そのように感じてしまうのは，高校までの数学で扱う対象が非常に狭い範囲に限定されているのが原因である．高校で扱う関数について言えば，変数の動く範囲はほとんど（というか，全部？）が実数だったのではないだろうか．そのせいで，数式 $X^2$ に代入する（または，代入する気になる）ものは実数しかない，という状況だろう．しかし，実際の数学の世界はもっとずっと広大で，数式 $X^2$ に代入できるものは無数にある．たとえば，$X$ に複素数が代入できる（$z$ が複素数なら $z^2$ も複素数）し，正方行列も代入することができる（$A$ が $n$ 次正方行列なら $A^2$ も $n$ 次正方行列）し，さらには $\dfrac{d}{dx}$ のような「微分作用素」も代入できる，などと盛りだくさんである．つまり，$X^2$ という数式1つをとってみても，変数 $X$ の動く範囲はいろいろ考えられる．そうなると，数式をそのまま関数と見なしてしまうのは，かえって不便になってしまう．その代わりに，数式は数式で1つの「独立した存在」と見なし，「数式」と「関数」は別々の概念として設定しておく．そして，

$$\text{「数式を通じて関数が定まる」と理解する} \tag{4.4}$$

と便利だ，というのが現代の数学が到達した結論である（注：(4.4) は (4.3) と同じ意味である）．

関数を定める上で (4.3) は有力な方法で，実際に出会う関数は (4.3) によって定まっていることがほとんどと言えるかもしれない．それが，数式と関数の区別がつきにくくなる原因である．しかし，実際は，数式が登場しなくても関数を考えることはできる．

■ **例 4.6** 微積分を学んだ人は，「ディリクレの関数」に出会ったことがあるかもしれない．ディリクレの関数というのは，実数を変数とする関数で

変数の値が有理数なら関数の値が 1 で，変数の値が無理数なら関数の値が 0 というものである．同じことだが，ディリクレの関数 $f(x)$ $(x \in \mathbf{R})$ を

$$f(x) = \begin{cases} 1 & (x \in \mathbf{Q}) \\ 0 & (x \notin \mathbf{Q}) \end{cases}$$

と定める，と書いてもよい．「変数 $x$ が与えられれば，関数の値（$f(x)$ のこと）がきちんと定まる」となっているから，この $f(x)$ は「関数」といえる．このディリクレの関数を無理やり数式で表すことができないわけではない（章末問題 4.1 参照）．しかし，そんなことをしても，かえってわかりにくくなるだけだし，また，そこまで行くと「数式とは何か」というややこしい問題にもぶつかってしまう．やはり，関数の条件としては「値が明確に定まること」だけを要求するほうが，シンプルで融通が利いて，優れた考え方である． □

ここから，上記の (II) の論点を解説していこう．関数の「本質」は

$$\text{変数の値が定まったときに，関数の値が定まる} \tag{4.5}$$

という点にある．よく使われる多くの関数のように，数式を利用して (4.5) が実現されていてもよい（(4.3) の方式）．また，例 4.6 のように数式とは無関係に (4.5) が実現されていてもよい．ここで，(4.5) には「ツッコミ」を入れる余地があり，それが (II) につながっていく．つまり，(4.5) での「変数の値」と「関数の値」とはどんな「値」なのか，という疑問である．高校の数学の範囲だと，どちらの値もほとんど実数だし，「どの範囲の実数か」を推定することも難しくなさそうである．

◼ 例 **4.7** 高校で考える関数については，だいたい「意味をもつような一番広い範囲で考える」と決まっているようで，それが定義域と呼ばれている．つまり，$y = x^2$ なら $x$ はすべての実数を動くし，$y = \sqrt{x}$ なら $x \geq 0$ で定義されていて，$y = \log(1+x)$ なら $x > -1$ で考えることになる． □

例 4.7 に示したように，「値の範囲」として「意味をもつ一番広い範囲」を想定する，というのも 1 つの方針ではある．しかし，関数 $y = \dfrac{1}{x}$ だと，「意味をもつ一番広い範囲」は $x \neq 0$ だが，$x > 0$ に対してだけ考えることも多い．ま

た，単純な関数である $y = x^2$ にしても，$x$ として実数だけを扱うとは限らなくて，$x$ を複素数にすることもある．そうなると，『「値の範囲」を曖昧にしないで，はっきりさせよう』となってくる．こうして「変数の値」の範囲を明確にするのが定義域で，「関数の値」の範囲を明確にするのがレインジである（定義 4.1(2) 参照）．ここまで来ると，もう関数は「写像そのもの」であることがわかっていただけるだろう．写像の定義域とレインジが，（実数や複素数などの）何らかの意味で「数の集合」と見なせる集合である場合に，写像が「関数」と呼ばれるだけなのである．

## 4.3 写像の例

　数学の議論では写像は山ほど登場するので，写像の例を知るには数学の本を眺めればよい．とはいえ，写像の概念に馴染むためには，まず基本的な例に当たるのがいいだろうから，本節でいくつか例を挙げる．登場する写像のおのおのについて，読者自ら「定義域・レインジ・イメージ（定義 4.1 参照）は何か？」という問いを発して，考えてみてほしい．

■ **例 4.8**　集合 $A, B$ は空集合ではないとし，$B$ の元 $b_0$ が 1 つ定まっているとする．このとき，
$$f(a) = b_0 \quad (a \in A)$$
によって写像 $f : A \to B$ が定まる．この写像 $f$ は，$A$ のすべての元を同じ元 $b_0$ に写すので，関数だったら「定数関数」である．したがって，この写像は定値写像 (constant map) と呼ばれている．　　　　　　　　　　　　　　　□

■ **例 4.9**　集合 $A$ に対して，「$A$ の各元を自分自身に写す」とすることで，$A$ から $A$ への写像が定まる．この写像を，$A$ の恒等写像 (identity map) と呼び，$\mathrm{id}_A$ と書き表す．つまり，
$$\mathrm{id}_A : A \to A, \quad \mathrm{id}_A(a) = a \quad (任意の\ a \in A)$$
である．筆者はよく，『恒等写像は，「何もしない」ことを表す写像だ』と説明している．「何もしない」のでは「つまらない」と思われそうだが，なかなかそ

うでもなくて，数学の多くの場面で重要な役割を果たしている．これは，「0や1は重要な数である」というのと同じ意味合いである． □

■ 例 4.10　集合 $A, B$ の直積集合 $A \times B$ を考える．このとき，「第1成分への射影 (projection)」と呼ばれる写像 $pr_1 : A \times B \to A$ が

$$pr_1((a,b)) = a \quad ((a,b) \in A \times B)$$

によって定まる．同じように，第2成分への射影 $pr_2 : A \times B \to B$ も定義される．

$A = B = \mathbf{R}$ のときは，$A \times B = \mathbf{R}^2$ は平面である（例 3.33 参照）．そして，$x \in A$ を平面の $x$ 軸上の点 $(x, 0)$ と対応させることで，$A$ を $x$ 軸と同一視することができる．このとき，$pr_1 : \mathbf{R}^2 \to A \, (A = \mathbf{R})$ は平面の点を，その「真下」（または，「真上」）にある $x$ 軸上の点に写す写像となる．この状況は，「真上（または，真下）から垂直に差している光」によって，平面の点が $x$ 軸上に影を落としている，と見なせる．この連想から，「射影」という名前が生じた． □

■ 例 4.11　座標平面 $\mathbf{R}^2$ について，平面上の点を原点に関して点対称な点に写す写像 $f : \mathbf{R}^2 \to \mathbf{R}^2$ が考えられる．座標で書けば，

$$f((x,y)) = (-x, -y) \quad ((x,y) \in \mathbf{R}^2)$$

である．また，2つの座標を入れ替える写像 $g : \mathbf{R}^2 \to \mathbf{R}^2$ が

$$g((x,y)) = (y, x) \quad ((x,y) \in \mathbf{R}^2)$$

と定義される．図形的に言えば，$g$ は，平面上の点を直線 $y = x$ に関して線対称な点に写す写像である． □

■ 例 4.12　例 4.5 のあとに説明した通り，$x^2$ という数式から，いろいろな定義域とレインジをもつ写像が定義される．たとえば，$x$ が実数なら $x^2$ も実数なので，$f(x) = x^2 \, (x \in \mathbf{R})$ とすることで写像 $f : \mathbf{R} \to \mathbf{R}$ が定義される．また，$x$ として有理数をとれば $x^2$ も有理数なので，$g(x) = x^2 \, (x \in \mathbf{Q})$ によって写像 $g : \mathbf{Q} \to \mathbf{Q}$ が定まる．有理数も実数なので，「$x$ が有理数ならば $x^2$ は実数である」という主張は正しい．したがって，「$h(x) = x^2 \, (x \in \mathbf{Q})$ によって写像

$h: \mathbf{Q} \to \mathbf{R}$ が定まる」ということもできる．「$g$ と $h$ は同じだろう」と思われるかもしれないが，レインジが異なっているので，写像としては違うものと見なすのが厳格な態度である（定義 4.1(4)：ただし，注意 4.2(3) で説明したように，「（弱い意味で）$g$ と $h$ は等しい」と見なすことはある）．

$x^2$ という 1 つの式からいろいろな写像が出てきてしまったが，「$x \to x^2$ という対応で $\mathbf{R}$ から $\mathbf{Q}$ への写像は定義できない」ことに注意してほしい．なぜなら，$x$ が実数全体を動くとき，$x^2$ は有理数とは限らないからである． □

■ **例 4.13** $n$ を自然数として，$A = \{1, 2, \cdots, n\}$ で $B$ は（任意の）集合とする．このとき，「写像 $f : \{1, 2, \cdots, n\} \to B$ が与えられる」とはどんなことか，考えてみよう．$f$ を定めることは $f(1), f(2), \cdots, f(n)$ という $n$ 個の $B$ の元を与えることと同じである．したがって，「$f$ を定める」というのは，「$B$ の元を $n$ 個並べる（ただし，元の重複を許す）」ことと思えばよい．たとえば $B = \mathbf{R}$ のときには，$f$ を与えることは「$n$ 個の実数からなる数列」を与えることと同じである．

自然数全体の集合 $\mathbf{N}$ からの写像も，同じように"解釈"できる．たとえば，写像 $g : \mathbf{N} \to \mathbf{R}$ を与えることは，微積分でよく出てくる

$$a_1, a_2, a_3, \cdots \quad (a_k \text{ は実数}; k = 1, 2, \cdots)$$

という実数の無限列を与えることと同じである（$a_k$ と $g(k)$ が対応する）． □

■ **例 4.14** ここで，1 つ「卑近な例」をやっておこう．$A$ を「現在生きている日本人全体の集合」とし，$B$ を「日本人の姓名になり得る単語（＝文字の並び）全体の集合」とする．このとき，$a \in A$ に対して $f(a)$ を「$a$ の姓名」と定めれば，$f(a) \in B$ である．したがって，これで写像 $f : A \to B$ が定義された．たとえば，（本書の）筆者は「現在生きている日本人[5]」なので，「筆者 $\in A$」であり，筆者の姓名は「中島匠一」なので，「$f($筆者$) =$ 中島匠一」となる． □

■ **例 4.15** 平面上の長方形 (rectangle) をすべて集めてできる集合を $A$ とし，$B = \mathbf{R}$ とする．長方形 $R$（つまり，$R \in A$）に対して，「$R$ の対角線の長さ」を $f(R)$ とすれば，$f(R)$ は実数である．したがって，「$f(R) = (R$ の対角線の

---

[5] ただし，2023 年 4 月現在．これから先のことはわかりません．

長さ）」と定めれば，写像 $f: A \to \mathbf{R}$ が定義される．たとえば，$R_0$ が「一辺の長さが1の正方形」なら，$f(R_0) = \sqrt{2}$ である．この定義を「言葉で表現する」と，「長方形にその対角線の長さを対応させる写像を $f$ とする」といえる． □

例 4.15 については，1つ注意してほしい論点がある．それは，「対角線というけど，長方形の対角線は2本あるじゃないか」というツッコミである．確かに，2本の対角線の長さが違っていたら，「対角線の長さ」は1つではないので，$f(R)$ という値も1つに定まらない．しかし，ここで思い出すべきなのが，「長方形の2本の対角線の長さは等しい」という定理である．この定理のおかげで，長方形の対角線は2本あるけれど，その長さが等しいことは保証されている．これによって，単に「対角線の長さ」というだけで，$f(R)$ という実数が1つに定まる．だからこそ「写像 $f$」が問題なく定義されることになって，「話がうまくいっている」のである．このような事情を，「例 4.15 の写像 $f$ は well-defined である」と表現する[6]．

だから，例 4.15 では，考えている図形が「長方形」であることに，大きな意味がある．これが，たとえば「菱形すべて」を考えたのでは，例 4.15 のような「対角線の長さ」を対応させる写像は定義できない．なぜなら，菱形の2本の対角線の長さは等しいとは限らないので，単に「対角線の長さ」といっただけでは，どちらの対角線の長さを指しているかわからないから．

■ **例 4.16** 平面内の3角形 (triangle) で原点を1つの頂点とするもの全体の集合を $A$ として，写像 $f: A \to \mathbf{R}^3$ を

$f(T) = (a, b, c) \quad (T \in A)$

（ただし，原点から反時計回りに見たときの $T$ の辺の長さを $a, b, c$ とする）

と定める（$\mathbf{R}^3$ は直積集合 $\mathbf{R} \times \mathbf{R} \times \mathbf{R}$ のことである：(3.26) 参照）．たとえば，平面上の3点 $(0,0), (1,0), (0,1)$ を頂点とする3角形を $T_1$ とすれば，$f(T_1) = (1, \sqrt{2}, 1) \in \mathbf{R}^3$ となるし，3点 $(0,0), (2,0), (1,\sqrt{3})$ を頂点とする正3角形を $T_2$ とすれば，$f(T_2) = (2, 2, 2)$ である．

---

[6] この well-defined を日本語に訳すのは難しくて，よい訳語が提案されていない．「よく定義されている」というのも「わけわからん」し，カタカナでウェルディファインドと書くのもかえってわかりにくいので，英語自体を書いてしまうほか手がない．ステーキの焼き加減の well-done みたいなものである．

上の例から，$(1, \sqrt{2}, 1) \in \mathrm{Image}(f)$ と $(2,2,2) \in \mathrm{Image}(f)$ が成り立つことがわかる．しかし，$\mathbf{R}^3$ の元で $\mathrm{Image}(f)$ に属さないものもたくさんある．なぜなら，（辺の長さはかならず正なので）3つの座標のうちどれかが負であるような $\mathbf{R}^3$ の元が $\mathrm{Image}(f)$ に属さないのは当然であるし，座標が正であっても，たとえば $(1,3,1) \notin \mathrm{Image}(f)$ である（$1+1 < 3$ なので $1,3,1$ は3角形の3辺になれない）． □

例 4.16 の写像 $f$ は，3角形 $T$ に対してその3辺の長さを対応させる写像といえる．しかし，単に「$T$ に，3辺の長さを対応させる」というだけでは $\mathbf{R}^3$ への写像は定義されないことに注意してほしい．なぜなら，3辺の長さの並べ方は1つではないので，「どう並べればいいかわからない」ということである．（このようなことを，「写像が well-defined にならない」などと表現する．）例 4.16 では，写像をちゃんと定義するために，「時計回りに見たとき」と決めて，並べ方を限定している．

次の例に行く前に，1つ注意がある．例 3.33 で見たように，2つの $\mathbf{R}$ の直積集合である $\mathbf{R}^2$ の元は，$(x,y)$ のように，「座標」として表されていた．しかし，線形代数を学ぶときは，$\mathbf{R}^2$ は「2次元数ベクトル空間」と呼ばれて，その元は縦ベクトルとして $\begin{pmatrix} x \\ y \end{pmatrix}$ という形で表示されることが多い．「これは，いったいどっちなんだ」という疑問が起きるのはもっともである．疑問に対する答えは，「どっちもあり；どっちなのかは，適宜判断する」となる[7]．

■ **例 4.17** この例では，$\mathbf{R}^2$ の元は縦ベクトルで表すことにして，$\mathbf{R}^2$ から $\mathbf{R}^2$ への写像を考察する．

実数成分の2次正方行列全体の集合を $M_2(\mathbf{R})$ と表す．つまり，

$$M_2(\mathbf{R}) = \left\{ \begin{pmatrix} a & b \\ c & d \end{pmatrix} \mid a,b,c,d \in \mathbf{R} \right\}$$

である．$M \in M_2(\mathbf{R})$ が1つ与えられているとき，写像 $f : \mathbf{R}^2 \to \mathbf{R}^2$ を

---

[7]「数学は厳格だ」と威張っている割には，「いい加減な答え」である．この点を追求されると，「まあ，世の中，そういうこともあるんだよ．君も大人になりなさい．」と，説得に努めるしかない．数学からの「言い訳」は，「縦と横を厳格に区別するのも，記号が増えたり長くなったりして，かえって煩わしいですよ．少し慣れれば混乱することもないので，その場その場で判断すれば大丈夫でしょう」となる．

$$f(\vec{x}) = M\vec{x} \quad (\vec{x} \in \mathbf{R}^2) \tag{4.6}$$

によって定めることができる．たとえば，$M = \begin{pmatrix} 1 & 0 \\ 0 & 1 \end{pmatrix}$ なら $f$ は恒等写像 $\mathrm{id}_{\mathbf{R}^2}$（例 4.9 参照）である．また，$M = \begin{pmatrix} 1 & 0 \\ 0 & 0 \end{pmatrix}$ なら $f$ は $x$ 軸（= $\mathbf{R}$ の第 1 成分）への射影（例 4.10 参照）である．また，$M = \begin{pmatrix} 0 & 1 \\ 1 & 0 \end{pmatrix}$ なら $f$ は 2 つの成分の入れ替え（= 直線 $y = x$ に関する折り返し；例 4.11 参照）である．

　線形代数を学ぶと，次のことがわかる；(4.6) によって $M$ から定まる写像 $f: \mathbf{R}^2 \to \mathbf{R}^2$ は $\mathbf{R}$ 上の線形写像である．逆に，$\mathbf{R}$ 上の線形写像 $f: \mathbf{R}^2 \to \mathbf{R}^2$ は，ある $M \in M_2(\mathbf{R})$ によって，(4.6) の形で表せる．　　　　□

■例 4.18　$C^\infty(\mathbf{R}; \mathbf{R})$ を $\mathbf{R}$ 上の実数値 $C^\infty$ 級関数全体の集合とする．つまり，

$$C^\infty(\mathbf{R}; \mathbf{R}) = \{f: \mathbf{R} \to \mathbf{R} \mid f \text{ は何回でも微分可能}\}$$

である．写像 $D: C^\infty(\mathbf{R}; \mathbf{R}) \to C^\infty(\mathbf{R}; \mathbf{R})$ を

$$D(f(x)) = f'(x) \;\left(= \frac{df(x)}{dx}\right) \quad (f(x) \in C^\infty(\mathbf{R}; \mathbf{R})) \tag{4.7}$$

によって定める．この写像 $D$ は微分作用素 (differential operator) と呼ばれている．

　上で，「(4.7) によって $D$ を定める」とあっさりと書いたが，ここは何の気なしに読み飛ばしてしまってはダメである．ちゃんと，『「定める」などと言っているが，本当に定めることができるのか？』という問いを発して，それに（自分で）答えなくてはならない．つまり，「(4.7) の右辺は，本当に $C^\infty(\mathbf{R}; \mathbf{R})$ に属しているか」という点をチェックする必要がある（$D$ のレインジは $C^\infty(\mathbf{R}; \mathbf{R})$ だと言っているのだから，$D$ の像は $C^\infty(\mathbf{R}; \mathbf{R})$ に属していなければならない）．いまの場合には，「$f$ は何回でも微分できる」から，「$f'$ も何回でも微分できる」と結論できる．したがって，上の「問い」の答えは「OK」で，「チェック完了」となる．このチェックが済んで，初めて，$D$ の定義を受け入れることができる．数学の本では，このような「チェック作業」のことは書かれてなくて，すべて「自主性に任されている」のが普通である．十分注意してほしい．　　□

■ **例4.19** 3.10節で取り上げたベキ集合に絡んだ写像の例を1つ挙げておこう．集合 $A$ に対して，写像 $f: \mathrm{Pow}(A) \times \mathrm{Pow}(A) \to \mathrm{Pow}(A)$ を

$$f((B,C)) = B - C \quad ((B,C) \in \mathrm{Pow}(A) \times \mathrm{Pow}(A))$$

によって定める．ただし，$\mathrm{Pow}(A)$ は $A$ のベキ集合を表し，$B-C$ は差集合を表す．たとえば，$A = \{1,2,3,4\}$ としてみよう．このとき，

$$f((\{1,2,3\},\{2,4\})) = \{1,3\}, \quad f((\{1,2\},\{1,2,4\})) = \emptyset$$

などとなる．また，$f((B,C)) = \{1,2,3\}$ となる $B, C \in \mathrm{Pow}(A)$ の組をすべて挙げると，

$$B = \{1,2,3\}, C = \emptyset; \quad B = \{1,2,3\}, C = \{4\}; \quad B = \{1,2,3,4\}, C = \{4\}$$

となる． □

## 4.4 写像のグラフ

関数を理解するには，グラフを描くのが有力な方法である．関数の一般化が写像なので，写像についても，グラフを考えることができる．本節では，グラフについてまとめる．

実数変数の実数値関数 $f(x)$（写像として書けば $f: \mathbf{R} \to \mathbf{R}$）があるとき，「$f$ のグラフ」とは，変数 $x$ の値を $x$ 座標（＝横座標）にもち，対応する関数の値 $f(x)$ を $y$ 座標（＝縦座標）にもつ点すべてを集めてできる平面 $\mathbf{R}^2$ 上の図形であった．もちろん，関数に応じてグラフの形はいろいろあり得るが，どんな場合でも，グラフは平面の部分集合である（図4.3参照）．

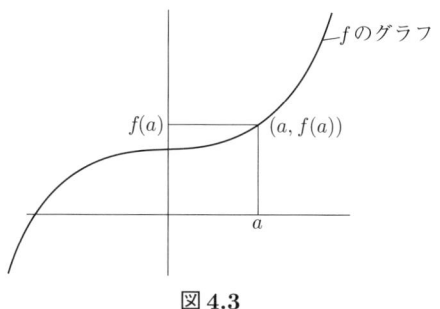

**図4.3**

関数のグラフの作り方がしっかり理解されていれば，写像 $f: A \to B$ のグラフを導入するのも簡単である．つまり，平面に当たるのが直積集合 $A \times B$ であり，$A \times B$ の中の $(a, f(a))$ ($a$ は $A$ に属している) という元をすべて集めてくれば「$f$ のグラフ」ができる．式で表せば

$$(f \text{ のグラフ}) = \{(a, b) \in A \times B \mid a \in A, b = f(a)\} \quad (4.8)$$
$$= \{(a, f(a)) \in A \times B \mid a \in A\}$$

である．この定め方から，「$f$ のグラフ」は $A \times B$ の部分集合である．上に説明した「関数のグラフ」は，$A = B = \mathbf{R}$ のケースになっている．また，例 4.3 の中の写像 $f_2: \{1, 2, 3\} \to \{4, 5\}$ のグラフは

$$(f_2 \text{ のグラフ}) = \{(1, 4), (2, 4), (3, 5)\} \quad (\subset \{1, 2, 3\} \times \{4, 5\})$$

である (表 4.1 参照)．

さて，$A \times B$ の部分集合としてのグラフの特徴を考えてみよう．関数のグラフの場合だと，「$x$ 軸のある点を通って $y$ 軸に平行な直線を引いたとき，その直線とグラフの交点は唯 1 つである」という性質がある (その交点の $y$ 座標が関数の値)．この特徴に注目して，次の定義が生じてくる．

**定義 4.20** $A, B$ を集合とし，$G$ を $A \times B$ の部分集合とする $(G \subset A \times B)$．このとき，$G$ がグラフ (graph) であるとは，条件

任意の $a \in A$ に対して，$(a, b) \in G$ となる $b \in B$ が唯 1 つ存在する (4.9)

が成り立つことである．

たとえば，$A = \{1, 2, 3\}, B = \{4, 5\}$ として，$A \times B$ の部分集合

$$C = \{(1, 4), (1, 5), (3, 4)\}$$

を考えると，この集合は 2 つの点で定義 4.20 の条件をみたしていない．つまり，

(i) $a = 2 \in A$ に対して，$(2, b) \in C$ となる $b \in B$ が存在しない
(ii) $a = 1 \in A$ に対して，$(1, b) \in C$ となる $b \in B$ が唯 1 つでない ($b = 4, 5$ の 2 つある)

の2つである．したがって，この部分集合 $C$ はグラフではない．（注意：「$C$ はグラフではない」と結論するためには，(i), (ii) を両方確認する必要はなくて，どちらか片方で十分である．）

写像 $f: A \to B$ があり，$f$ のグラフを $G$ とするとき，$G$ が定義 4.20 の条件 (4.9) をみたすことはすぐにわかる（「$f$ のグラフ」の定義から明らか）．逆に，条件 (4.9) をみたす $G$ があれば，その $G$ から，写像 $f: A \to B$ を作ることができる．作り方は，「$a \in A$ をとるとき，$(a, b) \in G$ となる $b \in B$ が唯 1 つ定まるから，その $b$ を $f(a)$ と定めれば，写像 $f: A \to B$ ができる」となる．この考えを進めると，

$$\text{定義 4.1 の「写像」と，定義 4.20 の「グラフ」は同じもの} \tag{4.10}$$

といえることがわかる．つまり，「写像とは何か」と問われたら，「それはグラフのことだ」と答えてもいい．

主張 (4.10) の有効性を示す例として，「空集合が絡む場合の写像」について説明しておこう．命題 4.21 は内容がちょっと「マニアック」かもしれない．しかし，「空集合も立派な集合である」という立場から，ちゃんとした命題の形にまとめておくことにした．命題 4.21 に登場する「単射」と「全単射」については，4.5 節を参照してほしい．

**┃┃ 命題 4.21 ┃┃** 定義域やレインジが空集合である写像について，次のことが成り立つ．

(1) 任意の集合 $B$ に対して，写像 $f: \emptyset \to B$ が唯 1 つ存在する．また，この $f$ は単射である．
(2) 集合 $A$ が空集合でない（つまり，$A \neq \emptyset$）なら，$A$ から $\emptyset$ への写像は存在しない．
(3) $B = \emptyset$ のとき，(1) の写像 $f: \emptyset \to \emptyset$ は全単射である．

**証明** 定義 4.1 から出発して証明しようとすると，「頭がこんがらがる」気がしてしまう．そこで，「写像のグラフ」をもとに議論する（定義 4.20 参照）．

(1)：どんな集合 $B$ についても $\emptyset \times B = \emptyset$ であり（例 3.35 参照），$\emptyset$ の部分集合は $\emptyset$ だけである（例 3.19 参照）．そして，$\emptyset \times B$ の部分集合である $G = \emptyset$ は，

定義 4.20 の条件 (4.9) をみたしている[8]．結局，$G = \emptyset$ はグラフなので，対応する写像 $f : \emptyset \to B$ が存在する．また，他にはグラフはないので，$\emptyset$ から $B$ への写像も他にはない（つまり，唯 1 つ）．$f$ が単射であることを示すには，定義 4.22 の条件 (4.11) を確かめればよい．いまの場合，$A = \emptyset$ には元がないので，$f(a) = f(a')$ という状況が起こらない．したがって，(4.11) が成り立つので，$f$ は単射である．

(2)：「写像が存在しない」ことを示すには「グラフが存在しない」ことを示せばよい ((4.10) 参照)．そのためには，$A \times B$ のどんな部分集合 $G$ も条件 (4.9) をみたさないことを示せばよい．さて，$A \neq \emptyset$ であるから，$a \in A$ をみたす元 $a$ が（少なくとも 1 つ）存在する．条件 (4.9) がみたされるためには，この $a$ に対して $(a, b) \in G$ となる $b \in B$ が存在しなければならない．しかし，いまは $B = \emptyset$ なのであるから，そのような $b$ は存在し得ない（$\emptyset$ は 1 つも元をもたないから）．したがって，グラフの条件をみたす $G \subset A \times \emptyset$ も存在しない．これで，グラフが存在しないことがわかったので，写像も存在しない．

(3)：(1) と，(1) の証明によって，写像 $f : \emptyset \to \emptyset$ が唯 1 つ存在し，その $f$ のグラフは $G = \emptyset \subset \emptyset \times \emptyset$ であることがわかっている[9]．この写像 $f$ のイメージは $\emptyset$ だが，$f$ のレインジも $\emptyset$ なので，両者は一致している．つまり，定義 4.22(2) の条件が成り立つので，$f$ は全射である．$f$ が単射であることは (1) でわかっているので，$f$ は全単射である（定義 4.22(3)）．■

命題 4.21(1) の証明に関して，念のために，1 つ注意しておきたい．それは，『「（写像の）グラフが空集合である」ことと「グラフ（や，写像）が存在しない」ことを混同してはいけない』ということである．空集合には元は存在しないが，空集合自身は（「一人前」の）集合である．だから，「グラフが空集合に等しい」ということは「（空集合という集合として）グラフが存在している」ことを意味している．「グラフが存在しない」に当たるのは，「グラフ全体からなる集合が空集合」である．

---

[8] この点が少しややこしいかもしれない．いまの場合 $A = \emptyset$ なので，条件 (4.9) の仮定は偽である（$a \in \emptyset$ となる $a$ がない）．したがって，「(4.9) は真」となる (2.6 節，5.4 節，5.5 節参照)．
[9] 空集合が乱舞していて，楽しい．

## 4.5 単射・全射・全単射

2つの集合 $A, B$ が定まっていても, $A$ を定義域とし $B$ をレンジとする写像 $f: A \to B$ はたくさんあり得る（たとえば, 例 4.3 参照）. 写像の定義を学んだら, 次のステップは「写像の性質」について語ることである. つまり, （$A$ から $B$ への写像はたくさんあるが）この写像はある性質をもっているがあの写像はその性質をもっていない, などと, 話が進んでいく. この状況は, （人間はたくさんいるが）この人は背が高いがあの人は高くない, などと話をするのと同じことである.

数学に登場する「写像の性質」は山ほどあるが, 単射・全射・全単射という概念が大切なので, 本節で説明する. まずは, 正式な定義を述べよう.

**定義 4.22** $A, B$ を集合とし, $f: A \to B$ を写像とする.

(1) $f$ が単射 (injective map または injection) であるとは, $a, a' \in A$ について
$$f(a) = f(a') \implies a = a' \tag{4.11}$$
が成り立つことである.

(2) $f$ が全射 (surjective map または surjection) であるとは,
$$\text{Image}(f) = B \tag{4.12}$$
が成り立つことである. この性質は

　　任意の $b \in B$ について, $b = f(a)$ をみたす $a \in A$ が存在する

と言い換えられる.

(3) $f$ が全単射 (bijective map または bijection) であるとは,

　　　$f$ は単射　かつ　$f$ は全射

が成り立つことである. この性質は

　　任意の $b \in B$ について, $b = f(a)$ をみたす $a \in A$ が唯 1 つ存在する

と言い換えられる.

!注 **4.23** 例を挙げる前に，定義 4.22 の注意点をまとめよう．

(1) 単射の条件 (4.11) は，対偶をとって

$$a \neq a' \implies f(a) \neq f(a') \tag{4.13}$$

と表現されることも多い．(4.13) が単射の定義として取り上げられているということは，逆に言えば，一般の写像では「$a \neq a'$ でも $f(a) = f(a')$ となることがある」ということを意味している（例を挙げるのは簡単）．この状態は $a, a'$ という 2 つ（以上）のものが同じところ（つまり，$f(a) = f(a')$ に写っている，ということである．この「2 つ以上」を否定すれば「1 つ以下」となり，これが「単」の意味である．条件 (4.11) で言えば，この条件は「同じところに写るものは 1 つしかない」ということで，「1 つだけ」だから「単」なのである．

(2) 条件 (4.11) は「行き先が同じなら，もとが同じ」と読めて，(4.13) は「違うものは，違うところに行く」と読める．もちろん，どちらも同じ意味である．どちらが心に馴染みやすいかは，「個人の嗜好」に依存するようだ．ただ，「何かを証明するための議論では，(4.11) のほうが使いやすい」とは言えそうである．

(3) 英語の injection の in は，「中」という意味の in である（英語の辞書で injection を引いてみてほしい）．これにちなんで，単射のことを「中への写像」と呼ぶ流儀もあるが，この用語は誤解を生じやすいので，お勧めできない．

(4) 全射は英語で surjection だが，この sur は，フランス語で「上」を示す言葉の sur である．つまり，surjection はフランスで作られて英語に取り入れられた「数学語」で，通常の英語の辞書を探しても出てこない．「上」という語感を尊重して，全射のことを「上への写像 (onto-map)」と呼ぶこともある．「中への写像」と違って，「上への写像」は誤解を引き起こすことはないので，筆者もよく使っている．全射の「全」は，条件 (4.12) が「全体をカバーしている」とイメージできることからして，全体の「全」だと思われる．

(5) 全単射という言葉は「全射かつ単射」という条件から，『用語も「全」と「単」を両方使っておけばいいや』と安易に作られた感じである．英語の bijection に合わせて「双射」という訳語もある[10] が，あまり使われていないようである．全単射のことを「1 対 1 対応」と呼ぶこともあるが，一方で「中への 1 対 1 対応」という言葉もあって，誤解を招くこともある（例 4.26 のあとの説明参照）．人と話すときは，どの意味で言っているかの確認が必要である．

いくつか例を挙げてみよう．

■ **例 4.24** 例 4.14 で取り上げた，日本人に姓名を対応させる写像 $f : A \to B$ を考えよう．「この $f$ が単射か」というのは「（現在の日本人に）同姓同名の

---

[10] 二輪車 (bicycle) や「2 ヶ国語ができる (bilingual)」などからわかるように，bi は「2 つ」を表す言葉である．

人がいるか」という問いと同じことである．同姓同名が一人も（というか，一組も）いなければ単射になるし，そうでなければ単射ではない．同姓同名の人がいるのは確実だから（たとえば，筆者の妻と同姓同名の人が家の近所にいる），$f$ は単射ではない．写像 $f$ は，全射でもなさそうである．たとえば，「柿本人麻呂」は実在の人物だから，姓名として可能（つまり，集合 $B$ の元）だが，現在の日本に「柿本人麻呂さん」はいないように思われる[11]．たとえば，もし現在の日本に「柿本人麻呂」さんがいないことがはっきりしたら，「$f$ は全射でない」と結論できる．

　通常の生活では，同姓同名の人がいることは余り意識せずに，姓名で「人の判別」をおこなっている．写像の言葉で言えば，それは，『「定義域の制限」のおかげだ』と解釈できる．つまり，「現在生きている日本人全体の集合」である $A$ は非常に大きな集合だが，$A$ の「小さな部分集合」$C$ を考える（たとえば，「自分の周りで暮らしている人の集合」を $C$ とする）．このとき，$f$ の定義域を $C$ に制限した写像 $g : C \to B$ を作る（注 4.2(4) 参照）．$C$ が「十分小さい集合」であれば，この写像 $g$ が単射となることは十分あり得る．そして，$g$ が単射であれば，「姓名によって $C$ に属する人間の判別ができる」ということになる．□

■ **例 4.25** 例 4.8 の定値写像 $f : A \to B$ を考えよう（$A \neq \emptyset$ で $b_0 \in B$）．この $f$ は単射でも全射でもない，と即断してしまいそうであるが，それはちょっとまずい．正解は，「$A$ が 2 個以上の元を含めば $f$ は単射ではない」と「$B$ が $b_0$ 以外の元を含めば，$f$ は全射ではない」となる．集合 $A$ が 1 つの元だけからなるときは，$f$ は明らかに単射である（定義 4.22(1) 参照）．そして，$B = \{b_0\}$ なら，$f$ は全射である（定義 4.22(2) 参照：$A \neq \emptyset$ に注意）．□

■ **例 4.26** 集合 $B$ とその部分集合 $A$ があるとする（$A \subset B$；3.5 節参照）．このとき，$f(a) = a \in B$（$a \in A$）と定めることで，写像 $f : A \to B$ が定義される（$A \subset B$ であるから，$a \in A$ なら $a \in B$ であることに注意）．この写像を（$B$ の部分集合 $A$ から定まる）包含写像 (inclusion map) と呼ぶ．包含写像は，（かならず）単射である．

　包含写像が全射になるのは，$B = A$ の場合だけである．そして，$B = A$ な

---

[11] いらっしゃったら，ごめんなさい．でも，「現在はない姓名」の候補は，他にもいくらでもある．「蘇我入鹿」とか「稗田阿礼」など．

ら，包含写像は例 4.9 で定義した恒等写像 $\mathrm{id}_A$ と一致している．特に，恒等写像は全単射である． □

例 4.26 で見たように，恒等写像はいつも全単射である．また，例 4.11 の「原点に関して点対称な点を対応させる写像」や「座標を入れ替える写像」も全単射である．これらの写像を「1 対 1 対応」と呼ぶことはある．しかし，「中への 1 対 1 対応」となると，どうであろうか．たとえば，恒等写像を「中への 1 対 1 対応」と呼ぶのは，どうにもピンとこない．筆者が『「中への 1 対 1 対応」という用語は使わないほうがよい』と思う所以である．

■ **例 4.27** 例 4.16 の $f$ は単射だろうか．「3 角形は 3 辺の長さで決まるから，$f$ は単射だ」と答えるのは，早とちりである．たとえば，ある 3 角形 $T$ を原点の周りに $90°$ 回転した 3 角形を $T'$ とする．すると，$T$ と $T'$ は 3 辺の長さが同じなので，$f(T) = f(T')$ である．しかし，$T$ と $T'$ は平面上の 3 角形として「別のもの」であるから $T \neq T'$ である（2 つは，「合同」ではあるが「同じ」ではない）．つまり，$T \neq T'$ かつ $f(T) = f(T')$ となっている．したがって，$f$ は単射ではない．

もちろん，「合同な 3 角形は同じと見なしたほうがいい」という議論はあるだろう．しかし，そういう場合は，「3 角形の合同類[12]」というものを考えることになる．そうなると，例 4.16 の集合 $A$ とは別の集合について議論しなければならない． □

写像の定義が理解できた人でも，単射・全射の話になると戸惑ってしまうことも多いようである．その原因を考えてみると，写像を「関数の一般化」と捉えたときに，「関数については単射とか全射に当たる用語がなかった」という事実がありそうである．実際，

$$\text{関数 } f(x) = x^2 \text{ は単射ですか？ 全射ですか？} \tag{4.14}$$

と聞かれることがある．しかし，この質問は，困る．なぜ困るかというと，それは「判定しようがない」からである．定義 4.22 をよく見ればわかる通り，単

---

[12] 「合同類」というのは，『「合同」という同値関係に関する同値類』という意味である．本書では同値関係については触れないので，他の教科書を参照してほしい（たとえば，松坂和夫「集合・位相入門」（岩波書店）や，中島匠一「代数と数論の基礎」（共立出版）の付録 A.3）．

射・全射の判定には，写像の定義域とレインジがわかっている必要がある．しかし，問い (4.14) では，その情報が与えられていないので，答えようがない．実際，$x \to x^2$ で定まる写像でも，定義域とレインジの設定によって単射か全射かの判定は変わってくる．

■ **例 4.28** 例 4.12 からもわかる通り，「$f(x) = x^2$ で定まる関数」といっても，定義域とレインジの設定にはバリエーションがある．ここでは，負でない実数全体の集合 $W = \{x \in \mathbf{R} \mid x \geq 0\}$ をとって，具体的に考えてみよう．定義域とレインジの違いによって，次の 4 つの写像が考えられる．つまり，

$$f_1: \mathbf{R} \to \mathbf{R}, \quad f_2: \mathbf{R} \to W, \quad f_3: W \to \mathbf{R}, \quad f_4: W \to W,$$

であり，これらはすべて $x \to x^2$ から作られた写像である．（念のために具体的に書いておくと

$$f_1(x) = f_2(x) = x^2 \ (x \in \mathbf{R}); \quad f_3(x) = f_4(x) = x^2 \ (x \in W)$$

で，写像での $x$ の行き先（＝像）はすべて同じである．）これらの写像について単射・全射を判定した結果を表 4.2 にまとめておく．（表を作るに当たっての判定のポイントは，「$(-x)^2 = x^2$ であること」，「$x$ が実数なら $x^2 \geq 0$ が成り立つこと」，「$y \geq 0$ なら $\sqrt{y}$ が存在すること」である．）表 4.2 を見れば，筆者が「問い (4.14) には（そのままでは）答えられない」と言う意味がわかってもらえるだろう． □

表 4.2

|  | 単射 | 全射 | 全単射 |
|---|---|---|---|
| $f_1$ | × | × | × |
| $f_2$ | × | ○ | × |
| $f_3$ | ○ | × | × |
| $f_4$ | ○ | ○ | ○ |

## 4.6 写像の合成

関数の学習で合成関数が登場したように，写像にも合成写像が存在して，重要である．本節では，写像の合成について説明する．

集合 $A, B, C$ と 2 つの写像

$$f : A \to B, \quad g : B \to C$$

があるとする．（ここで，$f$ のレインジと $g$ の定義域が同じ集合であることが大切．）この状況で，新しい写像

$$j : A \to C$$

が

$$j(a) = g(f(a)) \quad (a \in A) \tag{4.15}$$

によって定義される．（注意：(4.15) を理解するためには，「(4.15) の右辺が意味をもつこと」と「(4.15) の右辺が $C$ の元であること」を確認する必要がある．しかし，この 2 つのことは

$$a \in A \implies f(a) \in B \implies g(f(a)) \in C$$

とたどって，簡単にチェックできる．）

**定義 4.29** 記号は上の通りとする．このとき，(4.15) によって定まる写像 $j : A \to C$ を「$f$ と $g$ の合成（または，合成写像；composition または composite map）と呼び，記号で $g \circ f$ と書き表す．

写像の合成を理解するには，図 4.4 が有効である．写像は「（元の移動という）操作」とも解釈できる．そのときには，写像の合成は「操作を続けておこなうこと」に対応する．

写像の合成は数学で非常によく利用される．たとえば，線形代数を学んだら

行列の積の定義は，対応する線形写像の合成に由来している

ということを理解しておいてほしい．

## 4.6 写像の合成

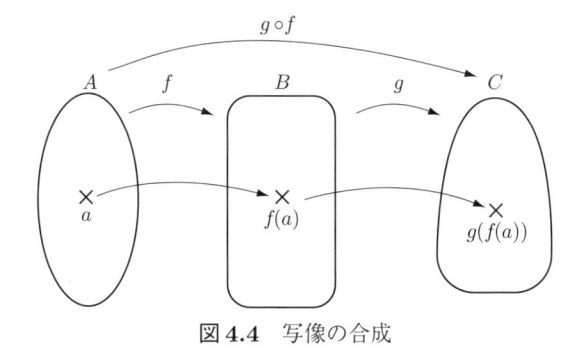

**図 4.4** 写像の合成

写像 $f : A \to B$ があるとき,

$$f \circ \mathrm{id}_A = f, \quad \mathrm{id}_B \circ f = f$$

が成り立つ[13]．ただし，$\mathrm{id}_A : A \to A, \mathrm{id}_B : B \to B$ は，例 4.9 で説明した恒等写像である．この等式は，「どう説明すればいいか，悩んでしまう」くらい「当たり前」である．しかし，数学の学習で出会うことの多い「当たり前だが，重要な役割を果たす事柄」の 1 つでもある．

次の命題に登場する性質 (4.16) は，「(写像の合成に関する) 結合法則 (associative law)」と呼ばれている．何気ない等式に見えるかもしれないが，なかなかどうして，重要な性質である．

**命題 4.30** 集合 $A, B, C, D$ と，3 つの写像

$$f : A \to B, \quad g : B \to C, \quad h : C \to D$$

があれば，

$$g \circ f : A \to C, \quad h \circ g : B \to D$$

が定まる．このとき，写像の等式

$$h \circ (g \circ f) = (h \circ g) \circ f \tag{4.16}$$

が成立する．

---

[13] この等式の証明は各自でおこなってほしい．意味がわかれば，簡単です．

**証明** 写像の扱いに慣れていれば，(4.16) を確かめるのは簡単で，「当たり前」みたいなものである．しかし，初学者の中には「証明といっても，一体何をすればいいのかわからない」という人も多いので，解説を加えながら (4.16) の証明を書いてみる．

まず確認すべきことは，『等式 (4.16) は，「$A$ から $D$ への写像として等しい」という意味だ』ということである．そして，このようなときは，「写像が等しい」ことの定義に戻って考えるのが大切である[14]．この場合は，定義 4.1(4) を (4.16) に適用すればよい．さて，(4.16) の両辺とも「定義域は $A$ で，レンジは $D$」で，一致している．あとは，任意の $a \in A$ について

$$(h \circ (g \circ f))(a) = ((h \circ g) \circ f)(a) \tag{4.17}$$

が成り立つことを確かめればよい．合成写像の定義に従って (4.17) の左辺を変形すると，$(g \circ f)(a) = g(f(a))$ であることから

$$(h \circ (g \circ f))(a) = h((g \circ f)(a)) = h(g(f(a)))$$

となる．また，(4.17) の右辺は

$$((h \circ g) \circ f)(a) = (h \circ g)(f(a)) = h(g(f(a)))$$

となる．（括弧が多くてややこしいが，おのおのの括弧の意味をしっかり確認するのが，理解のポイントである．）結果的に，両者（＝左辺と右辺）が等しいことがわかったので，(4.17) が成り立つ．$a$ は $A$ の任意の元であるから，これで，等式 (4.16) が証明された． ∎

単射や全射に関する一般的主張を証明するときは，「定義をたどればよい」ということがほとんどである．しかし，そのような「易しい」問題に対して，「(証明の) 書き方がわからない」ということをよく聞く．そこで，「単射」の性質の証明に関して，具体例を挙げておこう．全射に関しても同様の性質が成り立つが，こちらは自分で証明を書いてみてほしい（章末問題 4.2）．

---

[14] 「(2つの) 写像が等しいことを示せ」と言われているのだから「写像が等しい」の意味を確認するのは当然である．こういうのを「定義に戻る」と表現する．これは，「単語の意味がわからなかったら辞書を引く」という作業と同じで，簡単で自然なことである．しかし，この単純な作業をせずに，自分で勝手にあれこれ考えて道に迷ってしまう人が多いのは，残念である．

■ **例題 4.31** 集合 $A, B, C$ と写像 $f : A \to B, g : B \to C$ について，次のことを示せ．

(1) $f$ と $g$ が単射なら，$g \circ f$ は単射である．
(2) $g \circ f$ が単射なら，$f$ は単射である．
(3) $g \circ f$ が単射でも，$g$ は単射とは限らない．
(4) $g \circ f$ が単射で $f$ が全射なら，$g$ は単射である．

**解答** (1) の証明：$a, a' \in A$ について
$$(g \circ f)(a) = (g \circ f)(a') \tag{4.18}$$
が成り立つとする．写像の合成の定義により，(4.18) は
$$g(f(a)) = g(f(a')) \tag{4.19}$$
が成り立つことと同じである．仮定により $g$ は単射なので，(4.19) により
$$f(a) = f(a') \tag{4.20}$$
が成り立つ（単射の定義による：定義 4.22(1) 参照）．さらに，仮定により $f$ は単射なので，(4.20) により
$$a = a' \tag{4.21}$$
が成り立つ（再び，単射の定義による）．結局，(4.18) から (4.21) が導かれたので，$g \circ f$ は単射である（またまた，単射の定義）．

(2) の証明：$a, a' \in A$ とし
$$f(a) = f(a') \tag{4.22}$$
が成り立つとする．(4.22) の両辺に $g$ を施せば
$$g(f(a)) = g(f(a')) \tag{4.23}$$
が得られる．合成写像の定義（定義 4.29）により，(4.23) は
$$(g \circ f)(a) = (g \circ f)(a') \tag{4.24}$$

を意味している．仮定により $g \circ f$ は単射であるので，(4.24) から

$$a = a' \tag{4.25}$$

が得られる（単射の定義）．結局，(4.22) から (4.25) が導かれたので，$f$ は単射である（これも，単射の定義）．

(3) の解答：まず，(3) という主張の意味を確認しておこう．「単射とは限らない」という言い方は，「かならずしも単射だとはいえない」とか「一般的には，単射だとは結論できない」という意味である．だから，(3) に解答するためには，「$g \circ f$ は単射だが，$g$ が単射にならない例」を1つ挙げればよい．（「単射でない例」が実際にあるのだから，「単射にならないこともある」と主張できる．）ということで，(3) のような問題に答えるには，「（適切な）例を1つ挙げる」という手法が使われる．例は1つ挙げれば十分だが，どんな例をもってくるかは，解答者の自由である．ここでは，「代表的」と思われる例を，2通り挙げておこう（しつこいが，(3) に解答するには，例は1つ挙げれば十分である）．

例 1：　$A = B = C = \mathbf{R}$ とし

$$f(x) = e^x, \quad g(y) = y^2 \quad (x \in \mathbf{R}, y \in \mathbf{R})$$

によって $f : \mathbf{R} \to \mathbf{R}$, $g : \mathbf{R} \to \mathbf{R}$ を定める．このとき

$$(g \circ f)(x) = g(f(x)) = g(e^x) = (e^x)^2 = e^{2x} \quad (x \in \mathbf{R})$$

であるから，$x, x' \in \mathbf{R}$ について

$$(g \circ f)(x) = (g \circ f)(x') \iff e^{2x} = e^{2x'} \iff 2x = 2x' \iff x = x'$$

が成り立つので $g \circ f$ は単射である．一方，$-1$ と $1$ は $g$ の定義域に属していて

$$-1 \neq 1 \quad \text{かつ} \quad g(-1) = g(1)$$

が成り立っている（$g(-1)$ も $g(1)$ も 1 に等しい）．したがって，$g$ は単射ではない．

例 2：　$A = \{1, 2\}, B = \{1, 2, 3\}, C = \{1, 2\}$ として，$f$ を

$$f(1) = 1, \quad f(2) = 2$$

と定め，$g$ を
$$g(1) = 1, \quad g(2) = 2, \quad g(3) = 1$$
と定める．このとき，合成写像 $g \circ f : \{1,2\} \to \{1,2\}$ は
$$(g \circ f)(1) = 1, \quad (g \circ f)(2) = 2$$
で与えられるので，$g \circ f$ は単射である．一方，1 と 3 は $g$ の定義域に属していて，
$$1 \neq 3 \quad \text{かつ} \quad g(1) = g(3)$$
となっているので，$g$ は単射ではない．

(4) の証明：$b, b' \in B$ とし
$$g(b) = g(b') \tag{4.26}$$
が成り立つとする．仮定により $f$ は全射であるから
$$b = f(a), \quad b' = f(a') \tag{4.27}$$
をみたす $a, a' \in A$ が存在する（全射の定義による；定義 4.22(2)）．(4.27) を (4.26) に代入すれば
$$g(f(a)) = g(f(a')) \tag{4.28}$$
が得られる．合成写像の定義（定義 4.29）により，(4.28) は
$$(g \circ f)(a) = (g \circ f)(a') \tag{4.29}$$
と同じことである．仮定により $g \circ f$ は単射であるから，(4.29) から
$$a = a' \tag{4.30}$$
が導かれる（単射の定義）．すると，(4.27) と (4.30) から
$$b = f(a) = f(a') = b'$$
が得られる．結局，(4.26) から $b = b'$ が導かれたので，$g$ は単射である（単射の定義）．∎

第7章で集合の濃度を扱うが，そのときには次の主張を知っていると役に立つ．

**命題 4.32** $A, B$ は集合で，$A \neq \emptyset$ であり，単射 $f : A \to B$ が存在すると仮定する．このとき，写像 $g : B \to A$ で $g \circ f = \mathrm{id}_A$ をみたすものが存在する（$\mathrm{id}_A$ は $A$ の恒等写像；例 4.9 参照）．また，この写像 $g$ は全射である．

**証明** $A \neq \emptyset$ だから，$a_0 \in A$ となる $a_0$ が（少なくとも1つ）存在するので，そのような $a_0$ を1つとっておく．このとき，$b \in B$ に対して，次のように $g(b)$ を定める：

(i) $b \in \mathrm{Image}(f)$ のときは，$b = f(a)$ をみたす $a \in A$ が存在する．しかも，$f$ が単射だという仮定により，$b = f(a)$ をみたす $a$ は唯1つ定まる．このとき，$b$ に対して

$$g(b) = a \quad (a \text{ は } b = f(a) \text{ をみたす元}) \tag{4.31}$$

と定める．

(ii) $b \notin \mathrm{Image}(f)$ のときは，$g(b) = a_0$ と定める．

これで，任意の元 $b \in B$ について $g(b) \in A$ を指定することができたので，写像 $g : B \to A$ が定義できた．$g \circ f = \mathrm{id}_A$ を示すには，任意の $a \in A$ について

$$g(f(a)) = a \tag{4.32}$$

が成り立つことを示せばよい（$\mathrm{id}_A(a) = a$ に注意）．(4.32) の左辺は「$b = f(a)$ とおいたときの $g(b)$」である．したがって，(4.31) によって，(4.32) が成り立つ[15]．

$g$ が全射であることは，(4.32) から直ちに導かれる．つまり，任意の $a \in A$ について $g(f(a)) \in \mathrm{Image}(g)$ であるので，(4.32) によって $a \in \mathrm{Image}(g)$ となる．ここで，$a$ は $A$ の任意の元なので，$A = \mathrm{Image}(g)$ が成り立つ．すなわち，$g$ は全射である（定義 4.22(2)）． ■

命題 4.32 から，特に，「$A$ から $B$ に単射が存在すれば，$B$ から $A$ に全射が存

---

[15] この説明はかえってわかりにくいかもしれない．実際は，「(4.32) が成り立つように写像 $g$ を定めると，(4.31) になる」という事情である．

在する」ことがわかる（ただし，$A \neq \emptyset$ の場合）．このことの逆，つまり，「$B$ から $A$ に全射が存在すれば，$A$ から $B$ に単射が存在する」という主張も成立する．しかし，それを一般的に証明するには，「選択公理」が必要である．選択公理は本書では扱わないので，他書を参照してほしい（たとえば，松坂和夫「集合・位相入門」（岩波書店）など）．

## 4.7 逆写像

2つの集合 $A, B$ の間に「方向が逆」の2つの写像

$$f : A \to B, \quad g : B \to A \tag{4.33}$$

があったとする．このとき，お互いの合成写像を考えると，2つの写像

$$g \circ f : A \to A, \quad f \circ g : B \to B \tag{4.34}$$

が定まる．これらはどちらも「（あちらへ）行って，（こちらへ）戻ってくる」写像である．そうすると，「行って戻ってきたとき，どうなるか」を考えてみたくなる．その答えが「元に戻る」となる場合が，重要である．「元に戻る」という現象は，数学では，恒等写像（例 4.9 参照）を使って表現される．つまり，「$f$ で行って $g$ で戻ってくると，元に戻る」であれば，それは $g \circ f = \mathrm{id}_A$ という（写像の）等式で表される．これを受けて，次の定義が登場する．

**定義 4.33**　(4.33) の2つの写像が，条件

$$g \circ f = \mathrm{id}_A \text{ かつ } f \circ g = \mathrm{id}_B \tag{4.35}$$

をみたすとき，「$f$ と $g$ は互いに逆写像 (inverse map) である」「$g$ は $f$ の逆写像である」「$f$ は $g$ の逆写像である」などと表現する．また，写像 $g$ が $f$ の逆写像であることを，記号で $g = f^{-1}$ と書き表す．

逆写像の状況は，図 4.5 に表されている．

■ **例 4.34**　任意の集合 $A$ について，恒等写像 $\mathrm{id}_A : A \to A$ は逆写像をもつ（恒等写像については，例 4.9 と例 4.26 参照）．そして，恒等写像の逆写像は自分自身である．つまり，$\mathrm{id}_A^{-1} = \mathrm{id}_A$ が成り立つ．　　□

```
        A         f         B
         ×  ←――――――  ×
        a = g(b)    b = f(a)
            ――――→
            g = f⁻¹
```

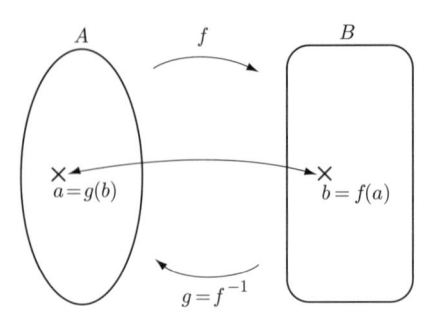

**図 4.5** 逆写像

　すべての写像が逆写像をもつわけではないので，注意してほしい．あとで示すように，逆写像をもつ写像は全単射（命題 4.39(2)）なので，「単射でないか，または，全射でない写像」は逆写像をもたない．そして，$f$ が逆写像をもたないときは，$f^{-1}$ という記号には意味がない（逆写像が存在しないのだから，「逆写像を表す記号」などあり得ない）．言い換えれば，「$f$ は逆写像をもつ」ことが確認されなければ，$f^{-1}$ と書くことはできない．

　逆写像の典型例は，逆関数である．

■ **例 4.35**　$\mathbf{R}_+ = \{y \in \mathbf{R} \mid y > 0\}$ とする（正の実数全体の集合）．このとき，
$$\exp : \mathbf{R} \to \mathbf{R}_+ \quad \text{と} \quad \log : \mathbf{R}_+ \to \mathbf{R}$$
は互いに逆写像である．ただし，$\exp$ は指数関数を表す（$\exp(x) = e^x \ (x \in \mathbf{R})$）．この場合，等式 (4.35) は
$$\log(\exp(x)) = \log(e^x) = x, \quad \exp(\log(y)) = e^{\log y} = y \quad (x \in \mathbf{R}, y \in \mathbf{R}_+)$$
に対応している．逆写像の記号では，$\log = \exp^{-1}, \exp = \log^{-1}$ と書き表される（例 4.37 も参照してほしい）．　□

■ **例 4.36**　写像 $f : \mathbf{R} \to \mathbf{R}$ を $f(x) = x^3 \ (x \in \mathbf{R})$ と定めると，$f$ は逆写像をもつ．（理由は，$f$ は（狭義の）単調増加な連続関数で，
$$\lim_{x \to -\infty} f(x) = -\infty, \quad \lim_{x \to +\infty} f(x) = +\infty$$
であるから．）逆写像 $g : \mathbf{R} \to \mathbf{R}$ は
$$g(y) = \sqrt[3]{y} \quad (y \in \mathbf{R})$$

で与えられる．$f$ と $g$ は「関数」なので，この場合，逆写像も「逆関数」と呼ばれる． □

関数が出てきたところで，「逆関数（＝逆写像）」と「逆数」の違いを注意しておきたい．つまり，関数 $f(x)$ の値が 0 でない実数の場合など，その逆数 $\dfrac{1}{f(x)}$ が定義される．この逆数は $f(x)^{-1}$ と表記される．さらに，$f(x)$ が逆関数をもつ場合には，その逆関数の値として $f^{-1}(x)$ が定まる．ここで，大切な注意点は，「$f(x)^{-1}$ と $f^{-1}(x)$ は，同じではない」ということである．同じ「逆」でも，「逆数」と「逆関数」は大違いである．「逆数」は「（数の）積に関する逆」で，「逆関数」は「（写像の）合成に関する逆」である点に，両者の違いがある．

■ **例 4.37** $t$ が正の実数なら，$\exp(t) = e^t$ と $\log t$ の 2 つが定義される．例 4.35 で見たように $\exp^{-1} = \log$ なので，$\exp^{-1}(t) = \log t$ である．これに対して，$\exp(t)^{-1} = (e^t)^{-1} = \dfrac{1}{e^t} = e^{-t}$ となる．もちろん，$\log t$ と $e^{-t}$ は「まったく別物」である． □

■ **例 4.38** 上の注意点に関して，逆 3 角関数の記号は，大きな問題を抱えている．たとえば正弦関数については，逆正弦関数を $\sin^{-1}(x)$ と表すことがあるが，これは $\sin(x)^{-1}$ のことではない（それが，上の注意点）．しかし，高校での数学でも学ぶ通り，**自然数** $n$ については，

$$\sin(x)^n \text{ のことを } \sin^n(x) \text{ と書き表す } \quad (\text{ただし}, n \geq 1) \tag{4.36}$$

という習慣がある．自然数 $n$ については (4.36) を推奨するにもかかわらず，「$\sin^{-1}(x)$ と $\sin(x)^{-1}$ を混同してはダメ」と言われるのである．これは混乱の元なので，筆者は逆正弦関数を $\sin^{-1}(x)$ と表すことに賛成できない（逆 3 角関数に関する説明は，中島匠一「なっとくする微分積分」（講談社）3.7 節参照）． □

次の命題 4.39 が，「逆写像をもつ写像とはどんなものか？」という疑問に答えてくれる．命題 4.39(2), (3) の内容は，「写像が逆写像をもつための必要十分条件は，その写像が全単射であること」と表現できる．

∥ **命題 4.39** ∥ 集合 $A, B$ の間の写像 $f : A \to B$ について，次が成り立つ．

(1) $f$ が逆写像 $f^{-1}: B \to A$ をもつなら，$f^{-1}$ も逆写像をもち，
$$(f^{-1})^{-1} = f \tag{4.37}$$
が成り立つ．
(2) $f$ が逆写像 $f^{-1}: B \to A$ をもつなら，$f$ は全単射である．
(3) $f$ が全単射なら，$f$ は逆写像 $f^{-1}: B \to A$ をもつ．

**証明** 言葉の定義に十分に馴染んでいれば，命題 4.39 の証明は簡単である．要するに「行って帰ってくると元に戻る」というだけで，「当たり前だ」と言ってよいくらいのものである．しかし，「証明を書け」と言われると戸惑ってしまう人も多いようなので，詳しい証明を書いておく．文中で，「注」として書いたのは「いわずもがな」の，老婆心から出た注意書きである．筆者のくどい文章に付き合うよりも，まずは自力で証明を書いてみることをお勧めする．

(1) の証明：逆写像 $f^{-1}$ を $g$ と書くと，逆写像の定義により，(4.35) が成り立っている．ここで，(4.35) を「$g$ の側から見る」と，それは「$f$ が $g$ の逆写像である」という条件になっている（注：(4.35) で，$A \leadsto B, B \leadsto A, f \leadsto g, g \leadsto f$ という置き換えを一斉におこなうと，条件 (4.35) は同じ条件に移る[16]）．このことは，「$g$ が逆写像をもち，その逆写像は $f$ である（つまり，$g^{-1} = f$ が成り立つ）」ことを示している．これで (4.37) が証明された（$g = f^{-1}$ に注意）．

(2) の証明：逆写像 $f^{-1}$ を $g$ と書く．つまり，$f$ と $g$ は (4.35) をみたしている．
まず $f$ が単射であることを示す．そのために，$a, a' \in A$ が $f(a) = f(a')$ をみたしたとする．この両辺に $g$ を施すと
$$g(f(a)) = g(f(a')) \tag{4.38}$$
となる．(4.35) により，$g \circ f = \mathrm{id}_A$ であるから，
$$g(f(a)) = (g \circ f)(a) = \mathrm{id}_A(a) = a$$
となる（注：最後の等式は，例 4.9 参照）．同じようにして $g(f(a')) = a'$ となるので，(4.38) から $a = a'$ が導かれる．結局，$f(a) = f(a')$ ならば $a = a'$ で

---
[16] ここで，$\leadsto$ は（便宜的に）置き換えを表すために使っている記号で，写像の記号ではないことに注意してほしい．この置き換えをおこなうと，$g \circ f = \mathrm{id}_A \leadsto f \circ g = \mathrm{id}_B, f \circ g = \mathrm{id}_B \leadsto g \circ f = \mathrm{id}_A$ となり，(4.35) の 2 つの式が入れ替わる（面白い）．上で「同じ条件になる」というのは，「(4.35) の 2 つの式は入れ替わるが，(4.35) 全体としては同じ条件である」ということ．

あることがわかったので，$f$ は単射である（注：定義 4.22(1)）．次に $f$ が全射であることを示すために，$B$ の任意の元 $b$ をとる．このとき，$a = g(b)$ とおけば，$a$ は $A$ の元である．さらに，(4.35) により

$$f(a) = f(g(b)) = (f \circ g)(b) = \mathrm{id}_B(b) = b$$

となるので，$b \in \mathrm{Image}(f)$ である．$b$ は $B$ の任意の元だったので，$\mathrm{Image}(f) = B$ が成り立つ．よって，$f$ は全射である（注：定義 4.22(2)）．

以上で，$f$ が単射かつ全射であることがわかったので，(2) が示された（注：定義 4.22(3)）．

(3) の証明：$f$ が全単射であると仮定する．このとき，写像 $g : B \to A$ を，次のように定める．まず，$b \in B$ とする（注：$b$ に対して $g(b)$ を定めるのが目的）．すると，$f$ が全射であることから，$b = f(a)$ をみたす $a \in A$ が存在する．また，$f$ が単射であることから，$b = f(a)$ をみたす $a$ は唯 1 つである（注：$a'$ も $b = f(a')$ をみたすとすると，$f(a) = b = f(a')$ となるので，定義 4.22(1) によって，$a = a'$ と結論できる）．ここで，$g(b) = a$ と定める．$b$ は $B$ の任意の元だったので，これで，写像 $g : B \to A$ が定義された（注：写像 $g$ の定義終わり）．写像 $g$ の定義の仕方から，

$$b = f(a) \iff a = g(b) \quad (a \in A, b \in B) \tag{4.39}$$

となっていることに注意する．$f$ と $g$ が条件 (4.35) をみたすことは，(4.39) から簡単に示せる．まず $a \in A$ とする．このとき，$b = f(a)$ とおくと，(4.39) によって，

$$(g \circ f)(a) = g(f(a)) = g(b) = a = \mathrm{id}_A(a)$$

が得られる．$a$ は $A$ の任意の元なので，これで $g \circ f = \mathrm{id}_A$ が示せた．同様に，$b \in B$ に対して $a = g(b)$ とおくとき，

$$(f \circ g)(b) = f(g(b)) = f(a) = b = \mathrm{id}_B(b)$$

となるので，$f \circ g = \mathrm{id}_B$ が得られる（注：$b$ が $B$ の任意の元であったことに注意）．これで，(4.35) の条件が両方とも成り立つことがわかったので，$g$ は $f$ の逆写像である．（注：「$f$ は全単射」という仮定から「$f$ の逆写像」を作ることができたので，これで (2) の証明が完了した．）

■ 例 4.40　$A = B = \{1, 2, 3\}$ の場合に,「集合 $\{1, 2, 3\}$ から集合 $\{1, 2, 3\}$ への全単射」をすべて求めてみよう. 写像 $f : \{1, 2, 3\} \to \{1, 2, 3\}$ を与えるには, $1, 2, 3$ から (重複を許して) 並べたものを $f(1), f(2), f(3)$ とすればよい (例 4.13 参照). そのような $f$ が全単射になるのは, $f(1), f(2), f(3)$ が「$1, 2, 3$ の並べ替え」になっている場合 (つまり, $f(1), f(2), f(3)$ に重複がない場合) であることが, すぐに確かめられる. そのような $f$ をすべて挙げると, 表 4.3 ができる. $f : \{1, 2, 3\} \to \{1, 2, 3\}$ が全単射なら $f^{-1} : \{1, 2, 3\} \to \{1, 2, 3\}$ も全単射なので (命題 4.39 参照), おのおのの $f^{-1}$ は $f_1, \cdots, f_6$ のどれかに一致しているはずである. 表 4.3 の最後の列には, $f^{-1}$ がどの写像になるかが書いてある. たとえば, $f_4(1) = 2, f_4(2) = 3, f_4(3) = 1$ であるから, $1 = f_4^{-1}(2), 2 = f_4^{-1}(3), 3 = f_4^{-1}(1)$ となる. したがって, $f_4^{-1} = f_5$ である. □

表 4.3

| $f$ | $f(1)$ | $f(2)$ | $f(3)$ | $f^{-1}$ |
|---|---|---|---|---|
| $f_1$ | 1 | 2 | 3 | $f_1$ |
| $f_2$ | 1 | 3 | 2 | $f_2$ |
| $f_3$ | 2 | 1 | 3 | $f_3$ |
| $f_4$ | 2 | 3 | 1 | $f_5$ |
| $f_5$ | 3 | 1 | 2 | $f_4$ |
| $f_6$ | 3 | 2 | 1 | $f_6$ |

■ 例 4.41　例 4.40 は, 任意の自然数 $n$ の場合に一般化できる (例 4.40 では $n = 3$). つまり, 写像 $f : \{1, 2, \cdots, n\} \to \{1, 2, \cdots, n\}$ が全単射になるのは, $f(1), f(2), \cdots, f(n)$ が $1, 2, \cdots, n$ の「並べ替え」になっている場合である.「$1, 2, \cdots, n$ の並べ替え」は, 一般に置換 (permutation) と呼ばれている. 写像の言葉を使えば, 置換は「集合 $\{1, 2, \cdots, n\}$ から (同じ集合) $\{1, 2, \cdots, n\}$ への全単射」と捉えることができる. このような置換全体は「対称群」をなすことが知られていて, 重要である[17]. □

---

[17] 詳細は代数学の教科書 (たとえば, 中島匠一「代数と数論の基礎」(共立出版) の 3.2 節) を参照してほしい.

ここで,「(4.35) の 2 つの条件は,両方とも必要」ということを注意しておこう.つまり,「(4.35) の条件の片方は成り立つが,もう片方は成り立たない」という例が実際にある.

■ **例 4.42** $A = $ (実数の無限列の集合)とする.記号で書けば

$$A = \{(a_1, a_2, \cdots) \mid a_k \in \mathbf{R} \ (k = 1, 2, \cdots)\}$$

である.このとき,写像 $f : A \to A$ と $g : A \to A$ を

$$f((a_1, a_2, \cdots)) = (0, a_1, a_2, \cdots) \quad ((a_1, a_2, \cdots) \in A)$$
$$g((a_1, a_2, \cdots)) = (a_2, a_3, a_4, \cdots) \quad ((a_1, a_2, \cdots) \in A)$$

と定義する(定義 4.33 の記号では,$B = A$ の場合).つまり,$f$ は「数列の項を 1 つずつ先に送って,最初の項には 0 を入れる」という写像で,$g$ は「最初の項は捨てて,その分 1 つずつ前に詰める」写像である.このとき,$g \circ f = \mathrm{id}_A$ は成り立つ(先に送ってから,前に詰めれば,元に戻る)が,

$$(f \circ g)((a_1, a_2, \cdots)) = (0, a_2, a_3, \cdots) \quad ((a_1, a_2, \cdots) \in A)$$

である(捨ててしまった分が,0 で置き換えられる)ので,$f \circ g \neq \mathrm{id}_A$ である. □

本節の最後に,全単射を合成したときの大切な性質を挙げておく.

**命題 4.43** 2 つの写像 $f : A \to B$ と $g : B \to C$ は両方とも全単射だとする.このとき,合成写像 $g \circ f : A \to C$ も全単射で,逆写像について

$$(g \circ f)^{-1} = f^{-1} \circ g^{-1} \tag{4.40}$$

が成り立つ.

**証明** $h = f^{-1} \circ g^{-1}$ とおけば,$h$ は $C$ から $A$ への写像である.合成写像の結合法則(命題 4.30)によって,

$$h \circ g = (f^{-1} \circ g^{-1}) \circ g = f^{-1} \circ (g^{-1} \circ g) = f^{-1} \circ \mathrm{id}_B = f^{-1} \tag{4.41}$$

が導かれる．すると，再び，結合法則と (4.41) によって

$$h \circ (g \circ f) = (h \circ g) \circ f = f^{-1} \circ f = \mathrm{id}_A$$

が成り立つ．同様の議論で $(g \circ f) \circ h = \mathrm{id}_C$ も導かれる．これで，$h$ が $g \circ f$ の逆写像であること（つまり，$h = (g \circ f)^{-1}$）がわかった（定義 4.33 参照）．定義により $h = f^{-1} \circ g^{-1}$ であるから，(4.40) が成り立つ．また，命題 4.39 (2) により，$g \circ f$ は全単射である． ∎

## 4.8 部分集合の順像と逆像

写像 $f : A \to B$ は，集合 $A$ の元を集合 $B$ の元に写す．ここで，「$A$ の部分集合」は「$A$ の元（の一部）を集めてできる」ものだったことを思い出すと，「写像 $f$ によって $A$ の部分集合 $S$ を写したもの（$B$ の部分集合となる）」を考えることができることに気づく．これを，$f$ による $S$ の順像と呼ぶ．逆に，$B$ の部分集合から $A$ の部分集合を定めることもできて，それを逆像と呼ぶ．本節では，順像・逆像の基本をまとめる．

例によって，正確な定義を述べることから始めよう．

**定義 4.44** 集合 $A, B$ と写像 $f : A \to B$ があるとする．

(1) $A$ の部分集合 $S$ に対して，$B$ の部分集合 $f_*(S)$ を

$$f_*(S) = \{f(a) \in B \mid a \in S\} \tag{4.42}$$

によって定める．そして，$f_*(S)$ を「$f$ による $S$ の順像 (direct image)」と呼ぶ[18]．

(2) $B$ の部分集合 $T$ に対して，$A$ の部分集合 $f^*(T)$ を

$$f^*(T) = \{a \in A \mid f(a) \in T\} \tag{4.43}$$

と定める．この $f^*(T)$ を「$f$ による $T$ の逆像 (inverse image)」とか「$f$ による $T$ の引き戻し (pull back)」と呼ぶ．

---

[18] 順像の代わりに，単に像 (image) と呼ぶこともある．本書では，次の逆像と対比させる意味で，順像と呼ぶことにした．逆像を引き戻しと呼ぶことと対にして，「押し出し (push out)」という用語もあるが，あまり使われていないようだ．

順像を理解するのは容易であろう．$a \in A$ に対して $f(a) \in B$ であり，$a$ を $S$ の元全体を動かしたときに $f(a)$ をすべて集めてきてできる集合が $f_*(S)$ である．このことが把握されていれば，$f_*(S) \subset \mathrm{Image}(f)$ が成り立つのは「明らか」といえる．逆像については，次のように考えるのがいいかもしれない．$B$ の部分集合 $T$ が定まっているとき，「$A$ の元 $a$ に関する判定条件」を

$$f(a) \in T \text{ ならば } a \text{ は OK で}, f(a) \notin T \text{ ならば } a \text{ は NG}$$

と定める．そして，この「判定条件」に照らして，（無事に）「OK」と判定された元を全部集めてきてできる $A$ の部分集合が $f^*(T)$ である．$a \in A$ に対して $f(a) \in \mathrm{Image}(f)$ が成り立っているから，$f(a) \in T$ という条件は $f(a) \in T \cap \mathrm{Image}(f)$ と同じである．したがって，

$$f^*(T) = f^*(T \cap \mathrm{Image}(f)) \quad (T \subset B) \tag{4.44}$$

が成り立つ．

■ **例 4.45** 例 4.14 で取り上げた「数学ではない例」で考えてみよう．例 4.14 の写像 $f$ について，$A$ の部分集合として $S =$（現在埼玉県に住んでいる人の集合）としてみる．すると，$f_*(S) =$（現在埼玉県に住んでいる人の姓名の集合）となる．たとえば，筆者は現在埼玉県に住んでいるので，「中島匠一（という姓名）$\in f_*(S)$」である．

次に，「仮に」ではあるが，日本人の姓名が「男性の姓名」「女性の姓名」「どちらかわからない姓名」に分けられると仮定して，「男性の姓名」全体からなる集合を $T$ としよう（$T$ は $B$ の部分集合である）．そのとき，$f^*(T)$ は『「男性の姓名」をもった日本人全体の集合』（これは，$A$ の部分集合）となる．たとえば，中島匠一という姓名は「男性の姓名」に分類されるだろうから，「中島匠一（という姓名）$\in T$」である．したがって，$f(筆者) =$ 中島匠一であることから，「筆者 $\in f^*(T)$」が成り立つ．これは「姓名からすれば，筆者は男性と推定される」ということで，「筆者 $\in f^*(T)$」から「筆者が男性だ」と結論してしまうのは，「論理的に間違い」であるので，注意していただきたい[19]．　□

---

[19] たとえば，「桜庭一樹」という姓名は「男性の姓名」に分類してしまいそうであるが，この姓名をもった作家の方は女性であるらしい．なお，気になる方のために書いておくと，筆者は（推定通り）男性である．

!注 **4.46** 実は，順像・逆像に関する本書の記号は，（残念ながら）「標準的」とはいえない．記号の流儀がいろいろあってややこしいので，注意点をまとめておく．

(1) 本書での $f_*(S)$ のことを，単に $f(S)$ と書くことが多いようである．本来は $A$ の元 $a$ に対して $f(a)$ と書くわけだが，この記号を「$A$ の部分集合」にまで拡張して $f(S)$ と書くのである．$f$（ナントカ）という記号の「ナントカ」の部分に「$A$ の元」が入ったり，「$A$ の部分集合」が入ったりする．筆者は，「それは（少なくとも，初学者にとっては）混乱の元」と思うので，部分集合については $f_*(S)$ という記号で区別することを勧めている[20]．

(2) $f^*(T)$ のことを $f^{-1}(T)$ と表すこともよくおこなわれている．しかし，筆者は，これは「非常に危険な記号」と思っていて，個人的には「敵視」している（大袈裟，だが）．理由は，逆写像を表す記号との混同である．つまり，単独に $f^{-1}$ という記号もあって，それは「$f$ の逆写像」を表す記号である．しかし，命題 4.39 からわかるように，全単射でない写像には逆写像は存在しない．それでも，「$f$ の逆写像が存在しない場合でも，部分集合の逆像（本書での $f^*(T)$）は存在する」のである．この状況で逆像に $f^{-1}(T)$ という記号を使うと，「$f^{-1}$ は存在しないのだが，$f^{-1}(T)$ を扱う」という場面が頻繁に現れる．これは，「別に矛盾でも何でもない」ので，気にならない人は気にならないようである．しかし，筆者はどうも「気持ちが悪い」と感じてしまって嫌なので，逆像は $f^*(T)$ と書くことにしている．とはいえ，逆像に対する記号 $f^{-1}(T)$ はよく使われている．ここに書いた論点（＝使用上の注意）を十分理解した上で対処していただきたい．

これから，順像・逆像の基本性質をまとめていこう．最初は，簡単なことから．

**命題 4.47** 写像 $f: A \to B$ の順像と逆像について，次のことが成り立つ．

(1) $f_*(\emptyset) = \emptyset$, $\quad f^*(\emptyset) = \emptyset$
(2) $f_*(A) = \mathrm{Image}(f)$, $\quad f^*(B) = A$
(3) $A$ の元 $a$ について，$f_*(\{a\}) = \{f(a)\}$ が成り立つ．
(4) $B$ の元 $B$ について，$f^*(\{b\}) = \{a \in A \mid f(a) = b\}$ が成り立つ．

命題 4.47 の証明は，定義に従って進むだけなので，省略する．各自で証明を書いてみてほしい．注意点は「$a$ と $\{a\}$ の区別を忘れないこと」だけである

---

[20] もちろん，自分自身でもそのように使い分けている．本節の最後に与えた「解釈」もできて，そのほうが快適である．

（注意 3.4(5) 参照）．

次に，部分集合が 2 つあった場合に，それらの順像と逆像について成り立つ性質を調べてみよう．まず，順像についての結果を述べる．

**命題 4.48** 写像 $f: A \to B$ があり，$S_1, S_2$ は $A$ の部分集合だとする．

(1) $S_1 \subset S_2$ ならば $f_*(S_1) \subset f_*(S_2)$ である．
(2) $f_*(S_1 \cup S_2) = f_*(S_1) \cup f_*(S_2)$ が成り立つ．
(3) $f_*(S_1 \cap S_2) \subset f_*(S_1) \cap f_*(S_2)$ が成り立つ．
(4) $f_*(S_1 - S_2) \supset f_*(S_1) - f_*(S_2)$ が成り立つ．
(5) $f$ が単射なら，(1) の逆が成り立ち，(3)(4) で等号が成立する．つまり，$f$ が単射なら，

$$S_1 \subset S_2 \iff f_*(S_1) \subset f_*(S_2)$$
$$f_*(S_1 \cap S_2) = f_*(S_1) \cap f_*(S_2)$$
$$f_*(S_1 - S_2) = f_*(S_1) - f_*(S_2)$$

が成り立つ．

**証明** いずれも，定義に従って簡単に証明できる．

まず (1) は，定義から直ちに得られる．次に，$S_1 \cap S_2 \subset S_1$ かつ $S_1 \cap S_2 \subset S_2$ であることと (1) によって，(3) が得られる（命題 3.30(3) 参照）．同様に，$S_1 \cup S_2 \supset S_1$ かつ $S_1 \cup S_2 \supset S_2$ と (1) から，$f_*(S_1 \cup S_2) \supset f_*(S_1) \cup f_*(S_2)$ が得られる（命題 3.30(2) 参照）．逆の包含関係を示すために，$b \in f_*(S_1 \cup S_2)$ だとする．このとき，順像の定義により，$b = f(a)$ をみたす $a \in S_1 \cup S_2$ が存在する．ここで，$a \in S_1$ なら $b = f(a) \in f_*(S_1)$ となり，$a \in S_2$ なら $b = f(a) \in f_*(S_2)$ となるので，いずれにしても $b \in f_*(S_1) \cup f_*(S_2)$ が成り立っている．$b$ は $f_*(S_1 \cup S_2)$ の任意の元だったので，これで $f_*(S_1 \cup S_2) \subset f_*(S_1) \cup f_*(S_2)$ も示せた．したがって，(2) が成り立つ．

(4) を示すために，$b \in f_*(S_1) - f_*(S_2)$ だとする．このとき，$b \in f_*(S_1)$ より，$b = f(a)$ をみたす $a \in S_1$ が存在する．もし $a \in S_2$ だとすると $b \in f_*(S_2)$ となってしまって，$b \in f_*(S_1) - f_*(S_2)$ であることに反する．よって，$a \notin S_2$ なので，$a \in S_1 - S_2$ である．したがって，$b = f(a) \in f_*(S_1 - S_2)$ となる．$b$ は $f_*(S_1) - f_*(S_2)$ の任意の元なので，これで (4) が示せた．

以下，$f$ は単射だと仮定して，(5) を証明する．

$f_*(S_1) \subset f_*(S_2)$ が成り立つと仮定して，$a \in S_1$ をとる．すると，$f(a) \in f_*(S_1)$ であるから，仮定により，$f(a) \in f_*(S_2)$ である．したがって，$f(a) = f(a')$ をみたす $a' \in S_2$ が存在するが，$f$ は単射であるから，$a = a'$ でなくてはならない (定義 4.22(1) 参照)．特に，$a = a' \in S_2$ である．これで，$a \in S_1$ から $a \in S_2$ が導かれたので，$S_1 \subset S_2$ である．これで，$f_*(S_1) \subset f_*(S_2) \implies S_1 \subset S_2$ が示せた．(1) と合わせて，$S_1 \subset S_2 \iff f_*(S_1) \subset f_*(S_2)$ が成り立つ．

次に，$b \in f_*(S_1) \cap f_*(S_2)$ をみたす $b$ をとる．すると，「$b \in f_*(S_1)$ かつ $b \in f_*(S_2)$」であるから，$b = f(a)$ をみたす $a \in S_1$ と $b = f(a')$ をみたす $a' \in S_2$ が存在する．このとき，$f(a) = b = f(a')$ であり，$f$ は単射であるから，$a = a'$ となる．もともと $a \in S_1$ であり，$a = a' \in S_2$ であることもわかったので，$a \in S_1 \cap S_2$ である．したがって，$b = f(a) \in f_*(S_1 \cap S_2)$ となる．$b$ は $f_*(S_1) \cap f_*(S_2)$ の任意の元だったので，$f_*(S_1) \cap f_*(S_2) \subset f_*(S_1 \cap S_2)$ が成り立つ．(3) と合わせて，$f_*(S_1) \cap f_*(S_2) = f_*(S_1 \cap S_2)$ が得られた．

最後に，$b \in f_*(S_1 - S_2)$ だとする．定義により，$b = f(a)$ となる $a \in S_1 - S_2$ が存在する．$a \in S_1$ であるので，$b \in f_*(S_1)$ である．もし $b \in f_*(S_2)$ だとすると，$b = f(a')$ をみたす $a' \in S_2$ が存在する．このとき，$f(a') = b = f(a)$ なので，$f$ が単射であるという仮定によって，$a' = a$ となる．しかし，$a' \in S_2$ であるから，これは $a \notin S_2$ であることに矛盾している．したがって，$b \notin f_*(S_2)$ でなくてはならない．これで，$b \in f_*(S_1) - f_*(S_2)$ が示された．$b$ は $f_*(S_1 - S_2)$ の任意の元なので，$f_*(S_1 - S_2) \subset f_*(S_1) - f_*(S_2)$ が成り立つ．(4) と合わせて，$f_*(S_1 - S_2) = f_*(S_1) - f_*(S_2)$ が証明された．■

命題 4.48 を見ると，(2) では等号が書いてあるのに，(3)，(4) では等号ではない．また，(5) では「$f$ が単射なら」という仮定付きで (3)，(4) で等号が成り立つことが示されている．ということは，「(3)，(4) では，$f$ が単射でなければ，等号が成り立たないことがあるのだな」という推測ができる．実は，命題 4.48 では，「書いてあることの証明」はそれほど難しくはない (上では証明が長くなっているが，それは丁寧に書いたからで，「難しい」わけではない)．命題 4.48 を「鑑賞」するときは，「なぜ (等号が) 書いてないか」という疑問点に注目する必要がある．疑問の答えは，「成り立たないから書いてない」という「興ざめ」な事実にすぎないが，「成り立たない」ということを確認するのに「自主性」が必要である．少し考えると，次のような例があることがわかる．

■ 例 4.49  $A = B = \mathbf{R}$ として，写像

$$f : \mathbf{R} \to \mathbf{R}, \quad f(x) = x^2 \quad (x \in \mathbf{R})$$

を考える．命題 4.48 に関連して，次の事実が成り立つ．

(i) $S_1 = [-2, 2], S_2 = [0, 2]$ とすれば $f_*(S_1) = [0, 4], f_*(S_2) = [0, 4]$ である．この例では $S_1 \neq S_2$ だが $f_*(S_1) = f_*(S_2)$ である．

(ii) $S_1 = [-1, 1], S_2 = [0, 2]$ とすれば $f_*(S_1) = [0, 1], f_*(S_2) = [0, 4]$ である．この例では $f_*(S_1) \subset f_*(S_2)$ だが $S_1 \subset S_2$ ではない．つまり，命題の (1) の主張の逆は成り立っていない．

(iii) $S_1 = [-2, 1], S_2 = [0, 2]$ とすれば $f_*(S_1) = [0, 4], f_*(S_2) = [0, 4]$ なので $f_*(S_1) \cap f_*(S_2) = [0, 4]$ である．一方，$S_1 \cap S_2 = [0, 1]$ なので $f_*(S_1 \cap S_2) = [0, 1]$ である（$1^2 = 1$ に注意）．この例では $f_*(S_1 \cap S_2) \neq f_*(S_1) \cap f_*(S_2)$ となっている．

(iv) $S_1 = [0, 3], S_2 = [-2, 1]$ とすれば $f_*(S_1) = [0, 9], f_*(S_2) = [0, 4]$ なので $f_*(S_1) - f_*(S_2) = (4, 9]$（半開区間）である．一方，$S_1 - S_2 = (1, 3]$ なので $f_*(S_1 - S_2) = (1, 9]$ である．この例では $f_*(S_1 - S_2) \neq f_*(S_1) - f_*(S_2)$ となっている．

□

次に，逆像について成り立つ結果をまとめる．順像より逆像のほうが状況がシンプルなのが面白い．

**命題 4.50**  集合 $A, B$ と写像 $f : A \to B$ があり，$T_1, T_2$ は $B$ の部分集合だとする．

(1) $T_1 \subset T_2$ ならば $f^*(T_1) \subset f^*(T_2)$ である．
(2) $f^*(T_1 \cup T_2) = f^*(T_1) \cup f^*(T_2)$ が成り立つ．
(3) $f^*(T_1 \cap T_2) = f^*(T_1) \cap f^*(T_2)$ が成り立つ．
(4) $f^*(T_1 - T_2) = f^*(T_1) - f^*(T_2)$ が成り立つ．
(5) $f$ が全射ならば

$$T_1 \subset T_2 \iff f^*(T_1) \subset f^*(T_2)$$

が成り立つ．

**証明** (1) は定義から直ちに導かれる[21]．(2), (3), (4) の証明は同じようにしてできるので，代表として (3) の証明を書いておく．$a \in A$ に対して，同値な条件での言い換え

$$
\begin{aligned}
a \in f^*(T_1 \cap T_2) &\iff f(a) \in T_1 \cap T_2 \quad (\text{逆像の定義}) \\
&\iff f(a) \in T_1 \text{ かつ } f(a) \in T_2 \quad (\text{共通部分の定義}) \\
&\iff a \in f^*(T_1) \text{ かつ } a \in f^*(T_2) \quad (\text{逆像の定義}) \\
&\iff a \in f^*(T_1) \cap f^*(T_2) \quad (\text{共通部分の定義}) \quad (4.45)
\end{aligned}
$$

をおこなえば，(3) が成り立つことがわかる．(4.45) において，$\cap$ を $\cup$ で置き換え，「かつ」を「または」で置き換えれば，(2) の証明ができる（括弧の中の説明部分では，「共通部分」を「和集合」で置き換える）．また，(4.45) で，$\cap$ を $-$ で置き換え，$a \in f^*(T_2)$ と $f(a) \in T_2$ をそれぞれ $a \notin f^*(T_2)$ と $f(a) \notin T_2$ で置き換えれば，(4) が証明できる（説明部分では，「共通部分」を「差集合」で置き換える）．

最後に，$f$ が全射だとして，$f^*(T_1) \subset f^*(T_2)$ ならば $T_1 \subset T_2$ が成り立つことを示す．（これができれば，(1) と合わせて，(5) が証明される．）そのために，$f^*(T_1) \subset f^*(T_2)$ と仮定して，$T_1$ の元 $b$ をとる．このとき，$f$ が全射であるので，$b = f(a)$ をみたす $a \in A$ が存在する．すると，$b \in T_1$ なので，逆像の定義により，$a \in f^*(T_1)$ である．$f^*(T_1) \subset f^*(T_2)$ であったので，$a \in f^*(T_2)$ といえる．したがって，再び逆像の定義により，$f(a) \in T_2$ となる．最初の取り方から $b = f(a)$ であるので，$b \in T_2$ である．$b$ は $T_1$ の任意の元であったから，これで $T_1 \subset T_2$ が示せた．∎

命題 4.50 の場合にも，「$f$ が全射」という条件がないと，(1) の逆の主張は成り立たない．

■ **例 4.51** $A = B = \mathbf{R}$ として，写像

$$f : \mathbf{R} \to \mathbf{R}, \quad f(x) = x^2 \quad (x \in \mathbf{R})$$

---

[21] 不慣れな人のために，ここでおこなうべき作業を書いておこう．まず，$T_1 \subset T_2$ と仮定する．そして，$A$ の元 $a$ が $a \in f^*(T_1)$ をみたすとする．これは，逆像の定義（定義 4.44(2)）により，$f(a) \in T_1$ と同じことである．すると，$T_1 \subset T_2$ であるから，$f(a) \in T_2$ である．これは，再び逆像の定義により，$a \in f^*(T_2)$ を意味している．これで，$a \in f^*(T_1)$ のときかならず $a \in f^*(T_2)$ が成り立つことがわかったので，$f^*(T_1) \subset f^*(T_2)$ が成り立つ（部分集合の定義：定義 3.17）．

を考える．$T_1 = [-2,1], T_2 = [0,4]$ とすると $f^*(T_1) = [-1,1], f^*(T_2) = [-2,2]$ である．この例では，$f^*(T_1) \subset f^*(T_2)$ は成り立っているが，$T_1 \subset T_2$ は成り立っていない． □

順像と逆像の「連結」についても考えてみよう．つまり，順像をとってから逆像をとったらどうなるか（または，その逆），というような問題である．それについては，次の主張が成立する．

**命題 4.52** 写像 $f: A \to B$ について，次のことが成り立つ．ただし，$S$ は $A$ の部分集合を表し，$T$ は $B$ の部分集合を表す．

(1) 任意の $S$ について
$$S \subset f^*(f_*(S))$$
が成り立つ．また，$f$ が単射なら，等号が成立する（つまり，$S = f^*(f_*(S))$）．

(2) 任意の $T$ について
$$f_*(f^*(T)) = T \cap \mathrm{Image}(f)$$
が成り立つ．

(3) 任意の $T$ について
$$f_*(f^*(T)) \subset T$$
が成り立つ．また，$f$ が全射なら，等号が成立する（つまり，$f_*(f^*(T)) = T$）．

(4) 任意の $S$ について
$$f_*(f^*(f_*(S))) = f_*(S)$$
が成り立つ．

(5) 任意の $T$ について
$$f^*(f_*(f^*(T))) = f^*(T)$$
が成り立つ．

**証明** (1)：$a \in S$ として，$b = f(a)$ とおく．$a \in S$ であるから，$b \in f_*(S)$ である（定義 4.44(1)）．また，$b = f(a)$ であるから，$a \in f^*(f_*(S))$ である（定義 4.44(2)）．$a$ は $S$ の任意の元であるから，$S \subset f^*(f_*(S))$ が成り立つ．

次に, $f$ は単射だと仮定する. $c \in f^*(f_*(S))$ とすれば, $f(c) \in f_*(S)$ である（定義 4.44(2)）. よって, $f(c) = f(c')$ をみたす $c' \in S$ がある（定義 4.44(1)）. すると, $f$ は単射なので, $c = c'$ が成り立つ. したがって, $c \in S$ である. $c$ は $f^*(f_*(S))$ の任意の元であるから, $f^*(f_*(S)) \subset S$ が成り立つ. 上の包含関係と合わせて, $S = f^*(f_*(S))$ が示せた（命題 3.22(1) 参照）.

(2)：$b \in f_*(f^*(T))$ とすれば, $b = f(a)$ をみたす $a \in f^*(T)$ が存在する（定義 4.44(1)）. まず, $a \in A$ で $b = f(a)$ であるから, $b \in \text{Image}(f)$ である（定義 4.1(3)）. また, $a \in f^*(T)$ なので $f(a) \in T$ が成り立つから, $b \in T$ である. これで $b \in T \cap \text{Image}(f)$ が示せた. $b$ は $f_*(f^*(T))$ の任意の元であるから, $f_*(f^*(T)) \subset T \cap \text{Image}(f)$ が成り立つ.

次に, $d \in T \cap \text{Image}(f)$ をとる. $d \in \text{Image}(f)$ であるから, $d = f(c)$ をみたす $c \in A$ がある（定義 4.1(3)）. すると, $f(c) = d \in T$ なので, $c \in f^*(T)$ である（定義 4.44(2)）. したがって, $d \in f_*(f^*(T))$ である（定義 4.44(1)）. $d$ は $T \cap \text{Image}(f)$ の任意の元であるから, $T \cap \text{Image}(f) \subset f_*(f^*(T))$ が成り立つ. 上の包含関係と合わせて, $f_*(f^*(T)) = T \cap \text{Image}(f)$ が示せた（命題 3.22(1) 参照）.

(3)[22]：(2) によって, 明らかに $f_*(f^*(T)) \subset T$ が成り立つ（命題 3.28(4) 参照）. $f$ が全射なら, $\text{Image}(f) = B$ である（定義 4.22(2) 参照）. したがって, $T \cap \text{Image}(f) = T$ である（命題 3.28(6) 参照）から, (2) によって, $f_*(f^*(T)) = T$ が成り立つ.

(4)：(1) により, $S \subset f^*(f_*(S))$ である. これと命題 4.48(1) から, $f_*(S) \subset f_*(f^*(f_*(S)))$ がわかる. 次に, $T = f_*(S)$ に (3) を適用すれば, $f_*(f^*(f_*(S))) \subset f_*(S)$ が得られる. 両者を合わせて, $f_*(f^*(f_*(S))) = f_*(S)$ が示せた（命題 3.22(1) 参照）.

(5)：(3) により $f_*(f^*(T)) \subset T$ が成り立つ. これと命題 4.50(1) により, $f^*(f_*(f^*(T))) \subset f^*(T)$ が成り立つ. 次に, $S = f^*(T)$ に (1) を適用すれば, $f^*(T) \subset f^*(f_*(f^*(T)))$ が得られる. 両者を合わせて, $f^*(f_*(f^*(T))) = f^*(T)$ が示せた（命題 3.22(1) 参照）. ∎

命題 4.52(1), (3) で, 一般的には, 等号は成り立たないことに注意してほ

---

[22] 証明を見ればわかるが, (3) は (2) から直ちに導かれる. この意味で, (2) があれば (3) はいらない. ここでは, (1) との対比のために (3) を提示しておいた.

しい．

■ **例 4.53** $A = B = \mathbf{R}$ として，写像
$$f : \mathbf{R} \to \mathbf{R}, \quad f(x) = x^2 \quad (x \in \mathbf{R})$$
を考える．部分集合として $S = [0,2]$（閉区間）をとると $f_*([0,2]) = [0,4]$ である．$f^*([0,4]) = [-2,2]$ であるので，$f^*(f_*([0,2])) = [-2,2]$ となる．これは，命題 4.52(1) で等号が成り立たない例になっている．また，$T = [-1,4]$ とすれば，$f^*(T) = [-2,2]$ なので，$f_*(f^*(T)) = [0,4]$ となる．これは，命題 4.52(3) で等号が成り立たない例である． □

次に，順像・逆像が写像の合成でどう振る舞うかを調べよう．

2 つの写像 $f : A \to B, g : B \to C$ があると，合成写像 $g \circ f : A \to C$ が定義された（定義 4.29）．すると，$A$ の部分集合 $S$ と $C$ の部分集合 $U$ について，順像と逆像
$$(g \circ f)_*(S) \subset C \quad \text{と} \quad (g \circ f)^*(U) \subset A$$
が定義される．

**命題 4.54** 写像 $f : A \to B, g : B \to C$ と合成写像 $g \circ f : A \to C$ について次のことが成り立つ．

(1) $S$ を $A$ の部分集合とするとき
$$(g \circ f)_*(S) = g_*(f_*(S))$$
である．

(2) $U$ を $C$ の部分集合とするとき
$$(g \circ f)^*(U) = f^*(g^*(U))$$
である．

**証明** 順像の定義によって，$f_*(S) = \{f(a) \in B \mid a \in S\}$ である．したがって，

$(g \circ f)_*(S) = \{(g \circ f)(a) \in C \mid a \in S\}$ （順像の定義）

$$= \{g(f(a)) \in C \mid a \in S\} \quad \text{(合成写像の定義)}$$
$$= \{g(b) \in C \mid b \in f_*(S)\} \quad (f_*(S) \text{ の定義}; b = f(a))$$
$$= g_*(f_*(S)) \quad \text{(順像の定義)}$$

となり，(1) が得られる．

また，$A$ に属する元 $a$ について，

$$\begin{aligned}
a \in (g \circ f)^*(U) &\iff (g \circ f)(a) \in U \quad \text{(逆像の定義)} \\
&\iff g(f(a)) \in U \quad \text{(合成写像の定義)} \\
&\iff f(a) \in g^*(U) \quad \text{(逆像の定義)} \\
&\iff a \in f^*(g^*(U)) \quad \text{(逆像の定義)}
\end{aligned}$$

が成り立つので，(2) が成立する． ∎

ベキ集合の概念を使うと，順像と逆像も「写像」として理解できる．具体的には，写像 $f: A \to B$ があるとき，ベキ集合 $\mathrm{Pow}(A), \mathrm{Pow}(B)$ の間に 2 つの写像

$$f_* : \mathrm{Pow}(A) \to \mathrm{Pow}(B) \quad \text{と} \quad f^* : \mathrm{Pow}(B) \to \mathrm{Pow}(A)$$

が定まる．$f_*$ と $f^*$ の定義は前の通りだが，念のために書いておくと

$$f_*(S) = \{f(a) \in B \mid a \in S\} \in \mathrm{Pow}(B) \quad (S \in \mathrm{Pow}(A))$$
$$f^*(T) = \{a \in A \mid f(a) \in T\} \in \mathrm{Pow}(A) \quad (T \in \mathrm{Pow}(B))$$

である．

このように $f_*$ と $f^*$ を写像として捉えると，上に挙げた主張は

命題 4.52(1)： $f$ が単射なら $f^* \circ f_* = \mathrm{id}_{\mathrm{Pow}(A)}$ が成り立つ

命題 4.52(3)： $f$ が全射なら $f_* \circ f^* = \mathrm{id}_{\mathrm{Pow}(B)}$ が成り立つ

命題 4.52(4)： どんな $f$ についても $f_* \circ f^* \circ f_* = f_*$ が成り立つ

命題 4.52(5)： どんな $f$ についても $f^* \circ f_* \circ f^* = f^*$ が成り立つ

と表現できる（注：$\mathrm{id}_X$ は集合 $X$ の恒等写像；例 4.9 参照）．

## 4.9 写像の集合

集合の定義で述べたように，数学的対象はどんなものでも集合の元となれる．写像も立派な数学的対象であるから，「写像からなる集合」というものが考えられる．特に，2つの集合 $A, B$ があるとき，

$$\text{集合 } A \text{ から集合 } B \text{ への写像全体の集合}$$

を考えるのが有効である．ここでは，この集合を $\text{Map}(A, B)$ と書き表すことにする．つまり，

$$\text{Map}(A, B) = \{f \mid f \text{ は } A \text{ から } B \text{ への写像}\}$$

ということである．

■ **例 4.55** 例 4.3 と表 4.1 での記号を使うと

$$\text{Map}(\{1, 2, 3\}, \{4, 5\}) = \{f_1, f_2, f_3, f_4, f_5, f_6, f_7, f_8\}$$

となる． □

■ **例 4.56** 実数列（＝実数の無限列）とは

$$a_1, a_2, a_3, \cdots \quad (a_n \text{ は実数}; n = 1, 2, 3, \cdots)$$

というものであった（例 4.13 参照）．「実数列を考えること」は「任意の自然数に対して実数を対応させること」と同じであるから

$$\text{実数列全体の集合は } \text{Map}(\mathbf{N}, \mathbf{R}) \text{ に他ならない}$$

といえる． □

■ **例 4.57** 例 4.56 と同様に考えると，集合族（3.8 節参照）も「写像の集合」を通じて理解できる．そのために，全体集合 $U$ を1つ固定して，$U$ の部分集合からなる集合族を考えよう．ここで，「$U$ の部分集合 $A$」というのは「$\text{Pow}(U)$ の元 $A$」と同じであることを思い出してほしい（定義 3.37 と (3.63) 参照）．す

ると，自然数 $n$ に対して，写像 $f \in \mathrm{Map}(\{1, 2, \cdots, n\}, \mathrm{Pow}(U))$ をとることは，$U$ の部分集合の族 $A_1, A_2, \cdots, A_n$ をとることと同じであることがわかる（$k = 1, 2, \cdots, n$ に対して，$f(k) = A_k$ となる）．同様に，$\mathrm{Map}(\mathbf{N}, \mathrm{Pow}(U))$ の元は，集合の無限族 $A_1, A_2, \cdots$ に対応している（$A_k$ は $U$ の部分集合）．このことは，例 4.56 での「実数の無限列」と「$\mathrm{Map}(\mathbf{N}, \mathbf{R})$ の元」の対応と，まったく同じ考え方であることを確認してほしい．

この考えを推し進めると，別に $\mathbf{N}$ に限らず，どんな集合 $A$ に対しても $\mathrm{Map}(A, \mathrm{Pow}(U))$ が存在することに気づく．実際，$\mathrm{Map}(A, \mathrm{Pow}(U))$ の元は，「集合 $A$ をパラメーターとする集合族」などと呼ばれて，数学の議論ではよく登場する．$A = \mathbf{R}$ の場合の実例を章末問題 4.5 に挙げておいたので，参照してほしい． □

■ **例 4.58** 命題 4.21 の内容を，記号 $\mathrm{Map}(A, B)$ を使って述べておこう．任意の集合 $B$ について，$\mathrm{Map}(\emptyset, B)$ は唯 1 つの元 $f : \emptyset \to B$ からなる集合である（命題 4.21(1)）．特に，$\mathrm{Map}(\emptyset, \emptyset)$ も唯 1 つの元からなっている（命題 4.21(3)）．しかし，$A \neq \emptyset$ なら，$\mathrm{Map}(A, \emptyset) = \emptyset$ である（命題 4.21(2)）． □

$A, B$ が有限集合（7.1 節参照）のときは，$\mathrm{Map}(A, B)$ の元の個数について，次のことが成り立つ．

**命題 4.59** 集合 $A, B$ が有限集合なら，$\mathrm{Map}(A, B)$ も有限集合であり，

$$|\mathrm{Map}(A, B)| = |B|^{|A|} \tag{4.46}$$

が成り立つ．ただし，記号 $|\ |$ は集合の元の個数を表し（定義 7.1 参照），(4.46) の右辺は整数のベキ乗を表している[23]．

**証明** $|A| = m, |B| = n$ とおき，

$$A = \{a_1, a_2, \cdots, a_m\}, \quad B = \{b_1, b_2, \cdots, b_n\}$$

とする（$A, B$ は有限集合なので，$m, n$ は整数である）．写像 $f : A \to B$ を与えることは，おのおのの $j = 1, 2, \cdots, m$ に対して 1 つの $k$（$k = 1, 2, \cdots, n$）を

---

[23] ここでは，便宜上，$0^0 = 1$ と解釈する．例 4.58 参照．

選んで，$f(a_j) = b_k$ $(j = 1, 2, \cdots, m)$ と定めることと同じである．この定め方では，「$n$ 個のものからの選択を，$m$ 回繰り返す」となるので，定め方の総数は $n^m$ である．これで，$|\mathrm{Map}(A, B)| = n^m$ が示せたので，証明が終わる．■

少し抽象的な主張の例として，次の命題を提示しておく．命題 4.60(1) は，例 3.40 と例 3.41 で説明した方法と対応している．命題 4.60 の証明は，方針だけを述べておく．「何を証明すべきか」がはっきり理解できれば，証明を完成するのは簡単である．各人で挑戦してほしい．

**命題 4.60** $A, B, C$ を集合とする．

(1) 2 つの集合 $\mathrm{Map}(A, \{0, 1\})$ と $\mathrm{Pow}(A)$ の間に全単射が存在する．
(2) 2 つの集合 $\mathrm{Map}(A \times B, C)$ と $\mathrm{Map}(A, \mathrm{Map}(B, C))$ の間に全単射が存在する．

**証明** 証明の方針は，2 つの集合の間に「行きの写像」と「帰りの写像」の 2 つを構成し，それらがお互いに逆写像になっていることを示すことである．ここでは，2 つの写像の定義だけを提示する．2 つがお互いに逆写像になっていることは，各自で確かめてほしい．

(1): 2 つの写像

$$\Phi_1 : \mathrm{Map}(A, \{0, 1\}) \to \mathrm{Pow}(A), \quad \Psi_1 : \mathrm{Pow}(A) \to \mathrm{Map}(A, \{0, 1\})$$

を

$$\Phi_1(f) = \{a \in A \mid f(a) = 1\} \quad (f \in \mathrm{Map}(A, \{0, 1\}))$$
$$\Psi_1(S)(a) = \begin{cases} 1 & (a \in S \text{ のとき}) \\ 0 & (a \notin S \text{ のとき}) \end{cases} \quad (S \in \mathrm{Pow}(A))$$

と定める．このとき，$\Phi_1$ と $\Psi_1$ が互いに逆写像であることが示せる（詳細は省略）．これで $\mathrm{Map}(A, \{0, 1\})$ と $\mathrm{Pow}(A)$ の間の全単射が構成された．

(2): 2 つの写像

$$\Phi_2 : \mathrm{Map}(A \times B, C) \to \mathrm{Map}(A, \mathrm{Map}(B, C)),$$
$$\Psi_2 : \mathrm{Map}(A, \mathrm{Map}(B, C)) \to \mathrm{Map}(A \times B, C)$$

を

$$F \in \mathrm{Map}(A \times B, C) \text{ とするとき}, \Phi_2(F) \text{ は}$$
$$(\Phi_2(F)(a))(b) = F((a,b)) \quad (a \in A, b \in B)$$
で定まる $\mathrm{Map}(A, \mathrm{Map}(B, C))$ の元

および

$$H \in \mathrm{Map}(A, \mathrm{Map}(B, C)) \text{ とするとき}, \Psi_2(H) \text{ は}$$
$$\Psi_2(H)((a,b)) = (H(a))(b) \quad ((a,b) \in A \times B)$$
で定まる $\mathrm{Map}(A \times B, C)$ の元

によって定める．このとき，$\Phi_2$ と $\Psi_2$ が互いに逆写像であることが示せる（詳細は省略）．これで $\mathrm{Map}(A \times B, C)$ と $\mathrm{Map}(A, \mathrm{Map}(B, C))$ の間の全単射が構成された．

■ **例 4.61** 微積分で，2変数関数 $f(x,y)$ を考察する場面を思い出してほしい．このとき，2変数関数 $f(x,y)$ を考えることと，「変数 $x$ を止めるごとに，変数 $y$ の関数がある」と考えることは同じである，というのは理解しやすいだろう．上の命題 4.60(2) は，同じことを一般の写像について定式化しただけである．

## 章末問題

**問題 4.1** 実数 $x$ に対して，
$$f(x) = \lim_{m \to \infty} \left( \lim_{n \to \infty} \cos^{2n}(m!\pi x) \right)$$
とおく．この関数 $f : \mathbf{R} \to \mathbf{R}$ は例 4.6 の関数と一致することを示せ．

**問題 4.2** 集合 $A, B, C$ と写像 $f : A \to B, g : B \to C$ について，次のことを示せ．

(1) $f$ と $g$ が全射なら，$g \circ f$ は全射である．
(2) $g \circ f$ が全射なら，$g$ は全射である．
(3) $g \circ f$ が全射でも，$f$ は全射とは限らない．
(4) $g \circ f$ が全射で $g$ が単射なら，$f$ は全射である．

**問題 4.3** これまでに学んだ関数を，写像として表してみよ．

**問題 4.4** 実数 $a$ に対して，写像 $f:[0,1] \to \mathbf{R}$ を
$$f(x) = x^2 + ax + 1 \qquad (0 \leq x \leq 1)$$
と定める．

(1) $f$ が単射となる $a$ の範囲を求めよ．
(2) $f$ の像 $\mathrm{Image}(f)$ を $a$ を用いて表せ．

**問題 4.5** 集合 $\bigcup_{t \in \mathbf{R}} \{(x,y) \in \mathbf{R}^2 \mid y = 2tx - t^2\}$ を求め，平面上に図示せよ．

**問題 4.6** 例 4.18 の写像 $D : C^\infty(\mathbf{R};\mathbf{R}) \to C^\infty(\mathbf{R};\mathbf{R})$ について，次の問いに答えよ．

(1) $\cos x \in C^\infty(\mathbf{R};\mathbf{R})$ であることを確かめよ．
(2) $D(f(x)) = \cos x$ となる $f \in C^\infty(\mathbf{R};\mathbf{R})$ を 1 つ求めよ．
(3) $D$ は全射であることを示せ．
(4) $D$ は単射でないことを示せ．

**問題 4.7** 集合 $A = \{1,2,3,4,5\}$ から $B = \{6,7,8\}$ への写像 $f: A \to B$ で，条件 $f(1) \leq f(2) \leq f(3) \leq f(4) \leq f(5)$ をみたすものの個数を求めよ．

**問題 4.8** 次の問いに答えよ．

(1) 写像 $f:\{1,2,3\} \to \{a,b\}$ で全射であるものをすべて挙げよ．
(2) 写像 $g:\{1,2\} \to \{a,b,c\}$ で単射であるものをすべて挙げよ．

**問題 4.9** $n$ を 3 以上の自然数とする．写像 $f:\{1,2,\cdots,n\} \to \{1,2,3\}$ で全射であるものの個数を求めよ（$n$ で表せ）．

**問題 4.10** 正の有理数全体の集合を $A$ とする（つまり，$A = \{r \in \mathbf{Q} \mid r > 0\}$ である）．また，写像 $f, g : A \to A$ を
$$f(r) = 2r, \quad g(r) = r^2 \quad (r \in A)$$
によって定める．$f$ と $g$ のそれぞれについて，単射か，全射か，全単射か，を答えよ．

**問題 4.11** $A = \{0,1\}$ として，直積集合
$$\mathbf{N} \times A = \{(n,a) \mid n \in \mathbf{N}, a \in A\}$$
を考える．写像 $f:\mathbf{N} \to \mathbf{N} \times A$ で全単射であるものを 1 つ構成せよ．

**問題 4.12** 写像 $f:\mathbf{N} \to \mathbf{N}^2$ で全単射であるものを 1 つ与えよ．また，その $f$ の逆写像 $f^{-1}:\mathbf{N}^2 \to \mathbf{N}$ を求めよ．

# Chapter 5

# 命題論理

　数学（および，論理学）では，真であるか偽であるかがはっきり定まる主張のことを命題と呼ぶ．そして，命題に関する論理的な推論の基本を与える体系が，命題論理である．変数を含む命題を対象とする論理体系を述語論理と呼ぶが，それは次章で扱うことにして，本章では変数を含まない命題だけを扱う．

## 5.1 命題と真偽表

　ある主張が成り立つ（＝正しい）とき，その主張は「真である (true)」といい，成り立たない（＝正しくない）とき「偽である (false)」という．真であるか偽であるかがはっきりと定まる主張（つまり，「どちらでもない」とか「どちらかわからない」という曖昧な状態が起こらない主張）を命題 (proposition) と呼ぶ．

**!注 5.1** 命題という言葉には2通りの使い方がある．つまり，上で説明したもの（仮に，「広い意味の命題」と呼んでおく）の他に，定理・命題・補題，などと並列されるときの命題（これを，「狭い意味の命題」とする）である．「狭い意味の命題」は「正しいと証明された主張」を指していて，「広い意味の命題」は，上の説明の通り，真であることもあるし偽であることもある．この用法では，「狭い意味の命題」は『正しいと証明された「広い意味の命題」』である（定理や補題も同じ）．定理・命題・補題と区別されて呼ばれるのは，主張の重要度に応じた主観的判断によるもので，論理上の区別ではない．大ざっぱな「基準」としては，「とても重要な主張」が定理で，「一般的な主張」が命題，「補助的な主張」が補題と呼ばれる．

■ 例 5.2 「2 は素数である」という主張を考えよう．自然数は素数であるかないかのどちらかで，中間はないから，この主張は命題だといえる．そして，実際に 2 は素数であるから，「この命題は真だ」ということになる．これに対して，「2 は奇数である」という主張は，「偽である命題」の例である． □

■ 例 5.3 「中島教授は老けて見える」という言明は，（ある種の）主張だとはいえるだろう．しかし，「老けて見える」かどうかの判定は主観的で万人に共通ではないので，この主張は命題とはいえない．（もちろん，「老けて見える」かどうかについて明確な基準で判定できるようになっているなら話は別だが，そんな基準があるとは考えにくい．）同様に，（ある人が）「カッコイイ」とか「美人である」という主張も，命題とはいい難い． □

　命題の条件として「真か偽かが定まる」と述べたが，この「定まる」という表現は『「真でもないし偽でもない」という状態は起こらない』という意味である．そして，「定まる（または，定まっている）」とはいっても，「真であるか偽であるかの判定が完了している」という意味ではない．つまり，ある時点で「真か偽か」が決定されていなくても，「真か偽のどちらかである」ということがはっきりしていれば，それでよい．たとえば，「双子素数は無限組存在する[1]」という主張は真か偽かわかっていない．しかし，答えがどちらであるにせよ，「双子素数は無限組存在するか有限個の組しか存在しないかのどちらかだ」ということは明確なので，この主張は命題といえる．

　命題の中には，「決して偽にはならず，常に真である」というものもある．このような「常に真である命題」を恒真命題（または，恒真式；tautology）と呼ぶ．たとえば，次節で扱う $P \vee \neg P$ などは，恒真命題の例である．「常に真」ではつまらなそうに見えるかもしれないが，そうではない．たとえば，本章で扱う論理法則は恒真命題として与えられる（「法則」というには「常に成り立つルール」なので）．

　2 つの命題 $P, Q$ があるとき，「$P$ と $Q$ は同値である ($P$ and $Q$ are equivalent)」とは「$P$ と $Q$ の真偽が一致すること」を指す．（同じことを，「$P$ は $Q$ に同値である ($P$ is equivalent to $Q$)」「$Q$ は $P$ に同値である」ともいう．）たとえば，

---

[1] 自然数 $p$ と $p+2$ が両方とも素数であるときに，$p$ と $p+2$ は双子素数 (twin prime) であるという．コンピューターを利用した計算で双子素数がたくさんあることはわかっていて，「双子素数は無限組存在する」と予想されているが，証明はできていない．

『「命題 $P$ の否定」の否定』は $P$ と真偽が一致するので，『「命題 $P$ の否定」の否定』は $P$ と同値な命題である（5.2 節参照）．「$P$ と $Q$ が同値であること」を，記号では

$$P \iff Q$$

と書き表す．

　同値の定義は「真偽が一致すること」であるが，$P$ と $Q$ が同値であることを示すためには

$$P \text{ が真なら } Q \text{ が真であり}, Q \text{ が真なら } P \text{ が真である} \quad (5.1)$$

ことを示せば十分である．つまり，「偽である場合については議論しなくても大丈夫」となっている．なぜなら，(5.1) があれば，$P$ が偽のときには必然的に $Q$ も偽になってしまう[2]し，$Q$ が偽のときには必然的に $P$ も偽になってしまうから．命題の同値性の証明には (5.1) がよく使われる．

　本章の主題は，「複数の命題を組み合わせてできる新たな命題の真偽」について考察することである．論理法則はたくさんあって，組み合わせが複雑になると，「何が何だかわからない」という混乱状態に陥りかねない．そのようなときに便利な道具として真偽表（または，真理値表；truth table）がある．関数が（変数の値に応じて）それぞれの値をとるように，命題も真と偽という2つの「値」をとると考えて，それを表にしたのが真偽表である．表には「真」か「偽」を書き込めばいいわけだが，簡単のために真 (true) の代わりに $T$ と書き，偽 (false) の代わりに $F$ と書く（$T, F$ でなく，$1, 0$ と数値を使う流儀もある）．表 5.1 が真偽表の例である．表の意味は，次節以降で説明していく．

## 5.2 否定

　命題 $P$ があるとき，「真偽が $P$ と反対である命題」を「$P$ の否定 (negation)」と呼び，$\neg P$ という記号で表す．真偽表で表せば，表 5.2 のようになる．さらに，$\neg P$ の否定をとることもできる．この『「$P$ の否定」の否定』は，記号では

---

[2] 念のために，このことの論証を書いておこう．そのために，$P$ は偽であるとする．このときに $Q$ が真だと仮定すると，(5.1) の2番目の条件より，$P$ も真でなければならない．しかし，これは「$P$ は偽である」という仮定に矛盾する．したがって，$Q$ は真ではあり得ないので，$Q$ は偽でなくてはならない．これで，$P$ が偽であるときはかならず $Q$ が偽であることが示された．

表 5.1　真偽表

| $P$ | $Q$ | $\neg P$ | $P \wedge Q$ | $P \vee Q$ | $P \Longrightarrow Q$ | $Q \Longrightarrow P$ | $P \Longleftrightarrow Q$ | $Q \vee \neg P$ |
|---|---|---|---|---|---|---|---|---|
| $T$ | $T$ | $F$ | $T$ | $T$ | $T$ | $T$ | $T$ | $T$ |
| $T$ | $F$ | $F$ | $F$ | $T$ | $F$ | $T$ | $F$ | $F$ |
| $F$ | $T$ | $T$ | $F$ | $T$ | $T$ | $F$ | $F$ | $T$ |
| $F$ | $F$ | $T$ | $F$ | $F$ | $T$ | $T$ | $T$ | $T$ |

¬¬$P$ となり[3]，「$P$ の 2 重否定」と呼ばれる．「逆転の逆転」は元に戻るので，¬¬$P$ は $P$ と同値である．このことは，記号 $\Longleftrightarrow$ を使って

$$\neg\neg P \Longleftrightarrow P \tag{5.2}$$

と表される（表 5.2 参照）．

表 5.2

| $P$ | $\neg P$ | $\neg\neg P$ |
|---|---|---|
| $T$ | $F$ | $T$ |
| $F$ | $T$ | $F$ |

　日常生活では，「好きだ」というのと「好きでないことはない」というのは「同じ」どころか「大違い」である[4]．しかし，数学の論理は真と偽のどちらかしか認めないので，「2 重否定は元の命題と同じ」とせざるを得ない．この「真と偽の 2 つの可能性（＝値）しかない」という論理を「2 値論理」と呼ぶ．数学の議論は「真か偽のどちらかしかない」という点に厳格で，日常の感覚からすると違和感を覚えることも多いので，注意してほしい．

　否定にかかわる論理法則を挙げておこう．まず，「否定」の定義から当然であるが，「2 つの命題 $P$ と ¬$P$ の両方が真」ということはあり得ない．これは，次節で扱う「かつ」を表す記号 $\wedge$ を使えば

$$\neg(P \wedge \neg P) \text{ は（常に）真} \tag{5.3}$$

---

[3] 丁寧に書けば ¬(¬$P$) であるが，この括弧は省略する習慣になっている．
[4] この違いがわからない人は，周りにも迷惑をかけるし，本人も生きづらい．ご注意を．

と表される．法則 (5.3) を「矛盾律 (law of contradiction)」と呼ぶ（「矛盾は起きない」ということ）．(5.3) は，「$\neg(P \wedge \neg P)$ は恒真命題である」とも表現できる．

これも「否定」の定義により，$P$ か $\neg P$ のどちらかは真となる．「または」を表す記号 $\vee$ を使えば，

$$P \vee \neg P \text{ は（常に）真} \tag{5.4}$$

となる．法則 (5.4) を「排中律 (law of excluded middle)」と呼ぶ[5]．排中律が 2 値論理の本質で，日常の言語での「否定」の感覚とは大きくずれている．数学の論理では，(5.4) が常に意識されていることを忘れないでほしい．

「ある主張（＝命題）が偽であることを示す」ことを，「その主張を否定する」と表現することがある．主張を否定する方法の 1 つに

$$\text{（主張が）真だと仮定すると，矛盾が生じることを示す} \tag{5.5}$$

というやり方がある．真である主張から矛盾が生じることはないので，(5.5) が成り立つなら，その主張は真ではあり得ない．そして，「真でなければ偽だ[6]」ということで，その主張が偽であることが証明される．この方法は，背理法 (proof by contradiction) と呼ばれている[7]．

具体的に説明するために，いま「命題 $P$（が真であること）を証明したい」とする．そのためには，「$\neg P$ が偽である」ことを証明すればよい（「$P$ が真」は「$\neg P$ が偽」と同じである；表 5.2 参照）．ここで，(5.5) を応用すると，

$$\neg P \text{ が真だと仮定して矛盾が生じれば，} P \text{（が真であること）が証明される} \tag{5.6}$$

となる．さらに，(5.6) は

$$P \text{ が偽だと仮定して矛盾が生じれば，} P \text{（が真であること）が証明される} \tag{5.7}$$

と同じである．結局，背理法とは，「(5.7) によって $P$ を証明する方法」である．わかってしまえば簡単な原理にすぎないが，背理法の議論では否定が錯綜する

---

[5] 名前の由来は「中間を排除する」で，『「真でもないし偽でもない」という（中間の）状態は起きない』ことを意味している．英語の表現がカッコイイ．

[6] この推論では，数学の論理が 2 値論理であることが"激しく"使われている．

[7] 「背理」は「理（屈）に背く」で，「矛盾」のことを指している．英語の contradiction も「矛盾」であって，いずれも，「矛盾を導く」という方法を指す言葉である．

ために，混乱してしまうことがよく見られるので，詳しく説明してみた．どのようなルートをたどって背理法をマスターするにせよ，その背後に「2値論理」があることは十分意識しておいてほしい．

## 5.3 「かつ」と「または」

本節では，数学の論理で重要な「かつ」と「または」の基本をまとめる．

まず，「かつ」の説明から始める．2つの命題 $P, Q$ があるとき，「$P$ かつ $Q$」という命題ができる．ここで学習すべき大事な論点は，『「$P$ かつ $Q$」は（$P$ や $Q$ とは別の）新しい命題だ』ということである．これは，『$P$ と $Q$ から出発して「$P$ かつ $Q$」という新しい命題ができる』と言い換えてもよい．すると，『「$P$ かつ $Q$」という命題の真偽はどう決まっているのか』という疑問に答えなければならない．その答えは

「$P$ かつ $Q$」が真なのは，$P$ と $Q$ が両方とも真のとき（そして，そのときだけ） (5.8)

となる．（数学の論理は2値論理なので，「真でなければかならず偽である」ことに注意．）(5.8) によって定まる命題「$P$ かつ $Q$」を，記号で

$$P \land Q$$

と書き表す．真偽表で (5.8) の内容を書いたものが表 5.1 にあるので，確認してほしい．

「$P$ または $Q$」についても，事情は同じである．つまり，「$P$ または $Q$」は

「$P$ または $Q$」が真なのは，$P$ か $Q$ のどちらか（少なくとも一方）が真のとき（そして，そのときだけ） (5.9)

によって定義される命題で，記号で

$$P \lor Q$$

と表される．「または」に関する注意点は，「$P$ と $Q$ が両方とも真であるときは $P \lor Q$ も真」ということである（2.3 節参照）．表 5.1 には $P \lor Q$ の真偽も示されている．

「かつ」と「または」の基本性質をまとめておこう．これらの主張を理解することが大切なのは当然であるが，命題5.4に現れている「∧と∨の対称性」も味わってほしい．

**命題 5.4** 命題 $P, Q, R$ について，次の同値が成り立つ．

(1) $P \wedge Q \iff Q \wedge P, \quad P \vee Q \iff Q \vee P$
(2) $P \wedge (Q \wedge R) \iff (P \wedge Q) \wedge R, \quad P \vee (Q \vee R) \iff (P \vee Q) \vee R$
(3) $P \wedge (Q \vee R) \iff (P \wedge Q) \vee (P \wedge R), \quad P \vee (Q \wedge R) \iff (P \vee Q) \wedge (P \vee R)$
(4) （ド・モルガンの法則）

$$\neg(P \wedge Q) \iff \neg P \vee \neg Q, \quad \neg(P \vee Q) \iff \neg P \wedge \neg Q \tag{5.10}$$

命題5.4の(1), (2), (3)は自然な性質なので，各人で確かめてほしい（たとえば，$P \wedge Q \iff Q \wedge P$は，「$P$かつ$Q$」と「$Q$かつ$P$」は同じ，ということなので，「当然」と言っていいだろう）．命題5.4(4)は否定に関する重要な性質である．ここでは，(5.10)のうち

$$\neg(P \wedge Q) \iff \neg P \vee \neg Q \tag{5.11}$$

の説明だけをしておく（もう一方も同様の議論で理解できる）．

まず記号の注意であるが，左辺の $\neg(P \wedge Q)$ は $P \wedge Q$ を「まとめて否定する」ことを表している．そして，右辺の $\neg P \vee \neg Q$ は，詳しく書けば $(\neg P) \vee (\neg Q)$ で[8]，『それぞれの否定を，「または」で結合する』という意味になる．記号の意味がわかれば(5.11)はすぐ納得できると思う．つまり，(5.11)の左辺は「$P$も$Q$も両方とも真」を否定しているわけだから，$P$か$Q$の（少なくとも）どちらか一方は真でない（＝偽である），となる．後者の主張は，(5.11)の右辺に他ならない（「$P$が偽である」と「$\neg P$が真である」は同じであることに注意）．したがって，(5.11)が成り立つ．

真偽表を使って(5.11)を確かめることもできる．そのプロセスを表5.3に書いておいた．(5.11)の両辺の真偽が一致していることを確認してほしい．

---

[8] しかし，このような場合，括弧は省略する習慣である（¬は直後の記号と結合する）．

表5.3 ド・モルガンの法則

| $P$ | $Q$ | $P \wedge Q$ | $\neg(P \wedge Q)$ | $\neg P$ | $\neg Q$ | $\neg P \vee \neg Q$ |
|---|---|---|---|---|---|---|
| $T$ | $T$ | $T$ | $F$ | $F$ | $F$ | $F$ |
| $T$ | $F$ | $F$ | $T$ | $F$ | $T$ | $T$ |
| $F$ | $T$ | $F$ | $T$ | $T$ | $F$ | $T$ |
| $F$ | $F$ | $F$ | $T$ | $T$ | $T$ | $T$ |

## 5.4 「ならば」

命題どうしの相互関係を考えるためには,「ならば」が重要である．具体的には,2つの命題 $P$ と $Q$ があったときに,新しい命題「$P$ ならば $Q$」が作られる(新しい命題ができる,という点は「かつ」や「または」と同じ状況である)．そして,記号では,「$P$ ならば $Q$」は

$$P \Longrightarrow Q$$

と書き表される.「$P$ ならば $Q$」という主張について,$P$ をその主張の仮定 (premise) と呼び,$Q$ を結論 (conclusion) と呼ぶ．この言葉遣いでは,「$P$ ならば $Q$」の内容は,「$P$ という仮定から $Q$ という結論が導かれる」ことだ,と言える．

「ならば」の意味は

「$P \Longrightarrow Q$」が真なのは,「$P$ が真であるときはかならず $Q$ も真である」が成り立つとき（だけ） (5.12)

である．しかし,この (5.12) は『「ならば」の意味をはっきり定めている』とは思えないかもしれない．それは,(5.12) を見ても,「では $P$ が偽のときはどうなるのか」が明確に規定されていないからである．数学の論理での「$P$ が偽のときの $P \Longrightarrow Q$ の真偽」に対する答えは

$P$ が偽のときは,「$P \Longrightarrow Q$」は ($Q$ の真偽にかかわらず, 常に) 真である (5.13)

というものである．この (5.13) には,初学者に納得しがたいものがあるようで,数学の論理を学ぶ上での「最大の難所」といえるかもしれない．「なぜ

(5.13) のようになるのか」という疑問に対する答えは，5.5 節にまとめておいた．また，2.6 節でも詳しく書いたので，参照してほしい．さて，(5.13) を認めて $P \Longrightarrow Q$ の真偽表を作ると，表 5.1 にある通りになる．真偽表を眺めると

「$P \Longrightarrow Q$」が偽なのは，「$P$ が真であるのに $Q$ は偽である」となるとき（だけ） (5.14)

ということがわかる．この表現 (5.14) は「納得しやすい」と感じる人も多いのではなかろうか．しかし，「(5.14) を認めれば，必然的に (5.13) が成り立つ」ということに注意してほしい．（ここでも，「2 値論理」がキーワードである．）

「ならば」の意味がはっきりすると，

$$P \Longleftrightarrow Q は，「P \Longrightarrow Q かつ Q \Longrightarrow P」と同じ \tag{5.15}$$

であることがわかる．真偽表を使って，(5.15) を確認することもできる（表 5.4）．前に述べた (5.1) は，(5.15) と同じことを表している．

表 5.4

| $P$ | $Q$ | $P \Longrightarrow Q$ | $Q \Longrightarrow P$ | $(P \Longrightarrow Q) \land (Q \Longrightarrow P)$ | $P \Longleftrightarrow Q$ |
|---|---|---|---|---|---|
| $T$ | $T$ | $T$ | $T$ | $T$ | $T$ |
| $T$ | $F$ | $F$ | $T$ | $F$ | $F$ |
| $F$ | $T$ | $T$ | $F$ | $F$ | $F$ |
| $F$ | $F$ | $T$ | $T$ | $T$ | $T$ |

■例 5.5 「$P \Longrightarrow Q$ または $Q \Longrightarrow P$」は恒真命題（5.1 節参照）である．つまり，$P, Q$ の真偽にかかわらず，「$P \Longrightarrow Q$ または $Q \Longrightarrow P$」は真である．なぜなら，$P$ が真のときは $Q \Longrightarrow P$ が真であるし，$P$ が偽のときは $P \Longrightarrow Q$ が真となる（(5.13) 参照）から．このことを言葉で表すと

「$P$ ならば $Q$」か「$Q$ ならば $P$」のどちらかはかならず成り立つ

となるが，これを聞くと「ヘンな感じ」がしてしまうだろう（筆者も「え？」と思う）．「ならば」に「因果関係」の意味をもたせると，上の主張は完全に「おかしい」といえる．このことも，『数学の論理での「ならば」は因果関係の意味

ではない』ことの「証拠」といえるだろう．この言明については，例 6.11 も参照してほしい． □

「ならば」に関連して，必要条件 (necessary condition)・十分条件 (sufficient condition) という言葉が使われる．2 つの命題 $P, Q$ があり，

$$P \Longrightarrow Q \text{ は真である} \tag{5.16}$$

とわかっているとする．そして，(5.16) が成り立つという前提の下で，

$$Q \text{ は } P \text{（が成り立つため）の必要条件である} \tag{5.17}$$

といい，同じことを

$$P \text{ は } Q \text{（が成り立つため）の十分条件である} \tag{5.18}$$

とも表現する．

逆向きの 2 つの主張 $P \Longrightarrow Q$ と $Q \Longrightarrow P$ が同時に成り立つときは，

「$P$ は $Q$ の十分条件」　かつ　「$P$ は $Q$ の必要条件」

といえる．このことを，まとめて

$$P \text{ は } Q \text{（が成り立つため）の必要十分条件である}$$

と表現する[9]．(5.15) があるので，「$P$ は $Q$ と同値である」と「$P$ は $Q$ の必要十分条件である」という 2 つの表現は，まったく同じことを意味している．また，単に「条件」と書いて「必要十分条件」の意味に使うことも多い[10]．たとえば，自然数 $n$ について，「$n$ が 6 の倍数であるための条件は，$n$ が 2 と 3 の両方で割り切れることだ」などと述べることがある．この表現の中の「条件」は，「必要十分条件」の意味である．

■ 例 5.6　自然数 $n$ に対して

$$P : n \text{ は 4 の倍数である}, \quad Q : n \text{ は偶数である}$$

---

[9] 必要十分条件は，英語では necessary and sufficient condition という．ずいぶん，長い．こういうときは，漢字が便利である．

[10] もちろん，「条件」という言葉を「必要十分条件」の意味に解釈してはいけない場合もある．「使い方の違い」を機械的に判定する方法は存在しないので，その場その場の「状況判断」が必要となる．

という命題を考える．このとき，$P \Longrightarrow Q$ は真であるから，$P$ は $Q$ の十分条件であり，$Q$ は $P$ の必要条件である．しかし，$Q \Longrightarrow P$ は偽なので，$P$ は $Q$ の必要条件ではなく，$Q$ は $P$ の十分条件ではない．何だかややこしいことを言っているようだが，話の「中身」は，「4 の倍数はかならず 2 の倍数だが，2 の倍数が 4 の倍数であるとは限らない」ということである． □

　この (5.17) と (5.18) は $P$ と $Q$ の位置が入れ替わっていて，ややこしく見えてしまうのかもしれない．筆者は，『((5.16) を見たときに) どちらが必要条件でどちらが十分条件か，の「覚え方」』を話し合っている人を見て驚いたことがある．「そんな，無理やりに覚えなくても自然にわかるでしょう」と言いたくなる．「無理やりに覚える」という戦略をとらざるを得ないのは，必要・十分の「語感」についてよく検討しないからだと思う．「必要」とか「十分」という言葉が使われる理由を説明しておこう．

　「(5.16) が成り立つ」ことは，「$P$ が真であるなら，かならず $Q$ も真である」ということを意味する．ここで，『「$P$ が真である」といえるかどうか』を考えてみる．(5.16) が成り立つので，もし「$P$ が真である」と結論できるとしたら，そのときには「$Q$ が真である」となっている必要がある．これが，(5.17) での「必要」の用法である．今度は『「$Q$ が真である」が成り立つかどうか』を考えよう．このとき，もし「$P$ が真である」ことが示せれば，(5.16) のおかげで，「$Q$ が真である」と結論できる．これを，「$P$ が真である」ことは「$Q$ が真である」ことを示すだけの「十分な力を持っている」と捉えることができる．これが「十分条件」の「十分」の語感である．

■ **例 5.7** ある日本人 $A$ さんについての命題

$$P = \text{「女子校の学生である」}, \quad Q = \text{「女性である」}$$

を考える．このとき，女子校の学生は女性に限られるから，$P \Longrightarrow Q$ は真である．しかし，女子校の学生でない女性もいるから，$Q \Longrightarrow P$ は偽である．この状況は，『「女子校の学生である」という情報は「女性である」と結論するために十分であるが，女性であるためには女子校の学生である必要はない』と表現される．これは，『「女子校の学生」であるためには「女性である」ことが必要だが，「女性である」だけでは「女子校の学生」になるために十分だとは言えない』ということでもある． □

## 5.4 「ならば」

■ **例 5.8** 家族の誰かが，千円札を 1 枚持って買い物に行くのを見たとする．このとき，「何を買いに行くの？」と聞いて，「ミネラルウォーターを買いにコンビニに行く」という答えが返ってきたら，「それなら千円あれば十分だね」と答えるだろう．この答えでは，別に「ミネラルウォーターを買うのに千円かかる」と言っているわけではなくて，「千円以下で買えることは確かだ」と言っているだけである．これが十分条件の「十分」の感覚である．

また，ある高級レストランを話題にして，誰かが「あの店で食事するにはいくらかかるだろう」と聞いたとする．このとき，はっきりした金額はわからなくても，「それは，1万円は必要でしょう」と答えることはあり得る．これが，必要条件の「必要」の意味合いである．こちらも，1万円で食事できることは保証してなくて，「1万円未満では足りない」と言っているだけである． □

■ **例 5.9** 集合 $A, B$ が $B \subset A$ をみたしている状況を考えよう（定義 3.17 参照）．このとき，「$x$ が $B$ の元である」ことがわかれば，「$x$ は $A$ の元である」と結論できる．したがって，「$x$ が $B$ の元である」ことは「$x$ は $A$ の元である」と結論するために「十分な情報」を与えている．しかし，「$x$ は $A$ の元である」となっているためには，（かならずしも）「$x$ が $B$ の元である」ことは必要ではない（「$B$ には属さないが $A$ には属する」ということがあり得る）．

同じことを「逆方向」から表現してみよう．「$x$ は $A$ の元である」ことがわかっても（かならずしも）「$x$ が $B$ の元である」とは限らないので，「$x$ は $A$ の元である」という情報があっても，それは「$x$ が $B$ の元である」と結論するためには十分ではない．しかし，「$x$ が $A$ の元でない」なら「$x$ は $B$ の元ではない」といえてしまうので，「$x$ が $B$ の元である」ためには「$x$ は $A$ の元である」ことが必要である．

少しややこしいかもしれないが，このような言い回しをあれこれ試していると，「必要」「十分」の感覚がわかってくると思う． □

命題 $P \Longrightarrow Q$ に「否定」と「位置の入れ替え」を組み合わせると $P \Longrightarrow Q$ 自身の他に 3 つの命題ができ（ただし，否定するときは，両方とも否定する），

$$
\begin{aligned}
&\neg Q \Longrightarrow \neg P : P \Longrightarrow Q \text{ の対偶 (contrapositive)} \\
&Q \Longrightarrow P : P \Longrightarrow Q \text{ の逆 (converse)} \\
&\neg P \Longrightarrow \neg Q : P \Longrightarrow Q \text{ の裏 (inverse)}
\end{aligned} \tag{5.19}
$$

```
            逆
  P⇒Q ─────────── Q⇒P
    |＼    対偶    ／|
  裏 |  ＼      ／  | 裏
    |    ＼  ／    |
    |    ／  ＼    |
    |  ／      ＼  |
  ¬P⇒¬Q ───────── ¬Q⇒¬P
            逆
```

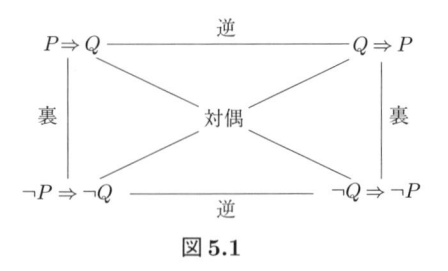

図 5.1

という名前が付いている．(5.19) を図示すると，図 5.1 が得られる．

よく知られているように，対偶は元の命題と同値である．つまり，

$$P \Longrightarrow Q \iff \neg Q \Longrightarrow \neg P \tag{5.20}$$

が成り立つ．(5.20) の 2 つの命題は「同じことを別の側面から表現している」と見なせるので，(5.20) が成り立つのも「当然」といえる．また，真偽表を書いて (5.20) を確かめるのも簡単である（表 5.5 参照）．(5.20) のおかげで，「$P \Longrightarrow Q$ を証明するために，その対偶である $\neg Q \Longrightarrow \neg P$ が真であることを示す」という方法が生じる．この方法はよく使われるので，読者も見たことがあるだろう．

対偶について (5.20) が成り立つのと違って，$P \Longrightarrow Q$ が成り立っても，その命題の逆である $Q \Longrightarrow P$ が成り立つとは限らない．（逆が成り立たない命題の例はたくさんある：例 2.10 や，例 5.6 の「4 の倍数 $\Longrightarrow$ 偶数」という命題もそうである．）このことは「逆はかならずしも真ならず」という言葉で表現されている[11]．定義からわかる通り，「裏＝(対偶の逆)」である．「対偶」と「逆」を組み合わせて表現できるので，「裏」という表現自体があまり使われない．

「ならば」に関して「知っていると便利」な同値を 2 つ挙げておこう．

**命題 5.10** 2 つの命題 $P, Q$ について，次の同値が成り立つ．

(1) $P \Longrightarrow Q \iff Q \vee \neg P$

(2) $\neg(P \Longrightarrow Q) \iff P \wedge \neg Q$

---

[11] これに対して，「逆もまた真なり」という言葉もある（ドラマなどで聞くことがある）．この 2 つは両立しないので，注意しよう．「論理法則」として正しいのは「逆はかならずしも真ならず」のほうである．

表 5.5

| $P$ | $Q$ | $\neg P$ | $\neg Q$ | $P \Longrightarrow Q$ | $\neg Q \Longrightarrow \neg P$ | $Q \Longrightarrow P$ | $\neg P \Longrightarrow \neg Q$ |
|---|---|---|---|---|---|---|---|
| $T$ | $T$ | $F$ | $F$ | $T$ | $T$ | $T$ | $T$ |
| $T$ | $F$ | $F$ | $T$ | $F$ | $F$ | $T$ | $T$ |
| $F$ | $T$ | $T$ | $F$ | $T$ | $T$ | $F$ | $F$ |
| $F$ | $F$ | $T$ | $T$ | $T$ | $T$ | $T$ | $T$ |

証明 $P \Longrightarrow Q$ の真偽表がわかっているとすれば，真偽表の値を比べて (1) を証明できる (表 5.1 参照)．しかし，ここでは，真偽表を使わずに，(5.12) を元にして (1) を証明する[12]．(1) を証明するには，

(i) $P \Longrightarrow Q$ が真ならば，$Q \vee \neg P$ が真であること
(ii) $Q \vee \neg P$ が真ならば，$P \Longrightarrow Q$ が真であること

の 2 つを示せばよい ((5.15) 参照)．まず (i) を示すために，$P \Longrightarrow Q$ が真だと仮定する．このとき，$P$ が真なら $Q$ が真である (理由：$P \Longrightarrow Q$ が真だから) から，$Q \vee \neg P$ は真である．また，$P$ が偽なら，$\neg P$ が真であるから，$Q \vee \neg P$ は真である．いずれにしても $Q \vee \neg P$ は真なので，これで (i) が示せた．

今度は，(ii) を示すために，$Q \vee \neg P$ が真だと仮定する．このとき，$P$ が真だとしよう．すると，$\neg P$ は偽で $Q \vee \neg P$ が真なのであるから，$Q$ が真でなければならない．これで $P$ が真なら $Q$ が真であることが示せたので，$P \Longrightarrow Q$ は真である ((5.12) 参照)．これで (ii) も示せた．

ド・モルガンの法則 (命題 5.4(4)) と否定の性質を使えば，(1) から (2) が導かれる．具体的には，

$$\neg(P \Longrightarrow Q) \iff \neg(Q \vee \neg P) \iff \neg Q \wedge \neg\neg P \iff \neg Q \wedge P \iff P \wedge \neg Q$$

となる．上で (1) を証明したので，これで (2) も証明された． ∎

命題 5.10(1) は，「ならば」を含む入り組んだ構造の命題の真偽を考えるときに便利である．命題 5.10(2) はあまり本には書いてないようだが，「ぜひ知っているべき事柄」の 1 つだと思う．「$P \Longrightarrow Q$ の否定」が「(ナントカ) ならば

---

[12] それができれば，命題 5.10 (1) を通じて $P \Longrightarrow Q$ の真偽を議論することができる．5.5 節参照．

（カントカ）」の形をしていると思い込んで悩む人が見受けられる．しかし，その形にはならないので，十分注意してほしい．$P \Longrightarrow Q$ は「$P$ が真のときはかならず $Q$ が真である」という主張だから，それを否定するには，『「$P$ は真で同時に $Q$ は偽である」という事態が起きることを示してやればよい』という「論理」は納得しやすいだろう．命題 5.10(2) は，そのことを記号で表している．

　5.2 節で背理法について説明した．主張 $P \Longrightarrow Q$ を背理法で証明する状況は頻繁に起こる．そのときに命題 5.10(2) を思い浮かべると，頭の中が整理しやすいと思う．「$P \Longrightarrow Q$ を背理法で証明する」ためには「$\neg(P \Longrightarrow Q)$ が真だとすると矛盾が起こる」ことを示せばよい．命題 5.10(2) によって，そのためには「$P \wedge \neg Q$ が真だとすると矛盾が起こる」ことを示せばよい．以上をまとめると，「$P$ が真で同時に $Q$ が偽だと仮定したとき矛盾が起こるなら，$P \Longrightarrow Q$ が証明される」となる．このパターンの背理法はよく登場するので，「なぜこの方法が正しいか」を十分理解して使ってほしい．

## 5.5　$P \Longrightarrow Q$ の真偽

本節では，命題
$$P \Longrightarrow Q$$
の真偽について，あらためて考察する．まず，「ならば」という言葉の意味からしても

$$P \text{ が真で } Q \text{ が偽なら，} P \Longrightarrow Q \text{ は偽}$$

であることは誰も異存がないだろう．さらに，

$$P \text{ が真で } Q \text{ が真なら，} P \Longrightarrow Q \text{ は真} \tag{5.21}$$

ということも，納得できると思う．こうしてみると，「$P$ が真の場合の $P \Longrightarrow Q$ の真偽」には問題がない．問題は

$$P \text{ が偽なら，} P \Longrightarrow Q \text{ は真である} \tag{5.22}$$

であることをどう納得するか，である．(5.22) を理解するための「王道」は

$$\text{「余計なことには立ち入らない」という態度} \tag{5.23}$$

であると筆者は思っている．といっても，それだけでは何のことかわからないだろうから，説明しよう．$P \Longrightarrow Q$ という主張は

$$P \text{ が真であれば，} Q \text{ も真である} \tag{5.24}$$

ことを意味している．(5.24) をさらに詳しく言うと

$$P \text{ が真だとわかったときは，} Q \text{ も真だと保証される} \tag{5.25}$$

ということで，これには異存はないだろう．ここで，「$P \Longrightarrow Q$ という主張の意味は，((5.25) であり，しかも) (5.25) だけである」と徹底して解釈することが，(5.23) の内容である．つまり，「$P \Longrightarrow Q$ が (5.25) を意味するのは OK です．しかし，$P \Longrightarrow Q$ は，それ以上のことは何も主張しておりません」ということで，「何も主張しない」というのが，(5.23) での「立ち入らない」ということの意味である．そう考えると，$P$ が偽であるときには，「$P \Longrightarrow Q$ は何も主張していない」ことになる．すると，

$$\text{何も主張しない} \longrightarrow \text{決してウソにはならない}$$
$$\longrightarrow \text{偽ではない}$$
$$\longrightarrow \text{真である}$$

というルートをたどって，(5.22) が成り立つことになる．ここでも「偽ではない $\longrightarrow$ 真である」となるところに，「2 値論理」の特徴がある．

(5.22) を納得するためのもう 1 つの方法は，命題 5.10(1) を使うことである．命題 5.10(1) の証明では，$P \Longrightarrow Q$ の解釈として (5.24) だけを使っていた．だから，命題 5.10(1) によって，『「$P \Longrightarrow Q$ の真偽」は「$Q \lor \neg P$ の真偽」と同じ』といえる．そして，「$P$ が偽」は「$\neg P$ が真」と同じで，$\neg P$ が真ならば，($Q$ の真偽にかかわらず) $Q \lor \neg P$ は真である．これで，(5.22) が成り立つことが説明できた．

(5.22) で，さらに「$Q$ も偽」のときを考えると，

$$P \text{ と } Q \text{ が両方とも偽のとき，} P \Longrightarrow Q \text{ は真である} \tag{5.26}$$

となる．この (5.26) は，「偽と偽を組み合わせて，真ができる」という風に感じられて，一番馴染みにくい主張かもしれない．しかし，(5.21) を認めて，さ

らに「命題は，その対偶と同値」という法則を認めれば，(5.26) も認めざるを得ない．そうなる理由を説明しよう．まず，$P \Longrightarrow Q$ の対偶は $\neg Q \Longrightarrow \neg P$ であり，「$P$ が偽」と「$Q$ が偽」はそれぞれ「$\neg P$ が真」と「$\neg Q$ が真」と同じなので，(5.26) は

$$\neg P \text{ と } \neg Q \text{ が両方とも真のとき，} \neg Q \Longrightarrow \neg P \text{ は真} \tag{5.27}$$

と言い換えられる．そして，(5.27) は，(5.21) という性質を $\neg Q \Longrightarrow \neg P$ という主張に適用した形になっている．したがって，(5.21) を認めるなら，(5.27) も認めなくてはならない．(5.27) は (5.26) は同値であるので，これで，(5.21) から (5.26) が導かれた．この議論でも，数学の論理が 2 値論理であることが，"強烈に" 効いている．

## 章末問題

**問題 5.1** $x_1, x_2, x_3$ は実数とする．条件 $x_1 = x_2 = x_3$ を否定せよ．

**問題 5.2** 命題 $P \Longrightarrow ((P \Longrightarrow Q) \Longrightarrow Q)$ は恒真命題であることを示せ．ただし，$P, Q$ は（任意の）命題を表す．

**問題 5.3** $P, Q, R$ は命題だとする．このとき，命題「$(P \vee Q) \Longrightarrow R$」と同値である命題は次のうちどれか．

(1) $(P \Longrightarrow R) \vee (Q \Longrightarrow R)$
(2) $(P \Longrightarrow R) \wedge (Q \Longrightarrow R)$
(3) $(P \wedge R) \Longrightarrow \neg Q$
(4) $P \Longrightarrow (R \vee \neg Q)$

**問題 5.4** 次の主張が正しいかどうか答えよ．ただし，$a, b$ は実数を表す．

(1) $a$ と $b$ が両方とも無理数なら，$a + b$ も無理数である．
(2) $a$ と $b$ の少なくとも 1 つが無理数なら，$a + b$ も無理数である．
(3) $a$ と $b$ のどちらか 1 つだけが無理数なら，$a + b$ も無理数である．
(4) $a + b$ が無理数なら，$a$ と $b$ は両方とも無理数である．
(5) $a + b$ が無理数なら，$a$ か $b$ のどちらか一方は無理数である．
(6) $a + b$ が無理数なら，$a$ か $b$ のどちらか一方だけが無理数である．

**問題 5.5** $P, Q$ は命題だとする．真理値表が下の表になるような命題 $R$ と $S$ を求めよ（つまり，$R$ と $S$ を $P, Q$ を用いて表せ）．

| P | Q | R | S |
|---|---|---|---|
| T | T | F | T |
| T | F | F | F |
| F | T | T | F |
| F | F | F | T |

**問題 5.6** 次のおのおのの場合に，2つの問い「$P$ は $Q$ の十分条件か」と「$P$ は $Q$ の必要条件か」に答えよ．ただし，$x, y$ は実数を表す．

(1) $P = (x+y \in \mathbf{Z}$ かつ $xy \in \mathbf{Z})$, $Q = (x \in \mathbf{Z}$ かつ $y \in \mathbf{Z})$
(2) $P = (x+y > 2$ かつ $xy > 1)$, $Q = (x > 1$ かつ $y > 1)$
(3) $P = (x+y > 0$ かつ $xy > 0)$, $Q = (x > 0$ かつ $y > 0)$
(4) $P = (x+y > 0$ かつ $xy < 0)$, $Q = (x > 0$ または $y > 0)$
(5) $P = (x+y > 0$ かつ $xy < 0)$, $Q = (x > 0$ かつ $y < 0)$
(6) $P = (x^2 + y^2 < 1)$, $Q = (|x| < 1$ かつ $|y| < 1)$

**問題 5.7** この問題は半分ジョークで，数学的解答を求めるものではありません．興味のある人は答えを考えてみてください．）

「（中島君は）叱られないと勉強しない」という文の対偶は何か？

**問題 5.8** 2次正方行列

$$X = \begin{pmatrix} 0 & 1 \\ 1 & 0 \end{pmatrix}, \quad Y = \begin{pmatrix} 0 & 1 \\ 0 & 0 \end{pmatrix}, \quad Z = \begin{pmatrix} 0 & 0 \\ 1 & 0 \end{pmatrix}$$

に対して，ある人が次の議論をおこなった．しかし，その結論は明らかに間違っている．議論のおかしい点を指摘せよ．ただし，ここで 0 は 2 次のゼロ行列を表している．
（ある人の推論）行列の和の定義により $X = Y + Z$ が成り立っている．したがって，$X^3 = (Y+Z)^3 = Y^3 + 3Y^2Z + 3YZ^2 + Z^3$ となる．行列の積の簡単な計算によって $Y^2 = Z^2 = 0$ がわかり，したがって，$Y^3 = Z^3 = 0$ も成り立つ．以上により，$X^3 = 0$ である．

**問題 5.9** 池のまわりを1周走るのに，A は 5 分かかり，B は 8 分かかるという．二人が同じ場所から同時に出発して池のまわりを走り続けるとき，最初に A が B に追いつくのは何分後か．

# Chapter 6 述語論理

　命題は「真偽が定まる主張」と説明したが，命題の中には「変数」が含まれることがある．そのような命題は，「変数の値」が何であるかによって，真であったり偽であったりする．「変数を含む命題」に関する論理体系が述語論理である．本章では，述語論理の基本と，述語論理を表すための記号である論理記号について学ぶ．

## 6.1 変数を含む命題

　現代数学の基礎は集合であるので，数学の議論も「集合の元(げん)の性質」を論じることが多い．記号で表すと，ある集合 $X$ が定まっていて，「$X$ の元 $x$ に関する主張」を議論するわけである．このとき，$x$ は「$X$ の元」であれば何でもよいので，「変数」という感じがする．そして，「命題の真偽が $x$ に依存している」ことをはっきりさせるために，その命題を表すときに $x$ を明示して，「命題 $P(x)$」と表現することが多い．「命題 $P(x)$ の値（つまり，真または偽）は $x$ の値に応じて定まる」というわけで，これは関数に類似している．そして，$P(x)$ を「関数」と考えれば，$x$ は「変数」に当たる．ただし，$x$ は命題の中に登場するものなら何でもよくて，「数」であるとは限らない．この点には，よく注意してほしい[1]．

---

[1] たとえば，$x$ が集合の元を動くのであれば「変元」などと呼ぶことも考えられるのかもしれない．しかし，それもおかしな言葉なので，使われない．他にあまり良い用語もないので，便宜的(べんぎてき)に「変数」と呼ばれている．

■ **例 6.1** 変数 $x$ は実数とする．このとき，「$x$ は有理数である」という主張は，$x$ の値によって真偽が決まる命題である．そこで，この命題を $P(x)$ と書き表すことができる．すると，たとえば，$P(1)$ は真であり，$P(\sqrt{2})$ は偽である（1 は有理数で，$\sqrt{2}$ は有理数ではない；例 2.4 参照）． □

■ **例 6.2** $n$ は自然数を表すとする．このとき，$P(n) = $（$n$ は素数である）という主張は，変数を含む命題の例である．2 は素数で 4 は素数でないので，$P(2)$ は真で，$P(4)$ は偽である． □

変数を含む命題の真偽を，部分集合を通じて理解することができる．集合 $X$ の元 $x$ に関する命題 $P(x)$ があるとする．つまり，$X$ の元 $x$ を与えるごとに，命題 $P(x)$ が真であるか偽であるかが定まる．そこで，$P(x)$ が真である $x$ のなす集合を $\mathrm{Set}(P(x))$ と表すことにする．つまり，

$$\mathrm{Set}(P(x)) = \{x \in X \mid P(x) \text{ は真}\} \tag{6.1}$$

である．（注意：この $\mathrm{Set}(P(x))$ は「ここだけの記号」で，一般的なものではない．）このようにすると，「かつ」「または」「否定」などを集合と結び付けて理解することができる．

‖ **命題 6.3** ‖ $X$ は集合で，$P(x), Q(x)$ は $x \in X$ に関する命題とするとき，次のことが成り立つ．

(1) $\mathrm{Set}(P(x)) = X \iff$「すべての $x \in X$ について $P(x)$ が真である」
(2) $\mathrm{Set}(P(x)) = \emptyset \iff$「すべての $x \in X$ について $P(x)$ が偽である」
(3) $\mathrm{Set}(P(x) \vee Q(x)) = \mathrm{Set}(P(x)) \cup \mathrm{Set}(Q(x))$
(4) $\mathrm{Set}(P(x) \wedge Q(x)) = \mathrm{Set}(P(x)) \cap \mathrm{Set}(Q(x))$
(5) $\mathrm{Set}(\neg P(x)) = X - \mathrm{Set}(P(x))$
(6) $\mathrm{Set}(P(x) \Longrightarrow Q(x)) = (X - \mathrm{Set}(P(x))) \cup \mathrm{Set}(Q(x))$
$\phantom{\mathrm{Set}(P(x) \Longrightarrow Q(x))} = X - (\mathrm{Set}(P(x)) - \mathrm{Set}(Q(x)))$
(7) 「すべての $x \in X$ について「$P(x) \Longrightarrow Q(x)$」が真である」
$\iff \mathrm{Set}(P(x))) \subset \mathrm{Set}(Q(x))$

定義 (6.1) が理解されていれば，命題 6.3 はすぐに証明できる．命題 6.3 の証

明は，各自でおこなってほしい．命題 6.3(6) は，命題 5.10 に対応していることを注意しておく．

命題 6.3(7) は，「ならば」の理解に役立つと思う（例 6.11 で活用される）．

## 6.2 「すべての」と「存在する」

集合 $X$ の元 $x$ に関する命題 $P(x)$ があるとすると，集合 $X$ の元は，「$P(x)$ が真である $x$」と「$P(x)$ が偽である $x$」に二分される．（前節の最後では，「$P(x)$ が真である $x$」全体の集合を $\mathrm{Set}(P(x))$ と書いた．）数学では，

$$\text{「} P(x) \text{ が真である } x \text{」はどのくらい（たくさん）存在するか} \tag{6.2}$$

というタイプの問題を考察することが多い．問題 (6.2) に対して，「$P(x)$ が真である $x$ の割合は 25 パーセント」などと量的に答えられる場合もあるかもしれないし，「$P(x)$ が真である $x$ が最低 3 個はある」などと，部分的な評価だけが得られる場合もあるだろう．このように，答えのパターンはいろいろあり得るが，「極端な答え」が 2 つある．それは，

$$\text{すべての } x \text{ について } P(x) \text{ は真である} \tag{6.3}$$

という答えと

$$\text{すべての } x \text{ について } P(x) \text{ は偽である} \tag{6.4}$$

という答えである．問題 (6.2) の答えがどのようなものであるにせよ，『その答えは「(6.3) と (6.4) の中間」に位置している』はずである．その意味で，(6.3) と (6.4) は重要である．

答え (6.4) では「偽である」という言葉が登場しているが，主張が「偽である」と述べられるより，「真である」と述べられるほうが何となく気持ちがよい[2]．ということで，「真である」という言葉を使って (6.4) を言い換えると

$$P(x) \text{ が真である } x \text{ は（1 つも）存在しない} \tag{6.5}$$

となる．ここでも，『「存在しない」という否定語は嫌だ』と思うと，(6.5) の否定をとれば

$$P(x) \text{ が真である } x \text{ が（少なくとも 1 つ）存在する} \tag{6.6}$$

---

[2] 正の実数と負の実数は 1 対 1 に対応している（符号を変えるだけ）が，「正でも負でもどちらでもいい」という場合には，負の数を選ばずに正の数を選ぶのと似ている．

となる．結局，(6.2) に対して「全部 OK」と答えているのが (6.3) で，「(少なくとも 1 つは) ありますよ」と答えているのが (6.6) となる．

数学では，(6.3) と (6.6) の 2 つのパターンの主張がよく登場する．そこで，それらの主張をいちいち文章で書いていると長くなって手間がかかるので，簡単に記号で表すことがよく行われる．その記号は「論理記号」と呼ばれている．論理記号の使い方を覚えてもらうのが，本章の大きなテーマである．

最後に，数学でよく登場する「唯 1 つ存在する」というタイプの主張について触れておこう．記号で具体的に書くと，変数 $x$ を含む命題 $P(x)$ について

$$P(x) \text{ が真である } x \text{ が唯 1 つ存在する} \tag{6.7}$$

という主張である．この (6.7) は，上の (6.3) と (6.6)（および，それらの否定）には直接は当てはまらない．しかし，(6.7) は，(6.6) と「(6.6) の否定」を組み合わせて記述できる．やり方は，主張 (6.7) を「$P(x)$ が真である $x$ が 1 つ存在する」と「その 1 つの $x$ を除けば，$P(x)$ が真である $x$ は存在しない」という 2 つの主張に分けるのである．こうすれば，最初の主張は (6.6) のパターンであり，2 番目の主張は「(6.6) の否定」（= (6.5)）のパターンになる．記号を使って具体的に書くと，主張 (6.7) を

$$P(x_0) \text{ が真であるような } x_0 \text{ が存在する} \tag{6.8}$$

と

$$x \neq x_0 \text{ をみたすすべての } x \text{ について } P(x) \text{ は偽である} \tag{6.9}$$

という 2 つの主張に分ける．2 番目の主張 (6.9) は

$$\text{「} x \neq x_0 \text{ かつ }(P(x) \text{ は真})\text{」をみたす } x \text{ は存在しない} \tag{6.10}$$

とも言い換えられる．この (6.10) は，「(6.6) の否定」(= (6.5)) のパターンである．さらに言えば，「(6.8) を前提として，(6.7) を示す方法」として

$$P(x) \text{ が真} \implies x = x_0 \tag{6.11}$$

を証明する，というやり方がある（「(6.8) が成り立つ」という前提のもとで，(6.10) と (6.11) は同値である）．結局，(6.7) を示すためには「(6.8) かつ (6.11)」を示せばよいことになった．数学では，このパターンの議論がよく出てくるので，覚えておくといい．

■ **例 6.4** 自然数の性質として重要な「素因数分解の一意性」も，上のパターンで証明されるのが普通である[3]．証明の流れを復習しよう．自然数 $n$ に対して，まず「$n$ が素因数分解できること」を証明する．これが (6.8) に当たる（「$x_0$ が存在する」ということが，「素因数分解ができる」ことに相当する）．そして，(6.11) に相当するのが，「$n$ の素因数分解がある（これが，$P(x)$ が真，に当たる）としたら，それは上で存在が証明された素因数分解に一致する（これが，$x = x_0$ に当たる）」となる． □

## 6.3 論理記号

前節で説明したように，変数 $x$ を含む命題 $P(x)$ を考えるときには，(6.3) と (6.6) という主張が重要になる．2 つの主張をあらためて書くと，

(I) すべての $x$ について $P(x)$ は真である（＝任意の $x$ について $P(x)$ は真である）
(II) $P(x)$ が真であるような $x$ が存在する（＝ある $x$ について $P(x)$ は真である）

となる．（ここで，(I), (II) の括弧の中は「同じ意味の別の表現」の一例である．）「すべて」と「存在する」に関する言い回しに関しては，2.7 節を参照してほしい．特に，「すべての」と同じ意味で「任意の」という言葉使われることが多いことは，覚えておくべきである．

上の (I), (II) の状況は，数学では頻繁に出てくるので，毎回文章で書くのは手間がかかりすぎる．それで，これらを表すための記号が用意されていて，「論理記号」と呼ばれている．論理記号で，(I) と (II) は，それぞれ，

(I) $\forall x \ P(x)$
(II) $\exists x \ P(x)$

と表現される．文章で書くよりずっと簡潔であることがわかってもらえると思う．

論理記号に関する注意点をまとめておく．まず，(I), (II) で単に $P(x)$ と書いているが，これは「$P(x)$ は真である」という意味である．$P(x)$ は命題なの

---

[3] 証明は，多くの本に書かれている．たとえば，中島匠一「代数と数論の基礎」（共立出版）定理 1.3 参照．

で，$P(x)$ は「真でもあり得るし偽でもあり得る主張」を表している．しかし，単に $P(x)$ と書いたときには，これを『「$P(x)$ は真である」という主張』と解釈するのが「一般的ルール」となっている．このルールに気づかないと，記号の解釈に戸惑うことがあるので，注意してほしい．

論理記号を使うとき，問題にする「$x$ に関する命題」が複雑であることも多い．そのようなときは，主張全体を括弧で囲んで，区切りを明確にすればよい．

■ **例 6.5** 「実数 $x$ は $x^2 \geq 0$ をみたす」という主張を考えよう．この文のどこにも「すべて」や「任意」は現れていないが，実際はそれを補って解釈しなければならない（2.7 節参照）．そうすると，この主張は「任意の実数 $x$ について $x^2 \geq 0$ が成り立つ」という意味であることがわかるので，論理記号を使って

$$\forall x \, (x \in \mathbf{R} \implies x^2 \geq 0)$$

と表される．　　　　　　　　　　　　　　　　　　　　　　　　　□

■ **例 6.6** 「2 乗すると $-1$ になる」という数があるかないか，という問題を考える．「2 乗が $-1$ に等しい実数がある」という主張（もちろんこれは偽であるが，主張するのは自由）は，

$$\exists x \, (x \in \mathbf{R} \wedge (x^2 = -1))$$

と表される．　　　　　　　　　　　　　　　　　　　　　　　　　□

■ **例 6.7** 「平方が整数になる有理数は整数である」という主張を論理記号で表してみる（命題 1.4 参照；「平方」は 2 乗のこと）．この主張は，記号を使って，「$r$ が $\mathbf{Q}$ に属していて $r^2 \in \mathbf{Z}$ をみたすなら，$r \in \mathbf{Z}$ である」と書き表せる．例 6.5 と同様に，この主張も「任意」（または，「すべて」）を補って解釈して，それを論理記号で表せば

$$\forall r \, ((r \in \mathbf{Q} \text{ かつ } r^2 \in \mathbf{Z}) \implies r \in \mathbf{Z})$$

と表される．ここで，内側の括弧は，$r \in \mathbf{Q}$ かつ $r^2 \in \mathbf{Z}$ が「ひとまとまり」であることを表しているが，この括弧は省略されることも多いので，注意してほしい．　　　　　　　　　　　　　　　　　　　　　　　　　□

実際の議論では，ある集合 $X$ が決まっていて「$X$ の元 $x$ に関する命題」を考えることが多い．そのようなときに，命題の主張を「任意の $x$ について，$x$ が $X$ に属するならば $P(x)$ が成り立つ」という形で表してもよいが，「$X$ に属する任意の $x$ について $P(x)$ が成り立つ」と，最初に $X$ が登場する書き方をするのが普通である．この後者の表現に対応して，論理記号でも，

$$\forall x \in X \ P(x) \tag{6.12}$$

という書き方をする．これだと，「考察の対象は集合 $X$ の元だけだ」ということがはっきりして便利であるので，頻繁に使われる．もちろん，「存在する」についてもこのタイプの表現ができる.

実は，例 6.5（や，例 6.6，例 6.7）のような書き方はあまりされなくて，(6.12) の方式の表記が使われることがほとんどである．

■ **例 6.8** 例 6.5 の命題は

$$\forall x \in \mathbf{R} \ (x^2 \geq 0)$$

と表される．（注意：ここでは，誤解が生じないように $x^2 \geq 0$ を括弧で囲っておいた．通常はこの括弧は省略される．） □

■ **例 6.9** 例 6.6 の命題は

$$\exists x \in \mathbf{R} \ (x^2 = -1)$$

と表される．この書き方だと，$\mathbf{R}$ という記号が「さりげなく」入っている感じになるが，ここが $\mathbf{R}$ であることは重要である．なぜなら，例 6.6 の命題は偽であるが，$\mathbf{R}$ を $\mathbf{C}$ に変えた命題

$$\exists x \in \mathbf{C} \ (x^2 = -1)$$

は真であるから（$i$ を虚数単位として，$x = \pm i$ が $x^2 = -1$ をみたす）． □

■ **例 6.10** 例 6.7 の命題も，(6.12) の方式で

$$\forall r \in \mathbf{Q} \ (r^2 \in \mathbf{Z} \implies r \in \mathbf{Z}) \tag{6.13}$$

と表される[4]．ここでも，「**Q** を見逃してはいけない」という注意点は，例 6.9 と同様である．たとえば，(6.13) で **Q** を **R** に変えるだけで

$$\forall r \in \mathbf{R} \ (r^2 \in \mathbf{Z} \implies r \in \mathbf{Z}) \tag{6.14}$$

という主張ができるが，((6.13) が真であるのに対して) (6.14) は偽である．なぜなら，たとえば実数 $r = \sqrt{2}$ をとれば，$r^2 = 2$ は整数だが $r$ は整数ではないから． □

　変数 $x$ を含む命題 $P(x)$ から上の (I) や (II) ができることを説明したが，この (I) や (II) は「(変数 $x$ を含まない) 新たな命題」であることを，十分理解しておいてほしい．たとえば，$x$ が実数を表す変数とすれば

$$x^2 \geq 1$$

は変数 $x$ を含む命題で，$x$ の値によって真だったり偽だったりする．そして，これから作られた命題

$$\exists x \in \mathbf{R} \ (x^2 \geq 1) \tag{6.15}$$

は変数を含まない命題となっている．(6.15) が変数を含まないことは「定義から当たり前」の事実ではある．しかし，こういった「原則論」がはっきり押さえられていないせいで，数学の議論の方向が見えなくなってしまうことが多いので，注意を促しておきたい．ちなみに，たとえば $x = 1$ が $x^2 \geq 1$ をみたすので，(6.15) は正しい命題である．

　一般的に考えて，「すべての $x$ について $P(x)$ が成り立つ」なら「$P(x)$ が成り立つ $x$ が存在する」のは当たり前である．だから，どんな命題 $P(x)$ についても

$$\forall x \ P(x) \implies \exists x \ P(x)$$

は成立する．これは「言うまでもないこと」として，言及すらされずに使われることの多い性質である．ただし，1 つの集合を固定して，その集合の元に関する主張を考察するときには，気をつけるべきことがある．具体的に話を進

---

[4] この括弧も，省略可能といえば省略可能で，省く人も多いかもしれない．しかし，それだと「ややこしくなる」と感じるので，筆者は省かない．

めるために，集合 $X$ と $X$ の元 $x$ に関する命題 $P(x)$ があるとする．このときには，

$$X \neq \emptyset \text{ ならば「} \forall x \in X \ P(x) \implies \exists x \in X \ P(x) \text{」が成立する} \tag{6.16}$$

となっている．「気をつけるべきこと」とは，「(6.16) では，$X \neq \emptyset$ という条件が必要だ」ということである．言い換えれば，$X = \emptyset$ のときは，「$\forall x \in \emptyset \ P(x) \implies \exists x \in \emptyset \ P(x)$」という主張は正しくない．理由を説明しておこう．空集合には元がないから，$\forall x \in \emptyset \ P(x)$ といっても，これは何の「制限条件」にもなっていない．したがって，$\forall x \in \emptyset \ P(x)$ は，偽にはなり得ないので，真である．また，空集合には元がない[5)]ので，$\exists x \in \emptyset \ P(x)$ という条件は，成り立ちようがない（無い袖は振れない）．したがって，$\exists x \in \emptyset \ P(x)$ は「真になりようがない」ので，偽である．「$P$ が真で $Q$ が偽なら，$P \implies Q$ は偽である」（当然である；5.4 節と 5.5 節参照）から，「$\forall x \in \emptyset \ P(x) \implies \exists x \in \emptyset \ P(x)$」は成立しない．

例 5.5 に関連して，次の考察も面白い．

■ **例 6.11** 変数 $x$ を含む命題 $P(x), Q(x)$ があるとき，

$$\forall x \ ((P(x) \implies Q(x)) \lor (Q(x) \implies P(x))), \tag{6.17}$$

と

$$(\forall x \ (P(x) \implies Q(x))) \lor (\forall x \ (Q(x) \implies P(x))) \tag{6.18}$$

という 2 つの命題を考察しよう．括弧が多くてややこしいが，じっくり観察して，両者の違いを確認してほしい．(6.17) では全体に $\forall x$ がかかっていて，(6.18) では $\forall x$ が 2 ヶ所に分かれている．

まず，例 5.5 で説明したように $(P(x) \implies Q(x)) \lor (Q(x) \implies P(x))$ は恒真命題であるから，すべての $x$ について成立する．したがって，「(6.17) は真」となる．これに対して，(6.18) の真偽は一律には定まらず，「$P(x)$ と $Q(x)$ がどんな命題か」に応じて真偽が変動する．(6.18) を理解するには，$x$ がある集合 $X$ に属していると考えてみるのがよい．すると，命題 6.3(7) によって，(6.18) は

$$\text{Set}(P(x)) \subset \text{Set}(Q(x)) \text{ または } \text{Set}(Q(x)) \subset \text{Set}(P(x))$$

---

[5)]「元がない」，「元がない」としつこいですが，事実だから仕方ありません．筆者は友達に，「空集合には元がないが，おまえには能がない」と言われたことがあります（ヒ，ヒドイ）.

と同値である．こう言い換えると，(6.18) が「$P(x), Q(x)$ に応じて，成り立つこともあるし成り立たないこともある」ことが理解できる．

例 5.5 での「違和感」は，例 5.5 を見たとき，我々がまず (6.18) を思い浮かべてしまうことに原因がある． □

論理記号の ∀ や ∃ は「変な形の記号」で，初めて見たら「意味がわからない」と感じるのが当然である．記号の使い方に慣れるためには，記号の由来を知っているほうがよいので，説明しておこう．上に挙げた (I), (II) の主張を英語で書くと，それぞれ

(I) for all $x$, $P(x)$ is true (= for any $x$, $P(x)$ is true)
(II) there exists an $x$ for which $P(x)$ is true（= for some $x$, $P(x)$ is true）

となる．(I) では all（または any）がキーワードで，(II) では exist(s) がキーワードである．ということで，記号 ∀ は，all（または，any）の a を大文字にして逆立ちさせたもので，∃ は exist(s) の e を大文字にして反対向きにしたものである．このデザインが気に入るにせよ，気に入らないにせよ，2 つの記号 ∀ と ∃ は数学の中で定着している「全世界で共通に使われている記号」である．馴染んでおいてほしい．

## 6.4 「すべての」と「存在する」の否定

本節では，前節で扱った主張 (I) と (II) の否定について考察する．

最初に，(I) の否定を扱う．(I) は「$P(x)$ が偽である $x$ は 1 つもない」といっているのと同じだから，その否定は「$P(x)$ が偽である $x$ が（少なくとも 1 つは）存在する」となる．さらに，$P(x)$ の否定を表す記号 $\neg P(x)$ を使えば，「$P(x)$ が偽」という主張は「$\neg P(x)$ が真」と表現できる．結局，(I) の否定は

$$\neg P(x) \text{ が真である } x \text{ が存在する} \tag{6.19}$$

となる．（注意：数学で単に「存在する」といえば，それは「少なくとも 1 つ存在する」という意味である：2.8 節参照．）

次は，(II) の否定を考えよう．(II) は「$P(x)$ が真である $x$ が少なくとも 1 つある」という意味だから，その否定は「$P(x)$ が真である $x$ が 1 つもない」となる．そして，「真である $x$ が 1 つもない」というのは，「すべての $x$ について偽

である」ということ同じことである．（注意：数学の論理は 2 値論理であるから，真でなければかならず偽である；5.2 節参照．）ここでも，「$P(x)$ が偽」は「$\neg P(x)$ が真」と置き換えることができる．結局，(II) の否定は

$$\text{すべての } x \text{ について } \neg P(x) \text{ が真である} \qquad (6.20)$$

となる．

以上の考察の結果を，論理記号を使って表そう．まず，「(I) の否定」は $\neg(\forall x\ P(x))$ と表される．（ここでは，$\forall x\ P(x)$ を「まとめて否定する」ことを表すために，$\forall x\ P(x)$ を括弧で囲み，括弧の全体に $\neg$ 記号を付けている．）次に，$P(x)$ の否定は $\neg P(x)$ なので，(6.19) は $\exists x\,(\neg P(x))$ と表すことができる．ただし，この場合は括弧を省略して書くのが一般的である[6] ので，(6.19) は $\exists x \neg P(x)$ と表記される．というわけで，「(I) の否定は (6.19) である」という事実は，論理記号で

$$\neg(\forall x\ P(x)) \iff \exists x \neg P(x) \qquad (6.21)$$

と表される．（$\iff$ は，同値を表す記号；5.1 節参照）．

同じように考えれば，「(II) の否定は (6.20) である」という事実が，論理記号で

$$\neg(\exists x\ P(x)) \iff \forall x \neg P(x) \qquad (6.22)$$

と表されることがわかる．

「変数 $x$ は集合 $X$ の元である」と指定するときの論理記号の書き方を前節で学んだ．そのパターンについても，「否定の仕方」は同じである．つまり，(6.21) と (6.22) に当たる事実が成立して，論理記号で

$$\neg(\forall x \in X\ P(x)) \iff \exists x \in X\ \neg P(x)$$
$$\neg(\exists x \in X\ P(x)) \iff \forall x \in X\ \neg P(x)$$

と表される．

(6.21) と (6.22) は「対称な形」をしていて，きれいである．(6.21) と (6.22) に共通の「ルール」は「$\neg$ が括弧の中に入るとき，$\forall$ と $\exists$ が入れ替わる」ということである．この事実は，「$\wedge$ と $\vee$ が入れ替わる」となっていた，ド・モル

---

[6] 「否定を表す記号 $\neg$ は，直後の記号と結び付く」というルールがある．

ガンの法則を思い起こさせる（命題 5.4(4) 参照）．実際，例 6.12 からわかるように，(6.21), (6.22) と命題 5.4(4) は関連している．このことから，(6.21) と (6.22) もド・モルガンの法則と呼ばれている．

■ **例 6.12** 集合 $X$ は（たった）2 つの元だけを含むとして，その 2 つの元を $x_1, x_2$ としよう（つまり，$X = \{x_1, x_2\}$）．ここで，$x$ は $X$ の元を表す変数だとして，$x$ に関する命題 $P(x)$ があるとする．この状況で，(6.21) を考察する．

まず，
$$\forall x \in X \, P(x) \tag{6.23}$$

は，「$X$ のすべての元 $x$ に対して $P(x)$ が成り立つ」ということである．しかし，いまの状況では，$X$ の元は $x_1, x_2$ の 2 つしかないのだから，(6.23) は「$x = x_1$ と $x = x_2$ の両方に対して $P(x)$ が成り立つ」と同じで，さらにこれは「$P(x_1)$ が真，かつ，$P(x_2)$ が真」と同じである．結局，(6.23) は $P(x_1) \land P(x_2)$ と同値となる．よって，(6.21) の左辺は

$$\neg (P(x_1) \land P(x_2)) \tag{6.24}$$

となる．また，
$$\exists x \in X \, \neg P(x) \tag{6.25}$$

は「$\neg P(x)$ が真である $X$ の元 $x$ が存在する」ということである．しかし，$\neg P(x)$ を成り立たせる $x$ の候補は $x_1$ と $x_2$ の 2 つしかないのだから，(6.25) は「$\neg P(x_1)$ か $\neg P(x_2)$ のどちらか少なくとも一方は真である」と同じである．これで，(6.25) が

$$\neg P(x_1) \lor \neg P(x_2) \tag{6.26}$$

と同値であることがわかった．(6.21) は「(6.24) と (6.26) が同値」と主張している．これは，まさに命題 5.4(4) で与えたド・モルガンの法則そのものである．

(6.22) について具体的に書くのは省略するが，事情はまったく同じである． □

例 6.12 で，「(6.23) と $P(x_1) \land P(x_2)$ が同値であること」が，「すべて」と「かつ」が対応することを示していて，「(6.25) と (6.26) が同値であること」が，「存在する」と「または」が対応することを示している．この事情は，例 6.12

のような,「元が2つだけの集合」に限った話ではなくて,一般の集合でも同じである. 集合 $X$ の元の個数が増えても,「かつ」の個数が増えたり「または」の個数が増えたりするだけだから.

## 6.5 反例による証明

変数 $x$ に関する命題 $P(x)$ があるとき,

$$P(x) \text{ が真である } x \text{ が存在する} \quad (\text{論理記号では, } \exists x\, P(x)) \qquad (6.27)$$

という主張を証明するにはどうしたらよいだろうか? 1つの方法は,「$P(x_0)$ が真であるような $x_0$ を(何でもいいから1つ)具体的に示す」ということである. これは,「例 (example) を示すことで, (6.27) を証明する」方法といえる. 上の $x_0$ が,「(6.27) が正しいことを示す例」だというわけである. 例を挙げなくても (6.27) を証明することはできるが, 具体的に例を挙げることができるなら, それが (6.27) を証明する一番簡単な方法である.

■ **例 6.13** 仮に,

$$x^2 \leq 1 \text{ をみたす実数 } x \text{ が存在する} \qquad (6.28)$$

という主張を証明せよ, と要求されたとしよう. このときに,「関数 $x^2$ のグラフは(平面の)原点を通るから $\cdots$」などという議論をして証明してもよいが, 何だか, まだるっこしい. もっと端的に,『「存在する」ことを示せばいいんだから, 条件をみたすものを1つとってくれば十分』と考えたほうが話が早い. そうすると,「0は実数であり, $x = 0$ は条件 $x^2 \leq 1$ をみたす」といえば, それで (6.28) が証明される. このときの0が「(6.28) が正しいことを示す例」である.

もちろん, このような「例」は, $x = 0$ だけではない. 例として $x = 0.5$ を挙げてもよいし, $x = 1$ を挙げてもよい. どんな例を取り上げるかは, 議論する人の自由であるが, やたら複雑な例を挙げることには意味がないので, なるべく簡単なものを選ぶのが「常識的」である. ただし, 例は1つ挙げればよくて, 同時にいくつも例を挙げる必要はないことには注意してほしい. なぜなら, (6.28) は「少なくとも1つ存在する」という意味だから,「例は, 1つあれば十分」なのである. □

次に，

すべての $x$ について $P(x)$ が真である　（論理記号では，$\forall x\, P(x)$）　(6.29)

という主張をを考えよう．「主張 (6.29) が成り立つことを証明せよ」と言われたら，「任意に $x$ が与えられたとすると，…」などと議論していくことになる．これに対して，『「(6.29) が成り立たないことを示せ」と要求されたらどうするか』というのが，本節のテーマである．証明すべきことは「(6.29) は偽である」という主張で，これは「(6.29) の否定が真である」という主張と同じである．そこで，「(6.29) の否定」を考えると，それは 6.4 節で示したように

$\neg P(x)$ が真である $x$ が存在する　（論理記号では，$\exists x\, \neg P(x)$）　(6.30)

となる．つまり，(6.29) を否定するためには，(6.30) が正しいことを示せばよい．そして，(6.30) が正しいことを証明するには，上で説明した「例を挙げる」という方法が使える．具体的には，

$\neg P(x_0)$ が真である $x_0$ を1つ挙げる　(6.31)

ことができれば，(6.30) が正しいことが示せる．さらに，(6.31) を言い換えると

$P(x_0)$ が偽である $x_0$ を1つ挙げる　(6.32)

となる．最初からの流れをたどると，結局，

(6.29) を否定するためには，$P(x_0)$ が偽である $x_0$ を1つ挙げればよい　(6.33)

となる．以上，延々と説明してしまったが，(6.33) 自体は，「当たり前といえば当たり前」ではある．

この (6.33) は，(6.29) というタイプの命題を否定するための有力な方法である．そして，そのときに登場する「(6.33) での $x_0$」を，「(6.29) の反例 (counter example)」と呼ぶ（「$P(x)$ の反例」と呼ぶこともある）．(6.27) の証明で使われる「($P(x)$ が) 真であることを示すもの」を例と呼ぶのに対して，(6.33) は「($P(x)$ が) 偽であることを示すもの」なので，例と対照させて反例という言葉を使う[7]．(6.32) という手法で (6.29) を否定することを，「反例を挙げて (6.29)

---

[7] 英語の counter example の counter は counter attack（反撃）の counter である．カッコイイので，そのまま英語で，カウンターイグザンプル，と言ってしまうことも多い．ただし，さらにカッコイイと思えるかもしれない cross counter example や triple cross counter example というものは存在しない（ある年代の読者に対する注意）．

を否定する」などという．

■ **例 6.14** 例 6.10 で，「(6.14) は成り立たない」ということを示すために $r = \sqrt{2}$ をとって議論した．このようなとき，「$r = \sqrt{2}$ は (6.14) に対する反例である」と表現する．(6.14) は「すべての」というタイプの主張で，それに対して反例があったので，(6.14) は正しくないと結論できる．もちろん，(6.14) に対する反例は $\sqrt{2}$ に限られているわけではなくて，$\sqrt{3}$ や $\sqrt{5}$ など，他にいくらでもあって，どれを使っても構わない． □

■ **例 6.15** (6.29) のタイプの主張の例として，

$$\text{すべての実数 } x \text{ について } x^2 > 1 \text{ が成り立つ（論理記号では，} \forall x \in \mathbf{R}\,(x^2 > 1)) \tag{6.34}$$

という主張を考える．(6.34) を否定するのに「$|x| \leq 1$ ならば $x^2 \leq 1$ となる」などと議論してもいいが，それだと「では，$|x| \leq 1$ をみたす $x$ は本当にあるのか」などと突っ込まれてしまう．(6.34) を否定するための，もっと端的なやり方が「反例を挙げる」という方法である．つまり，

$$0 \text{ は実数であり } x = 0 \text{ は } x^2 > 1 \text{ をみたさない} \tag{6.35}$$

ということを指摘すれば，それで (6.34) が否定される．(6.35) が成り立つことを指して，「$x = 0$ は (6.34) の反例である」という．そして，「反例があるから (6.34) は偽である」と結論できる．

例 6.13 で説明した「例」の場合と同じで，「反例は 1 つだけとは限らないが，反例は 1 つ挙げれば十分」ということも忘れないでほしい． □

例 6.13 と例 6.15 を較べてみよう．例 6.13 でも例 6.15 でも，扱っている「数学的内容」は同じで，「$x = 0$ は，条件 $x^2 \leq 1$ をみたす」ということである．しかし，$x = 0$ は，例 6.13 では「例」と呼ばれて，例 6.15 では「反例」と呼ばれた．この違いは，「何のために使うか」という用途の違いから来ている．つまり，例 6.13 では，$x = 0$ が「(6.28) が正しい」ことを示すために使われたから「例」で，例 6.15 では，「(6.34) が正しくない」ことを示すために使われたから「反例」と呼ばれる．$x = 0$ という値自体に「例」と「反例」の区別があるのではなく，周りの状況から違いが生じている．

以上,

反例を挙げることで主張 (6.29) を否定する

という「手法」について説明した．この「手法」を知っていることは有益だが，これを学ぶと，短絡的に「否定するときは反例を挙げればいい[8]」と思い込んでしまう人がでてくる．しかし，「それはダメ」であるので，注意してほしい．つまり，この「手法」で否定することができるのは，(6.29) のような

すべての（ナントカ）は（カントカ）である

というタイプの主張に限られていて，「(ナニナニ) が存在する」というタイプの主張を否定したいときに，「反例を挙げる」という議論をすることはあり得ない．十分注意してほしい．

## 6.6 ある文章の考察

　これまでは変数を1つだけ含む命題を扱ってきた．しかし，現実には，複数の変数を含む命題はたくさんある．そこで，複数の変数がある場合にも，論理記号を使いこなすことは重要である．そのことは次節以降で説明することにして，ここでは，日本語の文章の解釈について注意点を述べる．「論理的に考える」といっても，実際の思考は日本語を通じておこなっているので，日本語の解釈が曖昧では正確な議論はできない．

　この節の中では，$x$ と $y$ は実数を表す変数と決めておく（したがって，いちいち「実数である」とは断らない）．本節で考察したいのは

$$\text{すべての } y \text{ について } x > y \text{ をみたす } x \text{ が存在する} \tag{6.36}$$

という文章である．最初に，「自分が (6.36) を真だと思うか偽だと思うか」を答えてほしい[9]．講義等で実際にこの問題を出して答えを聞くと，見事に「真である派」と「偽である派」に分かれる．そして，「真である」と思う人は「なぜ偽だと思えるか」が理解できず，「偽である」と答える人は「真だという解釈」が信じられない，となることが多い．

---

[8] この言明は，正しくない！　くれぐれも，勘違いしないようにお願いしたい．
[9] このような問題を講義で扱うとき，筆者は，「さて，ここで問題です」と言って始めていた．昔はそれなりに反応があったが，いつのころからか，「ああ，問題が出たんですね」と淡々と受け取られるだけになった．（これは，数学に関係ない話なので，意味のわからない読者は，無視してください．）

「(6.36) の真偽」に関する正しい答えは，「どちらの解釈も可能だ」である．だから，「真だ」と答える人にも理があるし，「偽だ」と答えるのももっともである．この問題の「本当の答え」は，「（自分のものとは）別の解釈も可能だ」と理解するところにある．

(6.36) の意味をつかむには，どこかに「区切り」を入れる必要がある．この「区切り」の入れ方が 2 通りあって，その 2 つがまったく別の解釈に通じてしまう．その 2 通りとは，

$$\text{「すべての } y \text{ について } x > y \text{ をみたす」} x \text{ が存在する} \qquad (6.37)$$

と

$$\text{すべての } y \text{ について「} x > y \text{ をみたす } x \text{ が存在する」} \qquad (6.38)$$

である．最初の (6.37) では，括弧の中の文章が $x$ にかかっている．そして，(6.38) では，「括弧で囲んだ主張がすべての $y$ について成り立つ」となっている．その結果，(6.37) は「（ある条件をみたす）$x$ が存在する」という主張で，(6.38) は「すべての $y$ について（ある主張が）成り立つ」という主張になっている．

**！注 6.16** (6.37) は「… が存在する」という主張で，(6.38) は「すべての…」という主張だ，と捉えることは，数学の学習では必須である．(6.37) や (6.38) という主張を，筆者は次のような「会話」で理解する（S が主張をする人で，N がそれにツッコミをいれる人）．つまり，(6.37) では

$\quad$ S：$x$ が存在するんだよ
$\quad$ N：どんな $x$ なの？
$\quad$ S：すべての $y$ について $x > y$ をみたすような $x$ さ
$\quad$ N：なるほど，わかったよ

であり，(6.38) では

$\quad$ S：どんな $y$ でも OK なのさ
$\quad$ N：何が OK なのか，わからないよ．ちゃんと言って！
$\quad$ S：OK っていうのは，「$x > y$ をみたす $x$ がある」ってことさ
$\quad$ N：ふーん，そういうことだったのね

となって，理解が完了する．

このように区切りを入れてみれば，命題の真偽は明らかである．まず，(6.37) は偽である（どのように $x$ をとっても，その $x$ に対して $y = x$ とおけば，$x > y$ は成り立たない）．また，(6.38) のほうは，明らかに真である（どんな $y$ に対しても，$x = y + 1$ が $x > y$ をみたす）．(6.37) も (6.38) も，真偽の判定はすぐにできる．問題は，その真偽が「まったく逆」になることである．これほど対照的な (6.37) と (6.38) が，同じ1つの文章 (6.36) で表現可能なのは，実に紛らわしい．2つ（以上）の変数を含む命題について議論するときに，この紛らわしさが混乱の原因になっていることが多いので，十分注意していただきたい．

　筆者自身が「(6.36) は真か偽か」という問いをぶつけられたら，まずは「(6.36) には2つの解釈がありうる」ということを指摘する（これは，上の説明の通り）．しかし，もし強いて「どちらかを選べ」といわれたら，筆者は「偽である」と答える．つまり，(6.36) を (6.37) と解釈することを選ぶ．その理由は，もし (6.38) という主張をしたいなら，

$$\text{すべての } y \text{ について, } x > y \text{ をみたす } x \text{ が存在する} \tag{6.39}$$

と書けばよい，と思うからである．「間違い探し」のクイズみたいであるが，(6.36) と (6.39) をよく眺めて，違いを探してほしい．そう，違いは，『「コンマ」があるかないか』だけである．しかし，その「コンマ」があるおかげで，(6.39) を (6.37) の意味に解釈することはできない．(6.39) の解釈は，(6.38) に限られる．だから，筆者は「(6.38) と言いたいのなら (6.39) と書けばいいのだから，「コンマ」を省いて (6.36) と書くなら，それは (6.37) と解釈するのだろう」と考えるわけである．とはいえ，世の中の人すべてが「コンマ」1つにそこまで神経をとがらせるかどうかは疑問である．以上を総合して，筆者個人は，(6.39) という文章は書く（これは確実に (6.38) を意味している）が，「コンマ」を省いた (6.36) という文章は**書かない**．そして，(6.37) という主張をしたいときは，別の表現を考える．たとえば，

$$\text{ある } x \text{ に対して, すべての } y \text{ が } x > y \text{ をみたす} \tag{6.40}$$

とか，

　　条件「すべての $y$ について $x > y$ が成立する」をみたす $x$ が存在する

などである．これらは「ギクシャクした表現」という感じが抜けないが，「多少不自然でも意味が曖昧であるよりずっといい」と考えるからである．筆者に

は，「表現の曖昧さによる混乱」はまったくの「浪費」にしか見えないので，いつでも「紛れがないこと」を最優先している．

本節では日本語の文章の検討をしたが，次節の前半で，(6.37) と (6.38) という2つの主張と論理記号の関係を考察する．

## 6.7 複数の変数を含む命題と論理記号

6.3節では，1つの変数を含む命題について論理記号を説明した．変数が2つ以上ある命題では，それぞれの変数について，「すべて」や「存在する」という主張が生じて，いろいろな組み合わせができてくる．本節では，そのような場合の記号の使い方のルールと，基本性質をまとめる．変数が3つ以上ある場合も考え方は同じなので，ここでは変数が2つの場合に限って詳しく説明する．

2つの変数 $x, y$ を含む命題を $P(x, y)$ などと書き表す．これは，微積分で登場する2変数関数の書き方と同じである（もちろん，ここで扱うのは関数ではないが）．

■ **例 6.17** $x, y$ が実数を表す変数だとすれば，「$x > y$ が成り立つ」という主張は，$x$ と $y$ の値に応じて真偽が定まる．したがって，これは「変数 $x, y$ を含む命題」の例である．この命題を $P(x, y) = (x > y)$ などと書き表す（「成り立つ」という言葉は省略される習慣であることに注意）．たとえば，$P(2, 1)$ は真だが，$P(1, 2)$ は偽である． □

■ **例 6.18** 例 6.17 と同様に，$x, y$ が実数を表す変数だとするとき，$P(x, y) = (y = x^2 + 1)$ なども変数を含む命題である（ここでも，$P(x, y)$ は「等式 $y = x^2 + 1$ が成り立つ」という意味であることに注意）． □

命題は数式で表されるものに限るわけではない．たとえば，$x, y$ が人間を表す変数だとして，$P(x, y) = (x$ は $y$ の親である$)$ なども「変数を含む命題」である．

6.2節で，変数を1つ含む命題について，「すべての」と「存在する」という2つの主張が重要であることを説明した．変数が2つある場合でもこの事情は同じである．ただ，変数が2つあると，そのおのおのについて別々に「すべて

の」と「存在する」を主張することができるし，2つの変数の順番も問題になってきて，話がややこしい．さらに，変数が2つの場合にも論理記号が大切であるが，論理記号の「使用上の注意」にも大いに注意を払ってもらわねばならない．じっくりと説明していこう．

本節の前半のテーマは

$$\exists x\, \forall y\, P(x,y) \quad と \quad \forall y\, \exists x\, P(x,y) \quad の違い \tag{6.41}$$

を理解してもらうことである．冷静に観察してもらえば，(6.41)の2つの記号の違いは「$\exists x$ と $\forall y$ の順番」だけであることがわかる．「$x$ と $y$ は別の変数だし，順番はどっちでもいいんじゃないの？」などと安易に考えてはいけない．数学では，「順番は入れ替えてはいけない」というのが「普通の状態」である．そして，「入れ替えてもいい」という性質がある場合は，「おお，それは立派である」と称賛されて「定理」などとして特別の扱いを受けることになっている[10]．前節を読んでくれた読者のためにあらかじめ言っておくと，(6.41)に登場する2つの主張は(6.37)と(6.38)との2つを論理記号で表したものである．ここで問題は「どっちがどっちか」ということで，これが非常に誤解を生みやすい．日本人には「論理記号のルール」が難関なのである．ということで，論理記号の理解の仕方の説明から始めよう．

(6.41)の2組の記号のうち，$\exists x\, \forall y\, P(x,y)$ を取り上げて，意味を説明しよう（もう片方も考え方はまったく同じである）．記号を正確に理解するには，括弧を付けるといい．つまり，$\exists x\, \forall y\, P(x,y)$ は

$$\exists x\, (\forall y\, P(x,y)) \tag{6.42}$$

を意味している．ここで，括弧の中の主張 $\forall y\, P(x,y)$ は「変数として $x$ だけを含む命題」である（つまり，変数 $y$ は含まない）ことを確認してほしい[11]．この事実を明確にするには，

$$\hat{P}(x) = (\forall y\, P(x,y)) \tag{6.43}$$

---

[10] 「数学では」と書いたが，実は日常生活でも基本的に順番は入れ替えてはいけない．その例としてよく取り上げられるのが，「靴下を履く」と「靴を履く」である．よく似た行動であり，動作としては同じかもしれないが，この2つの順番を間違えたら大変である．

[11] このことは，2変数関数 $f(x,y)$ の定積分 $\int_a^b f(x,y)dy$ が「$x$ だけの関数」となることに似ている．

と書くとわかりやすい[12]．この記号を使えば，(6.42) は

$$\exists x \, \hat{P}(x) \tag{6.44}$$

と表される．

■ **例 6.19** 例 6.17 で扱った $P(x,y) = (x > y)$ の場合だと，$\hat{P}(x) = (\forall y \, (x > y))$ となる．たとえば $x = 1$ とすれば，$\hat{P}(1) = (\forall y \, (1 > y))$ である．明らかに $\hat{P}(1)$ は偽である．さらに，どんな $x$ についても $\hat{P}(x)$ が偽であることも簡単にわかる．つまり，この場合は (6.44) は偽である．よって，(6.42) も偽である ((6.42) と (6.44) は同じことを表している)．

例 6.18 での $P(x,y) = (y = x^2 + 1)$ の場合も，考え方は同じである．このときは $\hat{P}(x) = (\forall y \, (y = x^2 + 1))$ となる．すぐわかるように，$\hat{P}(x)$ が真となる $x$ は存在しない．よって，この場合も，(6.44) は偽である（したがって，(6.42) も偽）． □

(6.41) のもう一方の主張

$$\forall y \, \exists x \, P(x,y) \tag{6.45}$$

についても話は同じだが，念のためにきちんと書いておこう．この場合には

$$\tilde{P}(y) = (\exists x \, P(x,y)) \tag{6.46}$$

とおけば，$\forall y \, \exists x \, P(x,y)$ は

$$\forall y \, \tilde{P}(y) \tag{6.47}$$

と同じである[13]．

■ **例 6.20** 例 6.17 の $P(x,y) = (x > y)$ では，$\tilde{P}(y) = (\exists x \, (x > y))$ となる．たとえば $y = 2$ とすれば，$\tilde{P}(2) = (\exists x \, (x > 2))$ である．明らかに $\tilde{P}(2)$ は真である（たとえば $x = 3$ が $x > 2$ をみたす）．さらに，どんな $y$ についても，$\tilde{P}(y)$

---

[12) 記号 $\hat{P}$ は「$P$ ハット (hat)」と読む．「$P$ に関連して生じているが，$P$ とは違うもの」という "感じ" を表すために「修飾記号」の ^ を付けて表している．このような記号の使い方は数学ではよく行われる．ただし，「(6.43) の右辺を $\hat{P}(x)$ と表す」というのは「ここだけの記号」である．
[13) 記号 $\tilde{P}$ は「$P$ ティルド（または，ティルダ；tilde）」と読む．(6.46) の右辺を $\tilde{P}(y)$ と書き表すのも，「ここだけの記号」である．

は真である（与えられた $y$ に対して $x = y + 1$ が条件をみたす）．したがって，この場合は (6.47) は真であるので，(6.45) も真である． □

■ **例 6.21** 例 6.18 での $P(x, y) = (y = x^2 + 1)$ の場合もやってみよう．このときは $\tilde{P}(y) = (\exists x\, (y = x^2 + 1))$ となる．たとえば $y = 2$ とすれば $\tilde{P}(2)$ は真である（$x = 1$ が $2 = x^2 + 1$ をみたす）が，$\tilde{P}(0)$ は偽である（$0 = x^2 + 1$ をみたす実数 $x$ は存在しない）．これで $\tilde{P}(y)$ が偽となる $y$ が存在することがわかった．したがって，(6.47) は偽なので，(6.45) も偽である． □

以上の説明で「論理記号のルール」が理解できたら，(6.41) の「違い」も明らかになる．特に，(6.37) と (6.38) との対応は，

$$(6.37) \longleftrightarrow \exists x\, \forall y\, P(x, y)$$

$$(6.38) \longleftrightarrow \forall y\, \exists x\, P(x, y)$$

とになる（ただし，ここでは $P(x, y) = (x > y)$）．この 2 つのうち，(6.38) を表す論理記号は自然に理解できるだろう．(6.38) では，まず「すべての $y$」が出てきて，次に「$x$ が存在する」となっている．この語順は論理記号の語順と同じだから．問題は，(6.37) のほうである．(6.37) でも，（日本語の）語順は (6.38) と同じで，まず「すべての $y$」があって，次に「$x$ が存在する」が登場する．これに対して，論理記号では，「まず $\exists x$，次に $\forall y$」となってしまっている．この「語順の逆転」を明確に意識していないと，つい日本語の語順に引きずられて，$\exists x\, \forall y\, P(x, y)$ の意味を誤解してしまうことが頻繁に起こる．十分注意していただきたい．

「語順の逆転」について納得するには，英語での言い回しを考えるのが効果的である．たとえば，論理記号で $\exists x \in \mathbf{R}\, (x > 1)$ と表される主張を考えよう．これを日本語で表せば，「1 より大きい実数 $x$ が存在する」となって，$x$ より先に「1 より大きい」という条件が出てくる．一方，同じことを，英語では，「There exists a real number $x$ which is greater than 1」など書く．英語の場合は先に $x$ が出てきて，次に「$x$ に関わる性質」である「greater than 1」が出てくる．英語での順番は論理記号での順番と同じなので，論理記号を左から読めば，自然な英語の表現になる．英語の場合は『まず最初に「登場人物」（の名前）の「紹介」があって，次にその「人物」について（何かが）語られる』というのが「原則」となっている（そのために，関係代名詞が重要となる）．しか

し，日本語は関係代名詞を使わないので，英語と語順が逆になることが多い．このような「言語構造の違い」を意識しておくと，論理記号にも馴染みやすい．

論理記号に限らず，数学の記号というものはたいてい「欧米の言語から発生したもの」である．たとえば，$a+b$ という記号は，英語では「$a$ and $b$」と読むわけで，「and を $+$ という記号に変えた」というだけなので，欧米の人にとっては，記号自体が「自然なもの」である（英語以外の欧米の言語でも，語順は英語と同じ）．$a+b$ は日本語でも「$a$ たす $b$」と読むじゃないか，と思うかもしれないが，それは少し話が違う．「$a$ たす $b$」という読み方は，「記号 $a+b$ を読むために作られた日本語」なのである．$a+b$ に対する日本語本来の読み方は「$a$ と $b$ を足す（または，足したもの）」である．しかし，「これでは記号の順番とずれてしまって不便」ということで，「$a$ たす $b$」という読み方が生まれた．「え，それじゃあ，日本語は数学に向いてないのか」と悲観してはいけない．「記号」などというものは歴史的経緯や何やらの「人間的な事情」に依存して決まっている便宜的なものにすぎず，数学の本質そのものではない．そして，現在一般的に使われる数学の記号は欧米起源のものなので，日本語とは「すれ違う」側面がある，というだけである．実際に，$a+b$ の代わりに，日本語の「$a$ と $b$ を足す」という表現に応じて，$ab+$ という記号で足し算を表しても支障はない．「$ab+$ なんて，思いっきりヘン」と感じるかもしれないが，それは「慣れていないだけ」である．その証拠に，$ab+$ のような「日本語の語順に応じた記号」の体系が構成されていて，それが有益であることが実証されている[14]．

論理記号の意味がはっきりしたので，次は一般的な性質をまとめておこう．変数が2つあり，おのおのについて $\forall$ と $\exists$ を考えることができるので，全体ではいろいろな組み合わせができる．それらについて一般的に成り立つ性質は，次のようにまとめられる．

**命題 6.22** 変数 $x, y$ を含む命題 $P(x, y)$ について，次のことが成り立つ．

(1) $\forall x\, \forall y\ P(x, y) \iff \forall y\, \forall x\ P(x, y)$
(2) $\exists x\, \exists y\ P(x, y) \iff \exists y\, \exists x\ P(x, y)$
(3) $\exists x\, \forall y\ P(x, y) \implies \forall y\, \exists x\ P(x, y)$
(4) (3) の逆は成立するとは限らない．

---

[14] その体系は「逆ポーランド記法 (reverse Polish notation)」と呼ばれている．逆ポーランド記法はなかなか面白いので，自分で調べてみることをお勧めする．

記号の意味さえわかっていれば，命題 6.22 の (1), (2) が成り立つことは「明らか」と言ってもいいだろう．ここで，(1), (2) が $x, y$ の組 $(x, y)$ を使って言い換えられることを指摘しておく．すなわち，(1) は $\forall (x, y)\ P(x, y)$ と同じであり，(2) は $\exists (x, y)\ P(x, y)$ と同じである．さらに，「$x$ が集合 $X$ の元で $y$ が集合 $Y$ の元」という場合には，組 $(x, y)$ は直積集合 $X \times Y$ の元である (3.7 節参照)．したがって，この状況では，(1) は $\forall (x, y) \in X \times Y\ P(x, y)$ と同じで，(2) は $\exists (x, y) \in X \times Y\ P(x, y)$ と同じである．

(3) と (4) については，前節と本節の前半でしつこいほど説明してきた．「すでに十分理解できた」という読者は，これからの説明を飛ばして先に進んでいただきたい．しかし，これは重要な論点なので，もう一度説明しておきたい．まず，(3) に登場する $\forall y\ \exists x\ P(x, y)$ は

$$\text{任意の } y \text{ に対して，その } y \text{ に応じて } x \text{ が定まる} \tag{6.48}$$

という主張である（このとき，「どんな $x$ が定まるのか？」といえば，「$P(x, y)$ が真である $x$」となる）．また，$\exists x\ \forall y\ P(x, y)$ のほうは

$$\text{ある } x \text{ が定まって，その } x \text{ が，すべての } y \text{ に通用する} \tag{6.49}$$

という主張である（このとき，『「$x$ が $y$ に通用する」とは何か？』といえば，「$P(x, y)$ が真であること」となる）．この (6.48) と (6.49) がわかれば，命題 6.22 の (3) と (4) が同時に解決する．2 つの違いは，(6.48) では「$x$ は $y$ に応じて定まればよい」となっているのに対して，(6.49) では「$y$ の値によらずに $x$ は一定である」といっている．これは，(6.48) が「$x$ が $y$ の関数になっている」といっているのに対して，(6.49) は「その関数は $y$ の定数関数だ」といっているようなものである．（注意：これは「比喩的表現」で，実際に $x$ が $y$ の関数ということではない．しかし，この「比喩」はわかりやすいと思うので，比喩的に説明する．）そして，「定数関数は関数の一種だ」ということに対応して，(6.49) が成り立つときは (6.48) が成り立つ．これが，命題 6.22(3) に対応している．さらに，命題 6.22(4) は「関数がすべて定数関数というわけではない」ということに対応している．

念のために，命題 6.22(3), (4) の証明をきちんと書いておこう．まず，(3) を証明する．そのために，$\exists x\ \forall y\ P(x, y)$ が成り立つと仮定する．つまり，ある $x_0$ があって，

$$\text{任意の } y \text{ について，} P(x_0, y) \text{ が真} \tag{6.50}$$

となっているとする．この (6.50) は

$$\text{任意の } y \text{ について，} x = x_0 \text{ とすれば } P(x,y) \text{ が成り立つ} \tag{6.51}$$

と言い換えられる．さらに，(6.51) から

$$\text{任意の } y \text{ について，} P(x,y) \text{ が真となる } x \text{ がある}$$
$$(\text{なぜなら，} x = x_0 \text{ ととればよい}) \tag{6.52}$$

が導かれる．(6.52) は「$\forall y \, \exists x \, P(x,y)$ が成り立つ」ことに他ならない．これで，(3) が証明された．

(4) を示すには，(3) の逆が成り立たない例があることを示せばよい．そして，例 6.17 で示した $P(x,y) = (x > y)$ は，(3) の逆が成り立たない例になっている（この例では，$x, y$ は実数を表す変数）．これで，(4) も示された． ∎

命題 6.22 を見て，「あれ？　論理記号の組み合わせのパターンの

$$\exists y \, \forall x \, P(x,y) \quad \text{と} \quad \forall x \, \exists y \, P(x,y) \tag{6.53}$$

が出てないじゃないか」と気づいた読者は，鋭い．「可能な組み合わせをすべて考えてみる」という態度は，数学を学ぶ上で大切である．この (6.53) を扱うには，「$x$ と $y$ を入れ替える操作」をおこなうのが有効だし，面白い．操作をおこなうと，(6.53) は

$$\exists x \, \forall y \, P(y,x) \quad \text{と} \quad \forall y \, \exists x \, P(y,x) \tag{6.54}$$

となって，論理記号の並び方は命題 6.22 で扱ったパターンになる．（注意：(6.53) に現れたのは $P(y,x)$ で $P(x,y)$ ではないが，$P(y,x)$ のことを $Q(x,y)$ と書けば，(6.53) は完全に命題 6.22 に現れたパターンに一致する．）要するに，『「変数の記号」には特別な意味はない』ということで，必要なときには記号を入れ替えて対処すればよい．

最後に，「否定の作り方」についても説明しておこう．といっても，実はここでは新しいことが登場するわけではなくて，6.4 節で述べたド・モルガンの法則を適用するだけである．最初に「括弧でくくる」と説明したように，複数の論理記号が現れる場合は，「論理記号の繰り返し」ということにすぎない．し

たがって，否定も，ド・モルガンの法則を繰り返し適用すればいいだけである．
(6.43) で定義した $\hat{P}(x)$ を使って 1 つ例を書いておくと，

$$
\begin{aligned}
\neg\,(\exists x\ \forall y\ P(x,y)) &\iff \neg\,(\exists x\ \hat{P}(x)) \\
&\iff \forall x\ \neg \hat{P}(x) \\
&\iff \forall x\ \neg(\forall y\ P(x,y)) \\
&\iff \forall x\ (\exists y\ \neg P(x,y))
\end{aligned}
$$

となって，

$$\neg\,(\exists x\ \forall y\ P(x,y)) \iff \forall x\ \exists y\ \neg P(x,y)$$

が得られる．他のパターンについても同じなので，各自実行していただきたい．

## 6.8 連続と一様連続

　微積分の学習で「理解困難」である事柄の代表として，「連続性 (continuity) と一様連続性 (uniform continuity) の違い」がある．この 2 つの概念の区別には，前節で学んだ「論理記号の順序」が深く関わっている．論理記号が「実戦」で活躍する舞台として代表的なテーマであるので，ここで取り上げて説明する．ただし，関数の実例などを挙げ始めると微積分の教科書になってしまうので，本書では「理屈」だけを説明する．連続性の定義にはイプシロン-デルタ論法はかならずしも必要ではないが，一様連続性の議論にはイプシロン-デルタ論法が欠かせない．したがって，本節ではイプシロン-デルタ論法の知識は仮定せざるを得ない．記憶が曖昧な読者は，微積分の教科書で復習してから本節を読んでほしい．

　以下では，$I$ は実数直線上の区間で，$f(x)$ $(x \in I)$ は $I$ 上の実数値関数だとする（つまり，$f : I \to \mathbf{R}$）．「$f(x)$ が $I$ 上連続である」ことの定義は，通常，「一点での連続性」から「$I$ での連続性」へと展開する．まず，一点での連続性の定義を復習しよう．

**定義 6.23** (一点での連続性)　$a$ を $I$ の点とする $(a \in I)$．このとき「$f(x)$ が $x = a$ で連続である」とは，$\lim_{x \to a} f(x) = f(a)$ が成り立つことである．また，このことは

$$\forall \epsilon > 0\ \exists \delta > 0\ \forall x \in I\ (|x - a| < \delta \Longrightarrow |f(x) - f(a)| < \epsilon) \tag{6.55}$$

と表現できる．

一点での連続性が定義できたら，「$I$ のすべての点で連続」として「$I$ での連続性」が定義される．

**定義 6.24** ($I$ での連続性)　「$f(x)$ が $I$ 上連続である」とは，$I$ の任意の点 $a$ について $f(x)$ が $x = a$ で連続なことをいう．これは「$\forall a \in I \ (\lim_{x \to a} f(x) = f(a))$ が成り立つ」ということで，イプシロン-デルタ論法では

$$\forall a \in I \ \forall \epsilon > 0 \ \exists \delta > 0 \ \forall x \in I \ (|x - a| < \delta \Longrightarrow |f(x) - f(a)| < \epsilon) \quad (6.56)$$

と表現できる．

(6.56) に $\forall a \in I \ \forall \epsilon > 0$ という表現が登場している．ここで，命題 6.22(1) を利用して「順序交換」すれば，これは $\forall \epsilon > 0 \ \forall a \in I$ と同じである．したがって，(6.56) は

$$\forall \epsilon > 0 \ \forall a \in I \ \exists \delta > 0 \ \forall x \in I \ (|x - a| < \delta \Longrightarrow |f(x) - f(a)| < \epsilon) \quad (6.57)$$

と同値である．

次に，一様連続の定義に移ろう．このとき，連続性の定義との大きな違いとして，一様連続性の場合には「一点で一様連続」という概念はない[15]ことに注意してほしい．一様連続性の場合には，いきなり「$I$ での一様連続性」を定義する．

**定義 6.25** ($I$ での一様連続性)　「$f(x)$ が $I$ 上一様連続である」とは

$$\forall \epsilon > 0 \ \exists \delta > 0 \ \forall a \in I \ \forall x \in I \ (|x - a| < \delta \Longrightarrow |f(x) - f(a)| < \epsilon) \quad (6.58)$$

が成り立つことである．

2つの定義に現れる (6.57) と (6.58) を比較して見てほしい．どちらにおいても，一番右の括弧の中身が複雑だが，括弧の中身は両者とも同じであり，違いはない．2つの違いは，$I$ 上の連続性を定める (6.57) では

---

[15]「ない」と言うより，「あり得ない」と言ったほうがピンとくる．

## 6.8 連続と一様連続

$$\forall a \in I \ \exists \delta > 0 \tag{6.59}$$

となっていて，$I$ 上の一様連続性を定める (6.58) では

$$\exists \delta > 0 \ \forall a \in I \tag{6.60}$$

となっている，という点だけである．そして，(6.59) と (6.60) の違いは「順序の違い」である．しかし，『「順序の違い」が大きな違いをもたらす』ということを，前節で（しつこく）説明した．

(6.59) と (6.60) の違いは，前の説明の通りだが，大切なので，簡単に振り返っておこう．論理記号のルールを思い出してもらうと，(6.59) では，

まず $a$ があって，その $a$ に対して $\delta$ が定まる

という状況だった．したがって，(6.59) では，$\delta$ は $a$ に依存して定まればよい．これに対して，(6.60) のほうでは

まず $\delta$ があって，その $\delta$ がすべての $a$ に対して通用する

となっている．(6.60) では，$a$ が登場する前に $\delta$ が定まっているので，「$\delta$ は $a$ に依存しようがない」ともいえる．この「1つの $\delta$ がすべての $a$ に対して通用する」という状況を「（区間 $I$ に属する）$a$ に関して一様に $\delta$ を定めることができる」などと表現することから，「一様連続」という言葉が使われる．現代では，「一様」という言葉が使われる機会がほとんどなく，そのせいで「一様連続」という言葉にもイメージがもちにくいかもしれない．その場合は，「言葉を丸覚えする」という方策をとるのではなくて，「一様」を「一斉」とか「共通」とか「同一」などの言葉に置き換えて，具体的なイメージをもって理解できるように努力することをお勧めする．「一様連続性」は uniform continuity の翻訳なので，英語の uniform に馴染みがもてれば，英語を通じて理解するのもいいかもしれない．この uniform に対して，（洋服の）「ユニフォーム」を思い浮かべるのも効果的である．「ユニフォーム」というのは，「集団には多くの人がいるが，その全員が同じ洋服を着ている」という状況で使われる言葉だが，それは，「すべての $a$ に同じ $\delta$ が使える」という状況と同じだから．

## 章末問題

**問題 6.1** 次の主張は正しいか？ただし，$x, y$ は実数を表す．

(1) $\exists x \, \forall y \, (x < y^2 + 1)$
(2) $\forall x \, \exists y \, (x > y^2 + 1)$

**問題 6.2** 次の主張は正しいか？ただし，$x, y$ は実数を表すとする．

(1) $\forall x \, \forall y \, (x^2 + xy - y^2 > 0)$
(2) $\exists x \, \exists y \, (x^2 + xy - y^2 > 0)$
(3) $\forall x \, \exists y \, (x^2 + xy - y^2 > 0)$
(4) $\exists x \, \forall y \, (x^2 + xy - y^2 > 0)$
(5) $\forall y \, \exists x \, (x^2 + xy - y^2 > 0)$
(6) $\exists y \, \forall x \, (x^2 + xy - y^2 > 0)$

**問題 6.3** $a, x, y$ は実数を表すとする．命題 $\exists y \, \forall x \, (x^2 + axy + y^2 > 1)$ が成り立つような $a$ の範囲を求めよ．

**問題 6.4** $a, b, x, y$ は実数を表すとする．次の主張が真であるための $a, b$ の条件を求めよ．

(1) $\forall x \, \forall y \, (ax = by)$
(2) $\exists x \, \exists y \, (ax = by)$
(3) $\forall x \, \exists y \, (ax = by)$
(4) $\exists x \, \forall y \, (ax = by)$

**問題 6.5** 関数 $f(x) = x^2$ は，区間 $(0, c)$ 上は一様連続だが，区間 $(0, +\infty)$ 上は一様連続でないことを示せ．ここで，$c$ は（任意の）正の実数である．

**問題 6.6** 実数 $a, t$ に対して，2つの関数
$$f(x) = x^2 + (a-1)x + 1, \; g(x) = tx^2 + 2ax + t$$
を考える．このとき，「$\forall x \in \mathbf{R} \, (f(x) > 0)$」が「$\forall x \in \mathbf{R} \, (g(x) > 0)$」の十分条件となるような $t$ の範囲を求めよ．

**問題 6.7** $a, b, c, d$ は実数とする．条件
$$\forall x \in \mathbf{R} \, \forall y \in \mathbf{R} \, (a(x^2 + y^2) + bx + cy + d > 0)$$
が成り立つための必要十分条件を求めよ．

**問題 6.8** 次の集合を求めよ．

(1) $\{x \in \mathbf{R} \mid \exists y \in \mathbf{R} \, (y < x < y^2)\}$
(2) $\{x \in \mathbf{R} \mid \exists y \in \mathbf{R} \, ((y > 0) \wedge (y < x < y^2))\}$

# Chapter 7

# 集合の濃度

　集合は「ものの集まり」なので，『集合の中に「もの（＝元)」がどれくらいあるか』を考えるのは自然である．集合の元を1つずつ数えていくとき，その操作がどこかで止まる集合を有限集合 (finite set) といい，操作が限りなく続いてしまう集合を無限集合 (infinite set) という．有限集合については，「元を数える操作が何回続いたか」を数えれば，その集合の「元の個数 (cardinality)」が定まる．すなわち，有限集合に対しては，その集合の「元の個数」という負でない整数を対応させることができる．しかし，無限集合については，「元を数える操作」は無限に続くので，「無限集合の元の個数」は「無限」と定めるしかない．無限集合はたくさんある[1]が，それらの「元の個数」は，「すべて無限で，同じ」となる．元の個数を数えて，それが無限になれば，「それ以上数えようがないんだから仕方ない」ということで長年話がすんできた．しかし，19世紀になって，カントールという数学者が「無限集合の間にも，元の個数の違いがある」という大発見をした．具体的に言えば，カントールは「自然数全体の集合と実数全体の集合では，元の個数に違いがある」という事実を証明した（カントールの定理；定理 7.29)．このカントールの発見によって，無限集合に対しても，その集合の「元の個数」を対応させることができ，それが非常に有効であることが明らかになった．このようにして登場した，無限集合の場合も含めた集合の「元の個数」を，その集合の「濃度 (cardinality)」と呼んでいる．
　本章では，集合の濃度に関する基本事項をまとめる．最初に，有限集合の

---

[1] それこそ，無限にある．

「元の個数」について復習したあと，（無限集合も含めた）集合の「元の個数の比較」について考察し，「濃度の比較」の説明をする．次に，カントールの定理を証明して，「濃度の異なる無限集合」が存在することを実証する．最後に，集合の濃度を考察する上での「重要なツール」であるベルンシュタインの定理（定理 7.31）を証明する．

## 7.1　集合の元の個数

本節では有限集合を扱い，集合の元の個数について基本性質をまとめる．したがって，本節に登場する集合は，すべて有限集合である．

**定義 7.1**　有限集合 $A$ に対して，$A$ に属する元の個数を，$|A|$ という記号で表す．

「個数」であるから，$|A|$ は「負でない整数（= 0 以上の整数）」で，たとえば，$\left|\{-1, 0, \sqrt{2}, \pi\}\right| = 4$ である．

**!注 7.2**　元の個数を表すには，$|A|$ の代わりに，$\#A$ や $n(A)$ などの記号が使われることもある．

**■例 7.3**　空集合 $\emptyset$ も有限集合である．そして，元の個数については，$|\emptyset| = 0$ となる．さらに，「$|A| = 0$ ならば $A = \emptyset$ である」こともすぐにわかる．したがって，有限集合 $A$ に対して，$A = \emptyset$ の場合を除けば，$|A|$ は自然数である．□

**■例 7.4**　どんな自然数 $n$ に対しても，$|A| = n$ となる集合 $A$ が存在する．なぜなら，たとえば，$A = \{1, 2, \cdots, n\}$ とすれば $|A| = n$ となるから．もちろん，例 7.3 とは違って，$|A| = n$ となる集合 $A$ は，いくらでもたくさんある．□

これから，集合の元の個数の性質を調べていこう．2 つの有限集合 $A, B$ があるとき，$A$ と $B$ の和集合・共通部分・差集合・直積集合が有限集合であるのはすぐにわかる．これらの集合の元の個数の基本性質をまとめておく．命題 7.5 の他に，ベキ集合に関しては命題 3.42，写像の集合に関しては命題 4.59 を参照してほしい．

‖ **命題 7.5** ‖　有限集合 $A, B$ に対して，次のことが成り立つ．（注：(4) の右辺は「2 つの整数の積」で，(5) の右辺は「整数のベキ」である．）

(1) $|A \cup B| + |A \cap B| = |A| + |B|$
(2) $A \cap B = \emptyset \implies |A \cup B| = |A| + |B|$
(3) $|B - A| = |B| - |A \cap B|$
(4) $|A \times B| = |A||B|$
(5) $|A^n| = |A|^n \quad (n \in \mathbf{N})$

**証明**　どの性質も「定義から明らか」と言っていいと思うが，簡単に説明しておく．(1) はベン図を思い浮かべて議論すればよい（図 3.1 参照）．ベン図の中で，「$A$ と $B$ の元それぞれに印を付ける」と想定する．このとき，印の総数は $|A| + |B|$ である．また，印が付く範囲は $A \cup B$ であり，$A \cap B$ に属するところは印が 2 重になっていることから，印の総数は $|A \cup B| + |A \cap B|$ である．当然ながら，印の総数は同じであるので，(1) が成り立つ．$|\emptyset| = 0$ なので，(2) は (1) から直ちに導かれる[2]．(3) も，差集合の定義からすぐに導かれる（定義 3.26 と図 3.1 参照）．(4) を導くには，直積集合の作り方（定義 3.32 参照）を思い出せばよい．直積 $A \times B$ の元は，組 $(a, b)$ $(a \in A, b \in B)$ であり，組 $(a, b)$ を作るには，$a$ の選び方が $|A|$ 通りあり，それぞれの $a$ に対して，$b$ の選び方が $|B|$ 通りある．したがって，組 $(a, b)$ の総数は，両者の積である $|A||B|$ 通りとなり，(4) が成り立つ．(4) を繰り返し使えば，(5) が示せる（厳密に議論するには，$A^{n+1} = A^n \times A$ に注意して，$n$ に関する数学的帰納法を使う）．∎

有限集合の部分集合も有限集合であることは明らかである．部分集合の元の個数については，次の性質がある．

‖ **命題 7.6** ‖　有限集合 $A, B$ について，次のことが成り立つ．

(1) $A \subset B \implies |B - A| = |B| - |A|$
(2) $A \subset B \implies |A| \leq |B|$
(3) $A \subset B$ かつ $|A| = |B| \implies A = B$
(4) $|A| \leq |B|$ かつ $|B| \leq |A| \implies |A| = |B|$

---
[2] 命題 7.5(2) の主張は利用される機会が多いので，あえて「別項目」として取り上げておいた．

**証明** これらの性質はすべて「明らか」と言っていいと思うが，一応「形式的な議論」の道筋(みちすじ)を書いておく．$A \subset B$ のときは $A \cap B = A$ であるので，命題 7.5(3) から (1) が直ちに導かれる．(1) と $|B - A| \geq 0$ であることから，(2) が成り立つ．(3) の仮定が成り立てば，(1) によって，$|B - A| = 0$ でなくてはならない．すると，$B - A = \emptyset$ である（例 7.3 参照）ので，$A = B$ である．これで，(3) が示せた．$|A|$ と $|B|$ は整数であるので，整数の性質から (4) は明らかである． ∎

命題 7.5 や命題 7.6 は，「個数を数える」というタイプの問題を解くときによく利用される．1 つだけ例を挙げておこう．

■ **例題 7.7** 100 以下の自然数で，3 の倍数でもなく 4 の倍数でもないものの個数を求めよ．

**解答** 100 以下の自然数全体の集合を $U$ とし，3 の倍数からなる $U$ の部分集合を $A$，4 の倍数からなる $U$ の部分集合を $B$ とする．つまり，

$$U = \{n \in \mathbf{N} \mid n \leq 100\}$$
$$A = \{n \in U \mid n \text{ は 3 の倍数}\}$$
$$B = \{n \in U \mid n \text{ は 4 の倍数}\}$$

である．問題で要求されているのは，$|(U - A) \cap (U - B)|$ を求めることである．命題 3.30(5) によって，$(U - A) \cap (U - B) = U - (A \cup B)$ が成り立っているので，$|U - (A \cup B)|$ を求めればよい[3]．

まず，3 と 4 は互いに素であるから，

$$A \cap B = \{n \in U \mid n \text{ は 12 の倍数}\}$$

がわかる ($3 \times 4 = 12$)．すると，倍数の定義から

$$|A| = \left[\frac{100}{3}\right] = 33, \ |B| = \left[\frac{100}{4}\right] = 25, \ |A \cap B| = \left[\frac{100}{12}\right] = 8$$

---

[3] ここでの議論を言葉で表現すると，『3 の倍数でも 4 の倍数でもない 100 以下の自然数の個数は，100 以下の自然数から「3 の倍数，または，4 の倍数」であるものを除いたものの個数に等しい』となる．

が得られる（ここで，[ ]はガウス記号である[4]）．したがって，

$$|U - (A \cup B)| = |U| - |A \cup B| \quad （命題 7.6(1)）$$
$$= |U| - (|A| + |B| - |A \cap B|) \quad （命題 7.5(1)）$$
$$= 100 - (33 + 25 - 8) \quad （上記の計算）$$
$$= 50 \quad （簡単な計算）$$

が得られる．以上で，問題の答えが 50 であることがわかった． ∎

命題 7.6(3) を（記号を使わずに）言葉で表現すると，『包含関係がある 2 つの有限集合については，「個数の一致」から「集合の一致」が導かれる』となる．これは簡単な性質であるが，意外に，応用される機会が多い（たとえば，命題 7.9 の証明）．覚えておくとよいと思う．

次は，有限集合の間の写像と元の個数の間の関係を考えよう．まず，写像が単射・全射であることと元の個数の関係をまとめる．

**命題 7.8** 有限集合 $A, B$ と写像 $f : A \to B$ に対して，次が成り立つ．

(1) $|\mathrm{Image}(f)| \leq |A|$ である．
(2) $|\mathrm{Image}(f)| \leq |B|$ である．
(3) (1) の不等式で等号が成り立つための必要十分条件は，$f$ が単射であること．
(4) (2) の不等式で等号が成り立つための必要十分条件は，$f$ が全射であること．

**証明** これらの性質は，ほとんど「定義から明らか」と言っていいだろう．しかし，例によって，念のために証明を書いておく．
$A = \{a_1, a_2, \cdots, a_n\} \ (n = |A|)$ だとすれば，$\mathrm{Image}(f) = \{f(a_1), f(a_2), \cdots, f(a_n)\}$ である．したがって，$|\mathrm{Image}(f)| \leq n$ であり，(1) が成り立つ．また，

---

[4] 実数 $x$ に対して，「$n \leq x < n+1$ をみたす整数 $n$」を $[x]$ と書き表す．これがガウス記号の定義である．たとえば，3 の倍数は $3k$（$k$ は整数）と表され，$3k$ が「100 以下の自然数」となる条件は，整数 $k$ が $1 \leq k \leq \frac{100}{3}$ をみたすことである．そのような $k$ の個数は，ガウス記号を使って，$\left[\frac{100}{3}\right]$ と表される．簡単な計算で $33 < \left[\frac{100}{3}\right] < 34$ がわかるので，$\left[\frac{100}{3}\right] = 33$ である．

$f(a_1), f(a_2), \cdots, f(a_n)$ の中に等しいものが 1 組でもあれば $|\mathrm{Image}(f)| < n$ となるので，(1) で等号が成り立つ条件は「$f(a_1), f(a_2), \cdots, f(a_n)$ がすべて異なること」である．これは「$f$ は単射」という条件と同じなので，(3) が成り立つ．

$\mathrm{Image}(f)$ は $B$ の部分集合なので，命題 7.6(2) により，(2) の不等式が成り立つ．また，(2) で等号が成り立てば $\mathrm{Image}(f) = B$ となる（命題 7.6(3)）ので，$f$ は全射である（定義 4.22(2)）．逆に，$f$ が全射ならば，$\mathrm{Image}(f) = B$ である（定義 4.22(2)）から，(2) で等号が成り立つ． ∎

「元の個数が等しい有限集合」の間の写像には，大きな特徴がある．

**命題 7.9** 集合 $A, B$ と写像 $f : A \to B$ があるとする．さらに，$A, B$ が有限集合で
$$|A| = |B| \tag{7.1}$$
が成り立つと仮定する．このとき，3 つの条件

(1) $f$ は単射
(2) $f$ は全射
(3) $f$ は全単射

はお互いに同値である．

**証明** 全単射の定義は「単射かつ全射」であるから，(1) と (2) が同値であることを示せば，(3) も (1), (2) と同値であることがわかる[5]．まず，(1) $\Longrightarrow$ (2) を示すために，$f$ が単射だと仮定する．このとき，命題 7.8(3) により，$|\mathrm{Image}(f)| = |A|$ が成り立つ．すると，(7.1) により $|\mathrm{Image}(f)| = |B|$ となるので，命題 7.8(4) によって，$f$ は全射である．これで，(1) $\Longrightarrow$ (2) が証明された．

上の証明を逆にたどれば (2) $\Longrightarrow$ (1) が示せる．つまり，$f$ が全射であることから $|\mathrm{Image}(f)| = |B|$ となり（命題 7.8(4)），(7.1) によって，$|\mathrm{Image}(f)| = |A|$

---

[5] ここでの「論理」を説明しておこう．そのために，(1) $\Longleftrightarrow$ (2) が示せたとして，(1) $\Longleftrightarrow$ (3) を示す．まず，(3) $\Longrightarrow$ (1) は，定義から明らかである（定義 4.22 参照）．次に，(1) $\Longrightarrow$ (3) を示すために，$f$ が単射だと仮定する．すると，(1) $\Longleftrightarrow$ (2) であるから，$f$ が全射であることがわかる．これで，$f$ は「単射かつ全射」となったので，全単射である（定義 4.22 参照）．これで (1) $\Longrightarrow$ (3) が示せた．以上で，(1) $\Longleftrightarrow$ (3) が証明された．(1) $\Longleftrightarrow$ (2) であるから，(2) $\Longleftrightarrow$ (3) も成り立つ．

となるので，$f$ が単射だとわかる（命題 7.8(3)）． ∎

命題 7.9 の状況で，$B = A$ の場合を考えると，条件 (7.1) はかならず成り立つ．すると，命題 7.9 から，

$A$ は有限集合で，写像 $f : A \to A$ があるとする．このとき，
$f$ が単射であることと $f$ が全射であることは同値である． (7.2)

という主張が導かれる．この (7.2) は，有限集合の大きな特徴である．すなわち，性質 (7.2) は，無限集合については成り立たない（7.3 節参照）．

集合の元の個数と「写像の存在」の間には，次のような関係がある．

**命題 7.10** 有限集合 $A, B$ について，次のことが成り立つ．

(1) $|A| \leq |B|$ $\iff$ （少なくとも 1 つ）単射 $f : A \to B$ が存在する
(2) $1 \leq |A| \leq |B|$ または $A = B = \emptyset$
  $\iff$ （少なくとも 1 つ）全射 $g : B \to A$ が存在する
(3) $|A| = |B|$ $\iff$ （少なくとも 1 つ）全単射 $f : A \to B$ が存在する

**!注 7.11** 命題 7.10 を証明する前に，言葉に関する注意を述べておく．

(i) 数学で「存在する」と言えばかならず「少なくとも 1 つ存在する」という意味である（2.8 節参照）．よって，命題 7.10 の「少なくとも 1 つ」という語句は不要である．しかし，誤解されてしまうことが多いので，念のために書いておいた．たとえば，$|A| = |B|$ が成り立つ場合を考えよう．このとき，命題 7.10(3) からわかることは，「たくさんある $A$ から $B$ への写像のうち，少なくとも 1 つが全単射だ」ということであって，決して「すべての写像 $f : A \to B$ が全単射だ」ということではない．(1) と (2) についても，事情は同じである．

(ii) 「単射 $f : A \to B$ が存在する」という表現は，「単射である（という条件をみたす）写像 $f : A \to B$ が存在する」という意味である．つまり，「単射」という言葉は，写像の性質を表すのにも使われるし，その性質をもつ写像（つまり，単射である写像）自体を表すこともある．全射と全単射についても，事情は同じである．

**証明** どの主張も「わかってしまえば当たり前」であるが，証明を書いておく．まず，(1), (2), (3) の「右ならば左」を証明する．単射 $f : A \to B$ があれば，命題 7.8(3) と命題 7.8(2) によって $|A| = |\mathrm{Image}(f)| \leq |B|$ が成り立つ．これで，

$|A| \leq |B|$ が得られたので, (1) の「右ならば左」が示された. 全射 $g: B \to A$ があれば, 命題 7.8(4) と命題 7.8(1) によって, $|A| = |\text{Image}(g)| \leq |B|$ が成り立つ[6]. これで, $|A| \leq |B|$ が得られた. ここで, $|A| \geq 1$ なら $1 \leq |A| \leq |B|$ が成り立つ. また, $|A| = 0$ なら $A = \emptyset$ である (例 7.3 参照) ので, 写像 $g: B \to \emptyset$ が存在することから, $B = \emptyset$ でなくてはならない (命題 4.21(2)). 以上で, $1 \leq |A| \leq |B|$ または $A = B = \emptyset$ が成り立つことが示されたので, (2) の「右ならば左」が証明できた. 全単射 $f: A \to B$ があるときは, 上の 2 つの議論から $|A| \leq |B|$ と $|B| \leq |A|$ の両方が成り立つ. したがって, $|A| = |B|$ となり, (3) の「右なら左」が示された.

「左から右」を証明するために,
$$A = \{a_1, a_2, \cdots, a_m\}, \quad B = \{b_1, b_2, \cdots, b_n\} \quad (m = |A|, n = |B|)$$
とおく. $m \leq n$ であるとすると
$$f(a_j) = b_j \quad (j = 1, 2, \cdots, m) \tag{7.3}$$
と定めることで, 写像 $f: A \to B$ が定義される[7]. すると, $b_1, b_2, \cdots, b_m$ はすべて異なる元なので, $f$ は単射である. これで, (1) の「左なら右」が示せた. また, $n = m$ であるときは, この $f$ は全射でもあるので, $f$ は全単射となる. したがって, (3) の「左なら右」も成り立つ. 最後に, (2) の「左なら右」を示す. まず, $A = B = \emptyset$ のときは, 写像 $g: \emptyset \to \emptyset$ が存在し, 全単射である (命題 4.21(3)) ので, 主張が成り立つ. また, $1 \leq m \leq n$ のときは
$$g(b_k) = \begin{cases} a_k & (1 \leq k \leq m) \\ a_1 & (m < k \leq n) \end{cases}$$
によって $g: B \to A$ を定める[8]. 定め方によって, この $g$ は全射であるから, (2) の「左なら右」が成り立つ. ∎

---

[6] この議論では, 命題 7.8 とは「$A$ と $B$ の役割」が入れ替わっていることに注意. 命題 7.8 では $f: A \to B$ と「$A$ から $B$ への写像」を扱っているが, ここでは $g: B \to A$ という「$B$ から $A$ への写像」に対して, 命題 7.8 を適用している.

[7] 元 $a_1, a_2, \cdots, a_m$ の像を (7.3) のように定めるためには, $b_1, b_2, \cdots, b_m$ が (ちゃんと) 存在していなければならない (そうでないと, (7.3) が意味をなさない). そして, 命題の仮定 $m \leq n$ が, 「$b_1, b_2, \cdots, b_m$ の存在」を保証している.

[8] この議論で, $m < k \leq n$ をみたす $k$ に対して $g(b_k) = a_1$ と定めるためには, 「$a_1$ が存在していなければならない」という点に注意してほしい. そのために $1 \leq m$ という条件が必要である. (ただし, $m = n$ のときには $m < k \leq n$ をみたす $k$ は存在しないので, 「$a_1 \quad (m < k \leq n)$」という一行は必要なくなる).

命題 7.10 によって，有限集合 $A, B$ について

$$\text{単射 } f: A \to B \text{ が存在するなら，全射 } g: B \to A \text{ が存在する} \tag{7.4}$$
（ただし，$A \neq \emptyset$ とする）

および

$$\text{全射 } g: B \to A \text{ が存在するなら，単射 } f: A \to B \text{ が存在する} \tag{7.5}$$

が成立する．この (7.4) の主張は，（有限集合だけでなく）無限集合についても成立する（命題 4.32）．(7.5) も無限集合について成立するが，その証明には，選択公理が必要となる（命題 4.32 のあとの説明参照）．

集合 $A, B$ について，$|A| = |B|$ は「元の個数が等しい」という条件だが，命題 7.10(3) は，それを『「全単射の存在」と言い換えてもいい』といっている．この主張は，実は，なかなかに「味わい深い」結果となっている（7.4 節参照）．

■ **例 7.12** 林檎（りんご）が一箱（ひとはこ）幼稚園に届いて，その林檎を一クラスの児童に配ることになったとする．林檎の取り合いで揉め事が発生しては大変であるが，子供のケンカはとても数学の手に負えるものではない．ということで，ここでは「感情問題への配慮」は忘れて，「林檎を配る」ことだけに集中する．配るのは「林檎を 1 つずつ取り出して一人一人の児童に渡していく（一人の子に 2 つ渡すことはしない）」という手順でおこなう．この手順で配っていって，「箱から林檎がなくなったときに，ちょうど全児童が林檎をもらえた」となっていれば，それが「（林檎の集合から児童の集合に）全単射が存在した」という状況である[9]．このときは，「林檎の個数と子供の人数は同じだった」といえる．ここで読者に注意していただきたいことは，この状況では，『「林檎の個数（や，子供の人数）がいくつなのか」はわからない』ということである．つまり，林檎の個数と児童の人数を別々に数えて数値を比較する作業をしなくても，上の手順で「個数と人数の一致」は確かめられる． □

■ **例 7.13** 運動会の「玉入れ競技」の勝敗判定法を思い出そう．競技は，2 つのカゴの中にそれぞれ赤玉と白玉を入れていって，「たくさん入れたほうが勝

---
[9] こうなれば，幼稚園の先生も安心である．子供たちが，林檎が大きいだの小さいだのと言い出さないことを祈ろう．

ち」というものである．しかし，その勝敗の判定では，「玉の個数を数える」ということはしない．2つのカゴを並べて，「ひとーつ」，「ふたーつ」，と，両グループそれぞれが1つずつ玉を取り出していって，「先になくなったほうが負け」となる．このとき，同時に玉がなくなれば，「引き分け」である．「引き分け」のときは「玉の個数は同じ」ということだが，「入れた玉の個数」はわからない．この勝敗判定法では，「個数がわからなくても勝敗が付けられる」という点が大切である[10]．

## 7.2 基数と順序数

有限集合の「元(げん)の個数」は負でない整数であった．しかし，「元の個数」が0になる集合は空集合だけである（例7.3参照）．したがって，空集合を「例外」として除いて考えると，「元の個数」は自然数である．

読者は，自然数に「2つの役割」があることを意識しているだろうか？　その「2つの役割」とは

(I) 個数を数えること
(II) 順番（＝順序）を指定すること

である．役割(I)は，前節で説明した通りで，多くの人が意識している「自然数の機能」である．役割(II)に当たるのは，記念写真などを見ながら「右から3番目の人はね…」と言うときの「3番目」などである．「3番目」という表現は『「個数を数えたら3だった」というのとはちょっと違う』ということは理解していただけるだろう．英語を考えると，(I)と(II)で単語も変わってくる．つまり，

$$\text{one} \leftrightarrow \text{first},\ \text{two} \leftrightarrow \text{second},\ \text{three} \leftrightarrow \text{third},\ \text{four} \leftrightarrow \text{fourth},\ \cdots$$

ということである．

1つの自然数に(I), (II)の2つの役割が割り振られているのは，(I)と(II)の間に「自然な対応」があるからである．つまり，自然数 $n$ に対しては「$n$ 個の

---

[10] もっとも，「ひとーつ」，「ふたーつ」，と数えていくのだから，最後には個数もわかることにはなる．しかし，そんな数値は誰も注目しないし，途中で数え間違えたって構いはしない（勝敗には影響しない）．命題7.10(3)が，「こういうときは個数なんか数えなくても大丈夫」と保証してくれている．

元を含む集合」が対応するし，同時に

$$1\text{番目}, 2\text{番目}, \cdots, n\text{番目} \tag{7.6}$$

という「並べ方」が対応する．「$n$ 個のものを並べよ」と言われたら，具体的な並べ方はいろいろあり得るが，「$n$ 個のものの並べ方のパターン」は (7.6) しかない．「$n$ 個のものの並べ方のパターン」が 1 つしかないからこそ，「自然数 $n$ が役割 (II) を果たす」という情報だけで自然に (7.6) という並べ方が想定できる．

「並べ方のパターン」がどんなことを指すかがわかりにくいかもしれない．そのときは，次の例を見てほしい．

■ 例 7.14 「自然数全部を一列に並べよ」という問題を出されたとしよう．この問題は，「自然数全体に順番を付けよ」と言い換えてもいい．普通に「大きさの順番」に並べれば

$$1, 2, 3, \cdots \tag{7.7}$$

が（1 つの）答えとなる．(7.7) は誰でも最初に思いつく並べ方だろう．それはそれで OK で，(7.7) は確かに「1 つの並べ方」である．しかし，(7.7) 以外の「並べ方のパターン」もあることに注意してほしい．たとえば，

$$1, 3, 5, \cdots, 2, 4, 6, \cdots \tag{7.8}$$

や

$$3, 6, 9, \cdots, 1, 4, 7, \cdots, 2, 5, 8, \cdots \tag{7.9}$$

などである．並べ方のルールを確認しておくと，(7.8) は「まず奇数を大きさの順に全部並べて，次に偶数を大きさの順に全部並べる」となり，(7.9) は「3 で割った余りに注目して，まず余りが 0 のものを全部並べ，次に余りが 1 のもの，余りが 2 のもの，の順に並べる」となる．(7.8) も (7.9) も「自然数すべてに順序を付けて並べている」となっている．

これら 3 つは，『「並べ方のパターン」が異なる並べ方』の例である．「並べ方のパターン」が異なることを「証明」するには，それぞれの並べ方について，『「直前の数（＝すぐ手前にある数)」が存在するかどうか』を考えればよい．（「直前の数」というのは，たとえば，「(7.8) では 3 の直前の数は 1 だが，2 には「直前の数」はない」などである．）すると，(7.7) では『「直前の数」が存在

しない数は1つ（つまり，1だけ）』，(7.8) では『「直前の数」が存在しない数は2つ（つまり，1と2）』，(7.9) では『「直前の数」が存在しない数は3つ（つまり，3と1と2）』となっている．これで，上記3つの並べ方の「並べ方のパターン」が異なっていることがわかる． □

例7.14では，「自然数全体の集合」が無限集合であることに注目してほしい．実は，上記の (I) と (II) の間に自然な対応があるのは有限集合の場合だけで，無限集合については，2つの役割が「分離」してしまう．そして，それを示す簡単な実例が例7.14である．

無限集合まで考慮すると役割 (I) と (II) が「分離」するのに伴って，数の概念も2つに「分離」する．このとき，役割 (I) に対応する数を「基数 (cardinal number)」といい，役割 (II) に対応する数を「順序数 (ordinal number)」という．有限集合に対応する基数を，その集合の「元の個数」と呼んだが，一般の集合については，対応する基数を，その集合の「濃度 (cardinality)」と呼ぶ[11]．本章の残りで，濃度に関する基本事項を説明する．

順序数は選択公理などと関係して重要であり，深い理論もある．しかし，それはかなり複雑で，本書では扱いきれない．他の教科書を参照してほしい（たとえば，松坂和夫「集合・位相入門」岩波書店）．

## 7.3 「無限」の威力

有限集合について成り立つ性質も，無限集合については成り立つとは限らない．本節では，そのような性質を取り上げてみる．

まず，有限集合については，次のことが成立するのを確認してほしい．（真部分集合とは，「自分自身以外の部分集合」である；定義3.17参照．）

**命題7.15** $B$ は有限集合で，$A$ は $B$ の真部分集合だとする．このとき，$A$ と $B$ の間には，全単射は存在しない．

**証明** 背理法で証明するために，全単射 $f: A \to B$ が存在したと仮定する．

---

[11] 「濃度」というと，何だか「割合」や「度合い」を示す数のように聞こえてしまう．しかし，そうではないので，注意してほしい．「濃度」は「良い用語」とは思えないが，他に適切な用語もないようで，「濃度」が一般的に通用している．

このとき，命題 7.10(3) によって，$|A| = |B|$ が成り立つ．すると，$A$ は $B$ の部分集合であるから，命題 7.6(3) によって $A = B$ でなくてはならない．しかし，これは「$A$ は $B$ の真部分集合だ」という仮定に反しており，矛盾である．これで，$A$ と $B$ の間に全単射が存在しないことが証明された． ∎

命題 7.15 で，「有限集合」という仮定が不可欠であることが，次の例からわかる．

■ 例 7.16  $B = \mathbf{N}$（自然数全体の集合）とし，$A$ を「正の偶数全体の集合」とする（$A = \{2n \mid n \in \mathbf{N}\}$）．このとき，$A$ は $B$ の真部分集合である．一方で，写像 $f : A \to B$ を
$$f(2n) = n \quad (n \in \mathbf{N})$$
で定義すれば，$f$ が全単射であることが簡単にわかる． ∎

■ 例 7.17  $B = \mathbf{N}$（自然数全体の集合）とし，$A$ を「2 以上の自然数全体の集合」とする（$A = \{n \in \mathbf{N} \mid n \geq 2\}$）．このとき，$1 \notin A$ であるので，$A$ は $B$ の真部分集合である．一方で，写像 $g : B \to A$ を
$$g(n) = n + 1 \quad (n \in B)$$
で定義する（$n \in B$ なら $n + 1 \geq 2$ であるので，$g(n) \in A$ である）．この $g$ は全単射である． ∎

■ 例 7.18  $\mathbf{N}$ は $\mathbf{Z}$ の真部分集合だが，$\mathbf{N}$ と $\mathbf{Z}$ の間には全単射が存在する．全単射はたくさんあるが，1 つだけ挙げておくと，たとえば
$$f(n) = (-1)^n \left[\frac{n}{2}\right] = \begin{cases} -\dfrac{n-1}{2} & (n \text{ は奇数}) \\ \dfrac{n}{2} & (n \text{ は偶数}) \end{cases} \quad (n \in \mathbf{N})$$
で定まる $f : \mathbf{N} \to \mathbf{Z}$ は全単射である（ここで，$[\ ]$ はガウス記号）．ちなみに，$f$ の逆写像 $f^{-1} : \mathbf{Z} \to \mathbf{N}$ は
$$f^{-1}(m) = \begin{cases} -2m + 1 & (m \leq 0) \\ 2m & (m \geq 1) \end{cases} \quad (m \in \mathbf{Z})$$

と表される．

上では $f$ を数式で表したが，実際にやっているのは「整数を順番に並べる」ことである．つまり，$f$ は，整数全体を

$$0, 1, -1, 2, -2, 3, -3, \cdots$$

と，正・負・正・負 $\cdots$ と交互に並べて作られている．　□

次の例は，無限集合を扱うときに『有限集合の場合から安易に「類推」するのは危険である』ことを示している．

**▣ 例 7.19**　「宿泊客で満員になっているホテルに，新たに人は泊まれない」というのは当たり前の常識である[12]．しかし，そのホテルに部屋が無限個あるなら，話は違ってくる．

「ホテルが満員だ」というのは，「ホテルのすべての部屋に人が泊まっている」という状態を指す．（部屋が無限個あるくらいだから，人間も無限にいる世界の話である．）ここに「泊めてほしい」と人が来たらどうするか．もちろん，部屋の数が有限なら，どうしようもない．しかし，無限個の部屋があるホテルなら，誰もホテルから追い出すことなく，新たに来た人を泊めることができる．方法は，「すでに泊まっている人全員に，隣の部屋に移ってもらう」ことである．つまり，ホテルの部屋に自然数で番号が付いているとすると，$n$ 号室の宿泊客に $n+1$ 号室に移ってもらえばいい $(n \geq 1)$．そうすれば，新たに来た人が1号室に泊まれるし，部屋は無限にあるのだから，誰かが追い出されることもない．この「部屋の移動の仕方」は，例 7.17 の写像に対応している．　□

集合 $A$ と写像 $f : A \to A$ に関して述べた (7.2) でも，「有限集合」という仮定は不可欠である．

**▣ 例 7.20**　写像 $f : \mathbf{N} \to \mathbf{N}$ と $g : \mathbf{N} \to \mathbf{N}$ を

$$f(n) = 2n, \quad g(n) = n+1 \quad (n \in \mathbf{N})$$

と定めれば，$f$ も $g$ も単射であるが，全射ではない．　□

---

[12] 当然ながら，「誰か一人追い出せ！」などという乱暴な議論をしてはいけない．みんなが幸せに暮らせる社会を作っていきましょう．

■ **例 7.21** 指数関数 $\exp : \mathbf{R} \to \mathbf{R}$ を $\exp(x) = e^x$ $(x \in \mathbf{R})$ で定義する．この $\exp$ は，単射であるが，全射ではない． □

■ **例 7.22** 写像 $f : \mathbf{N} \to \mathbf{N}$ を

$$f(n) = \left[\frac{n+1}{2}\right] = \begin{cases} \dfrac{n+1}{2} & (n \text{ は奇数}) \\ \dfrac{n}{2} & (n \text{ は偶数}) \end{cases} \quad (n \in \mathbf{N})$$

と定める（[ ] はガウス記号）．この $f$ は全射である．しかし，単射ではない（たとえば，$f(1) = f(2) = 1$ である）． □

■ **例 7.23** 写像 $f : \mathbf{C} \to \mathbf{C}$ を $f(z) = z^2$ $(z \in \mathbf{C})$ と定める．複素数の範囲で平方根はかならず存在する[13]ので，$f$ は全射である．しかし，$f(-1) = f(1)$（両方とも 1 に等しい）なので，$f$ は単射ではない． □

## 7.4 集合の濃度

前にも述べたように，「(有限集合の) 元の個数」という概念を無限集合に拡張したものが「集合の濃度 (cardinality)」である．本節では，集合の濃度の基本を説明する．さて，「集合の濃度」の定義は…，と話を進めたいところだが，実は「集合の濃度とは何か」を直接述べるのは易しくない．しかし，これまでに学んだことを利用すれば，「集合の濃度の比較」は定義できる．

**定義 7.24** 集合 $A, B$ について，次の定義をする．

(1) 「$A$ と $B$ の濃度が等しい」とは $A$ と $B$ の間に全単射が存在することである．言い換えれば，($A$ の濃度) $=$ ($B$ の濃度) とは，

写像 $f : A \to B$ で全単射であるものが（少なくとも 1 つ）存在する

ことである．

---

[13] このことは，簡単な議論で証明できる．また，平方根を具体的に求めることもできる．たとえば，中島匠一「代数方程式とガロア理論」（共立出版）の例題 A.21 参照．

(2) 「$A$ と $B$ の濃度が等しい」ことの否定を「$A$ と $B$ の濃度が等しくない」という．言い換えれば，($A$ の濃度) $\neq$ ($B$ の濃度) とは,

$$\text{どんな写像 } f: A \to B \text{ も決して全単射にはならない}$$

ことである．

(3) 「$A$ の濃度が $B$ の濃度以下である」とは $A$ から $B$ に単射が存在することである．言い換えれば，($A$ の濃度) $\leq$ ($B$ の濃度) とは

$$\text{写像 } f: A \to B \text{ で単射であるものが（少なくとも1つ）存在する}$$

ことである．

(4) 「$A$ の濃度が $B$ の濃度より（真に）小さい」とは，$A$ の濃度が「$B$ の濃度以下であるが $B$ の濃度には等しくない」ことである．言い換えれば，($A$ の濃度) $<$ ($B$ の濃度) とは

$$(A \text{ の濃度}) \leq (B \text{ の濃度}) \quad \text{かつ} \quad (A \text{ の濃度}) \neq (B \text{ の濃度})$$

が成り立つことである．

定義 7.24 のうち，(2) は「(1) の否定」をそのまま述べただけである．しかし，(2) も重要であるので，わざわざ取り出して書いておいた．また，(4) は，(2) と (3) を組み合わせて自然に出てくる主張である（実数 $x, y$ について，$x < y$ が「$x \leq y$ かつ $x \neq y$」であるのと同じこと）．したがって，定義 7.24 の「本体」は (1) と (3) である．

定義 7.24(1) で「等しい」という言葉を使う以上，

(1) $A$ と $A$ の濃度は等しい．
(2) $A$ と $B$ の濃度が等しいなら，$B$ と $A$ の濃度が等しい．
(3) $A$ と $B$ の濃度が等しく $B$ と $C$ の濃度が等しいなら，$A$ と $C$ の濃度が等しい．

という性質が成り立っていないと，まずい．幸い，これら3つの性質はすべて成り立っている[14]．「成立の根拠」は，それぞれ

---

[14] このことを，『「濃度が等しい」という関係は，同値関係である』と表現する．同値関係の一般論は，他の教科書（たとえば，松坂和夫「集合・位相入門」（岩波書店）や中島匠一「代数と数論の基礎」（共立出版）の A.3 節，など）を参照してほしい．

(1) 恒等写像 $\mathrm{id}_A : A \to A$ は全単射である（例4.26）.
(2) $f : A \to B$ が全単射なら, 逆写像 $f^{-1} : B \to A$ が存在し, $f^{-1}$ も全単射である（命題4.39）.
(3) $f : A \to B, g : B \to C$ が両方とも全単射なら, 合成写像 $g \circ f : A \to C$ も全単射である（命題4.43）.

という事実である. 濃度に関する「不等式」の記号も気になるところだが, それについては本節の最後で説明する.

定義7.24に現れた「濃度」は,『有限集合に関する「元の個数」の拡張』であることを確かめておいてほしい. すなわち, 有限集合 $A, B$ については, 定義7.24で「濃度」を「元の個数」で置き換えた主張が成立している. 具体的には, 定義7.24(1) が命題7.10(3)に対応し, 定義7.24(3) が命題7.10(1)に対応している.

有限集合については7.1節で扱ったので, これから無限集合について, 定義7.24がどのように適用されるかを見ていこう. まず, 濃度の等しい無限集合の例はたくさん挙げられる. 例7.16や例7.18などで無限集合の間の全単射を挙げたので, それらから「濃度の等しい無限集合」が得られる. たとえば, 例7.18で述べたことから, ($\mathbf{N}$ の濃度) $=$ ($\mathbf{Z}$ の濃度) が成立する. しかし, このくらいの例では, あまり「感激」がないだろう. 是非とも「無限集合の恐ろしさ」がわかる例を学んでほしいが, その前に1つ定義をしておく.

「一番"簡単な"無限集合は何か」と問われたら,「それは, 自然数全体の集合 $\mathbf{N}$ だ」と答えるのが自然だろう. というわけで,「$\mathbf{N}$ と濃度が等しい集合」は重要で, 特別な名前が付いている.

**定義7.25** 自然数全体の集合 $\mathbf{N}$ と濃度が等しい集合を可算無限集合 (countable infinite set) と呼ぶ. また, 有限集合または可算無限集合である集合を可算集合 (countable set) と呼ぶ.

**!注7.26** 「定義7.25での可算無限集合」のことを可算集合と呼び, 有限集合を可算集合の中に入れない流儀もあるので, 注意してほしい.「可算」は「数えられる」ということで,「無限個のものを数えられるのに有限個のものを数えられない」というのもヘンだと感じるので, 筆者は定義7.25の流儀に従っている.

「集合 $A$ が可算無限集合である」ことは,「全単射 $f : \mathbf{N} \to A$ があ

る」ことに他ならない（定義 7.25 と定義 7.24(1) 参照）．このときは $A = \{f(1), f(2), f(3), \cdots\}$ と表されて，これは「$A$ の元すべてに番号を振った」ことと同じである．そして，有限集合は，「番号が途中で止まる場合」と解釈できる．というわけで，「集合が可算かどうか」は「その集合の元全部に番号が振れるかどうか」と同じことになる．こう考えたほうが，「全単射が存在する」という理解よりイメージがもちやすいと思う．この意味で，昔は，可算集合のことを可付番集合と呼んでいた．「可付番」は「番号を付けられる」ということなので，こちらの呼び名のほうが（筆者には）"親しみ" が感じられる．

定義 7.25 の用語で，定理 7.27 が成り立つ．有理数は自然数より「ずっとたくさんある」というのが自然な感想だから，この結果は意外であろう．

**定理 7.27** 有理数全体の集合 $\mathbf{Q}$ は可算無限集合である．

**証明** 有理数すべてに番号を振っていけばいいわけだが，その番号を具体的に書き下すのは大変である．次の補題を使うと，議論が容易になる．

**補題 7.28** 無限集合 $A$ の部分集合の族 $A_n$ $(n \in \mathbf{N})$ が，2 つの条件

(1) すべての $n$ について $A_n$ は有限集合
(2) $A = \bigcup_{n=1}^{\infty} A_n$

をみたすとする．このとき，$A$ は可算無限集合である．

**証明** 証明の方針は，$n = 1, 2, \cdots$ の順番で $A_n$ の元に番号を振っていくことである．しかし，集合 $A_1, A_2, A_3, \cdots$ の元には，重複があり得る．そこで，

$$B_1 = A_1, \quad B_n = A_n - \left(\bigcup_{k=1}^{n-1} A_k\right) \quad (n \geq 2) \tag{7.10}$$

によって，集合 $B_n$ $(n \in \mathbf{N})$ を定める[15]．すると，仮定 (1) と (7.10) によって，すべての $B_n$ は有限集合である．また，仮定 (2) と (7.10) によって，

---

[15] (7.10) は大仰に見えるが，やっていることは難しくない．つまり，集合 $A_n$ の中から「すでに $A_1, A_2, \cdots, A_{n-1}$ に登場している元」を除いて得られる集合が $B_n$ である．それがわかれば，(7.11) も「当然成り立つ」と理解できる．

$$A = \bigcup_{n=1}^{\infty} B_n \text{ かつ } B_m \cap B_n = \emptyset \ (m \neq n \text{ のとき}) \tag{7.11}$$

が成り立つ．$A$ のすべての元にもれなく番号を振るには，まず $B_1$ のすべての元に番号を振る，次に $B_1$ に番号を振るのに使った数の次の数から始めて $B_2$ のすべての元に番号を振る，次は $B_3$ のすべての元に番号を振る，$\cdots$ と続けていく．すると，(7.11) の最初の条件から，最終的に $A$ のすべての元に番号が振られることがわかる．また，(7.11) の 2 番目の条件から，上のようにして振られた番号には重複はない．以上で，$A$ の元すべてに重複なく番号が付けられたので，$A$ は可算無限集合である． ∎

補題 7.28 を使って $\mathbf{Q}$ が可算無限集合であることを示すために，$\mathbf{Q}$ の部分集合 $A_n$ $(n \in \mathbf{N})$ を

$$A_n = \left\{ \frac{b}{a} \in \mathbf{Q} \mid a \in \mathbf{N}, b \in \mathbf{Z}, a + |b| \leq n \right\} \quad (n \in \mathbf{N})$$

と定める．このとき，$a + |b| \leq n$ をみたす $a, b$ の組は有限個しかないから，補題 7.28 の条件 (1) は成り立っている．また，すべての有理数は分母が自然数である分数の形で表される（例 3.11 参照）から，補題 7.28 の条件 (2) もみたされている．したがって，補題 7.28 により，$\mathbf{Q}$ は可算無限集合である． ∎

定理 7.27 を眺めると，

「濃度が等しくない 2 つの無限集合」なんてあり得るのか？

という疑問が湧いてくる．これはなかなかの難問である．この問題に，颯爽と「あり得るさ」と答えてくれるのが，カントールの定理（定理 7.29）である．実は，歴史的には話が逆で，カントールが定理 7.29 を証明したことで「無限集合にも濃度の違いがある」ということがわかって，「集合の濃度」の理論が誕生した．

濃度に関して，もう 1 つの「注意点」を述べておこう．それは，定義 7.24(3) で不等号 $\leq$ を使うことの「正当性」である．つまり，$\leq$ という記号を使う以上，当然

$(A \text{ の濃度}) \leq (B \text{ の濃度})$ かつ $(B \text{ の濃度}) \leq (C \text{ の濃度})$

$$\Longrightarrow (A \text{ の濃度}) \leq (C \text{ の濃度}) \tag{7.12}$$

と

$$(A \text{ の濃度}) \leq (B \text{ の濃度}) \text{ かつ } (B \text{ の濃度}) \leq (A \text{ の濃度})$$
$$\Longrightarrow (A \text{ の濃度}) = (B \text{ の濃度}) \tag{7.13}$$

という 2 つの性質が成り立つことが期待される（ここで，$A, B, C$ は集合を表す）．むしろ，「(7.12) や (7.13) が成り立たないのであれば，$\leq$ という記号を使うことは許されない」と言ったほうがいいかもしれない．さあ，(7.12) と (7.13) は成り立っているのだろうか？

まず，(7.12) のほうは，簡単に「確かに成り立つ」と言える．なぜなら，(7.12) の仮定は 2 つの単射 $f: A \to B$ と $g: B \to C$ が存在することである（定義 7.24(3) 参照）．すると，合成写像 $g \circ f: A \to C$ は単射である（例題 4.31(1) 参照）ので，(7.12) の結論が成り立つ．

さて，(7.13) のほうは，なかなかの難問である．自力ですんなりと (7.13) に答えが出せる人は少ないのではないだろうか（少なくとも，筆者にはできない）．しかし，ベルンシュタインさんが頑張って，「(7.13) は成り立つ」ということを証明してくれた（ベルンシュタインの定理：定理 7.31）．そのおかげで，集合の濃度について安心して $\leq$ という記号が使えるようになった（めでたし，めでたし）．

本節の最後に，最初に触れた

$$\text{濃度とは何か} \tag{7.14}$$

という問い掛けへの答えを説明しておきたい．この問い掛けに対する筆者の答えは，「(7.14) には答える必要がない」というものである．「何じゃ，そりゃあ？ なめとるんか！」と言って怒られそうなので，説明しておこう．筆者の言いたいのは『「濃度」自体を知らなくても，「濃度の比較」ができれば十分』ということである．そして，「濃度の比較」は，定義 7.24 によって，意味が明確になっている．さらに，実際に数学の議論をするときには，「濃度の比較」は重要で有益な結果をもたらすが，「濃度」自体について語らねばならない機会はほとんどない[16]．『「濃度」を定義しなくても「濃度の比較」ができる』というのは，なかなか「楽しいこと」ではなかろうか．

---

[16] 筆者の感覚としては「まったくない」と言いたいところである．（注意書き：筆者は集合論の研究

とはいえ，数学の世界で「濃度」が定義されていないわけではない．定義をするには，「全単射が存在する」という関係は集合の間の同値関係だから…，などと議論していくことになる．しかし，それはかなりの「抽象論」なので，本書では取り扱わない[17]．定義のポイントが『「濃度の比較」について定義7.24の事実を成り立たせる背後にあるものが集合の濃度だ』ということだけ了解しておいてほしい．

『「濃度」自体を知らなくても「濃度の比較」はできる』というようなことを考えていると，筆者は「哲学的な気分」に陥って，「人生」について考えたりなどしてしまう．筆者も含めて，誰でも若いときは「生きる意味は何だろうか」などと考え込んでしまうものである．しかし，筆者はあるとき，『そんな問い掛けは抽象的すぎて，「有効な答え」が想定できない』ということに気づいた．そして同時に，『「生きる意味」に答えなどなくても，「どう生きるか」をは考えることができて，その問いに答えていくほうが有益だ』と思い始めた．このことは，『問い(7.14)に答えなくても，「濃度の比較」をすることで面白い数学に出会える』ことと似ている．

## 7.5 カントールの定理

本節では，カントール(G. Cantor)の定理を証明する．カントールの定理の「意義」は，前節の最後の説明を見てほしい．

まず，定理の主張を述べよう．

**定理 7.29**（カントールの定理）　集合 $\mathbf{N}$ と $\mathbf{R}$ の間には全単射は存在しない．すなわち，$\mathbf{R}$ は可算集合ではない．

証明を始める前に，定理7.29から導かれることをまとめておこう．定義7.24(2)に照らせば，定理7.29は「($\mathbf{N}$の濃度) $\neq$ ($\mathbf{R}$の濃度)」ということを示している．さらに，$\mathbf{N} \subset \mathbf{R}$ であることから定まる包含写像

---

者ではない．）しかし，そんなことを言うと「お叱り」を受けそうなので，「ほとんど」としておく．読者の皆さんには，筆者がこの脚注を書いたことも秘密にしておいていただけるようにお願いする．

[17] 「濃度」自体の定義を知りたい方は，他の教科書（たとえば，松坂和夫「集合・位相入門」岩波書店）を参照してほしい．無限集合 $A$ の濃度も，有限集合の場合と同じ記号を使って，$|A|$ と表されることが多い．しかし，本書では濃度自体を定義していないので，この記号も導入しなかった．

$$f: \mathbf{N} \to \mathbf{R}, \quad f(n) = n \quad (n \in \mathbf{N})$$

は単射である（例 4.26 参照）から，「($\mathbf{N}$ の濃度)$\leq$($\mathbf{R}$ の濃度)」が成り立っている（定義 4.24(3)）．2 つを合わせて，「($\mathbf{N}$ の濃度)$<$($\mathbf{R}$ の濃度)」が成り立っている（定義 4.24(4)）．ということで，$\mathbf{R}$ は $\mathbf{N}$ よりも真に濃度が大きい無限集合である．これがカントールの「大発見」であった．

これから，定理 7.29 に 2 通りの証明を与える[18]．最初の証明は「実数の連続性」をダイレクトに使った証明である．2 番目の証明も「実数の連続性」に依存しているのは当然なのだが，それよりも，「カントールの対角線論法」と呼ばれる優れた方法の"鑑賞"にウェイトがおかれる．

**証明 1 :** 背理法で証明するために，$\mathbf{R}$ が可算集合だと仮定する．すると，「実数全部に番号が振れる」のであるから，

$$\mathbf{R} = \{x_1, x_2, x_3, \cdots\} \tag{7.15}$$

と表せる．このとき，数列 $a_0, a_1, a_2, \cdots$ と $b_0, b_1, b_2, \cdots$ を次のように定める；まず，$a_0 = 0, b_0 = 1$ とおく．次に，$n \geq 1$ に対して，(7.15) の $x_n$ に応じて

$$\begin{aligned} x_n \leq \frac{a_{n-1} + b_{n-1}}{2} \text{ なら } a_n &= \frac{a_{n-1} + 2b_{n-1}}{3}, \ b_n = b_{n-1} \\ x_n > \frac{a_{n-1} + b_{n-1}}{2} \text{ なら } a_n &= a_{n-1}, \ b_n = \frac{2a_{n-1} + b_{n-1}}{3} \end{aligned} \tag{7.16}$$

と定める．((7.16) で，$n = 1$ とすれば $a_1, b_1$ が定まり，次に $n = 2$ として $a_2, b_2$ が定まり，$\cdots$ と繰り返して，数列 $a_n, b_n$ $(n \geq 1)$ が定義される．) こうして定めた数列は，すべての $n \geq 1$ に対して

$$a_{n-1} \leq a_n < b_n \leq b_{n-1}, \ b_n - a_n = \frac{1}{3}(b_{n-1} - a_{n-1}) \tag{7.17}$$

および

$$x_n \notin [a_n, b_n] \tag{7.18}$$

をみたしている ((7.16) と図 7.1 参照)．ただし，記号 $[a, b]$ は閉区間を表している（3.3 節参照）．

---

[18] もちろん，どんな定理も 2 回証明する必要はない．証明が正しい限り，証明は 1 つあれば十分である．しかし，定理 7.29 は重要であるし，証明は 2 つとも興味深いので，両方紹介しておく．

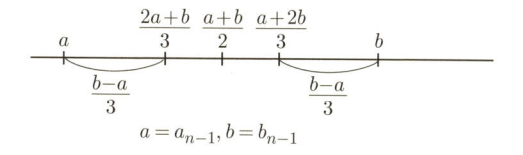

```
         2a+b  a+b  a+2b
          3    2    3
  a  |---|----|----|---|  b
      b-a          b-a
      ───          ───
       3            3
      a = a_{n-1}, b = b_{n-1}
```

**図 7.1** 点の配置

(7.17) により，$[a_n, b_n] \subset [a_{n-1}, b_{n-1}]$ $(n \geq 1)$ が成り立っている（例 3.21 参照）．これと (7.18) から，

$$\{x_1, x_2, \cdots, x_n\} \cap [a_n, b_n] = \emptyset \quad (\text{すべての } n \geq 1) \tag{7.19}$$

が導かれる．実数の連続性[19]と (7.17) によって，

$$\lim_{n \to \infty} a_n = \lim_{n \to \infty} b_n = c \tag{7.20}$$

をみたす $c \in \mathbf{R}$ が存在する（注：(7.17) の 2 番目の等式から，$\lim_{n \to \infty} a_n = \lim_{n \to \infty} b_n$ がわかる）．すると，$c \in \mathbf{R}$ であるから，(7.15) によって，$c = x_m$ をみたす自然数 $m$ がある．また，すべての $n$ について $c \in [a_n, b_n]$ であるから，特に $c \in [a_m, b_m]$ である．よって，$c \in \{x_1, x_2, \cdots, x_m\} \cap [a_m, b_m]$ となる．しかし，このことは (7.19) に矛盾している．以上で，「$\mathbf{R}$ は可算集合だ」という仮定から矛盾が導かれたので，$\mathbf{R}$ は可算ではあり得ない．これで，定理 7.29 が証明された．（証明 1 の終わり．）■

**証明 2**　「カントールの対角線論法」を使う証明を述べる．議論を簡単にするために，最初に準備をしておく．記号 $(0, 1)$ と $(0, 1]$ はそれぞれ実数直線上の開区間・半開区間を表す（3.3 節参照）．念のために，記号を復習しておくと

$$(0, 1) = \{x \in \mathbf{R} \mid 0 < x < 1\}, \quad (0, 1] = \{x \in \mathbf{R} \mid 0 < x \leq 1\}$$

である．

**補題 7.30**　上の記号で，次のことが成り立つ．

(1) $(0, 1)$ と $\mathbf{R}$ の間には全単射が存在する．

---

[19] 実数の完備性とも呼ばれる．ここでは，「有界で単調な実数列は極限をもつ」という形で実数の連続性を使っている．実数の連続性に関する詳しいことは，微積分の教科書を参照してほしい．

(2) $(0,1]$ と $(0,1)$ の間には全単射が存在する．
(3) $(0,1]$ と $\mathbf{R}$ の間には全単射が存在する．

**証明** (1): 証明のためには，$(0,1)$ と $\mathbf{R}$ の間の全単射を具体的に与えてしまえばよい．たとえば
$$f_1(x) = \tan \pi \left( x - \frac{1}{2} \right) \quad (x \in (0,1))$$
で定まる写像 $f_1 : (0,1) \to \mathbf{R}$ は全単射である（グラフを描けば，証明は容易）．
（注意：全単射を与える写像は上の $f_1$ に限らず，たくさんある．たとえば，
$$f_2(x) = \frac{1}{1-x} - \frac{1}{x} \quad (x \in (0,1))$$
で定まる写像 $f_2 : (0,1) \to \mathbf{R}$ も全単射である．）

(2): この場合も，写像 $g : (0,1] \to (0,1)$ で全単射であるものを1つ与えればよい．全単射の作り方はいくらでもあるが，実数を $\dfrac{1}{2^n}$ $(n \in \mathbf{Z})$ の形のものとそれ以外に分けるのが簡単である．そう考えると，$y \in (0,1]$ に対して
$$g(y) = \begin{cases} \dfrac{y}{2} & (y = \dfrac{1}{2^n},\ n \in \mathbf{Z}, n \geq 0\ \text{のとき}) \\ y & (\text{それ以外の}\ y) \end{cases}$$
と定めて，写像 $g : (0,1] \to (0,1)$ が作れる．この $g$ が全単射であることの確認は難しくない．（$g$ は
$$g(1) = \frac{1}{2},\quad g\left(\frac{1}{2}\right) = \frac{1}{4},\quad g\left(\frac{1}{4}\right) = \frac{1}{8},\ \cdots$$
をみたし，上に現れた値以外では $g(y) = y$ となるように構成してある．）

(3): (1) と (2) から明らかである．念のために書いておくと，(1) の $f_1$ と (2) の $g$ を使って，合成写像 $f_1 \circ g : (0,1] \to \mathbf{R}$ を考えれば，この写像が $(0,1]$ と $\mathbf{R}$ の間の全単射を与える（命題4.43参照）．（注：$f_1$ の代わりに $f_2$ を使っても構わない．） ■

これから，定理7.29を背理法で証明する．つまり，$\mathbf{N}$ と $\mathbf{R}$ の間に全単射があると仮定して，矛盾が起こることを示す．

さて，$\mathbf{N}$ と $\mathbf{R}$ の間に全単射があるとすれば，補題 7.30(3) によって，$\mathbf{N}$ と $(0,1]$ の間にも全単射がある．したがって，

$$\text{全単射 } f : \mathbf{N} \to (0,1] \text{ が存在する} \tag{7.21}$$

と仮定して，(7.21) から矛盾が起こることを示せばよい．

これからの議論のポイントは，$(0,1]$ に属する数を小数で表すことである．つまり，$x \in (0,1]$ を

$$x = 0.a_1 a_2 a_3 \cdots \quad (a_1, a_2, a_3, \cdots \text{ はどれも } 0 \text{ から } 9 \text{ までの数字のどれか}) \tag{7.22}$$

という形で小数で表す．このとき，(7.22) のような表示は 1 通りとは限らないことに注意が必要である．たとえば，$x = \dfrac{1}{2} \in (0,1]$ は

$$\frac{1}{2} = 0.5000 \cdots = 0.49999 \cdots$$

と 2 通りの小数で表される．しかし，このようなことが起こるのは「有限小数は無限小数でも表される」という状況だけである．したがって，小数による表示では有限小数を使うのをやめて

$$\text{小数はすべて無限小数で表す} \tag{7.23}$$

と決めておけば，小数による表示は一意的に決まる（この事実は各自で確認してほしい）．ルール (7.23) のもとでは

$$\text{(7.22) の形の無限小数と } (0,1] \text{ の元が 1 対 1 に対応する}$$

となっている．この事実が以下の証明の基本となる．

さていよいよ証明にとりかかろう．そのために，(7.21) が成り立つと仮定し，全単射 $f : \mathbf{N} \to (0,1]$ を 1 つとる．このとき，任意の $n \in \mathbf{N}$ について $f(n)$ は $(0,1]$ の元なので，$f(n)$ は (7.22) の形で小数で表せる．その表示を

$$f(n) = 0.a_1^{(n)} a_2^{(n)} a_3^{(n)} \cdots \quad (n \in \mathbf{N}) \tag{7.24}$$

とする．ここで，各自然数 $k$ に対して

$$b_k = \begin{cases} 1 & (a_k^{(k)} \neq 1 \text{ のとき}) \\ 2 & (a_k^{(k)} = 1 \text{ のとき}) \end{cases} \tag{7.25}$$

と定める．さらに，この $b_k$ を使って

$$b = 0.b_1 b_2 b_3 \cdots$$

という小数を作る．任意の自然数 $k$ について $b_k \neq 0$ なので，$b$ は無限小数である．

この $b$ の存在から，矛盾が導かれることを示そう．作り方から $b \in (0,1]$ であるので，$f$ が全射であるという仮定によって，

$$f(m) = b$$

をみたす $m \in \mathbf{N}$ がとれる．このとき，$f(m)$ と $b$ を小数で表したときの「小数点以下 $m$ 桁目の数」に注目する．まず，(7.24) によって，$f(m)$ の $m$ 桁目の数は $a_m^{(m)}$ である．一方，$b$ の $m$ 桁目の数は $b_m$ である．すると，$f(m) = b$ であることから，$a_m^{(m)} = b_m$ でなくてはならない．しかし，(7.25) によって，$b_m$ は $b_m \neq a_m^{(m)}$ が成り立つように定められていたので，これは矛盾である．

以上で，仮定 (7.21) から矛盾が導かれた．したがって，全単射 $f : \mathbf{N} \to \mathbf{R}$ は存在し得ない．これで，定理 7.29 の証明が完成した．（証明 2 の終わり．）■

証明 2 の議論を「カントールの対角線論法」と呼ぶ．自然数 $n$ と $k$ に関して定まる $a_k^{(n)}$ の中で，「その対角線成分である $a_k^{(k)}$ ($k = 1, 2, \cdots$) に注目して議論を進める」というカントールの優れたアイディアにちなむ命名である．

# 7.6 ベルンシュタインの定理

本節では，(7.13) が成り立つことを保証してくれるベルンシュタイン (F. Bernstein) の定理（定理 7.31）を証明する．

**定理 7.31** （ベルンシュタインの定理）　集合 $A, B$ と 2 つの写像

$$f : A \to B, \quad g : B \to A$$

があり，$f$ と $g$ が条件

$$f \text{ は単射　かつ　} g \text{ は単射} \tag{7.26}$$

をみたすなら，$A$ と $B$ の間に全単射が存在する．

## 7.6 ベルンシュタインの定理

証明を始める前に，定理 7.31 の証明で「どこに苦労があるか」を理解しておいてほしい．仮定 (7.26) により $f$ は単射なので，もし $f$ が全射であれば，$f$ は全単射となり，定理の結論が成り立つ．同様に，$g$ が全射である場合も，定理の結論が導かれる．しかし，当然ながら，一般的には $f$ も $g$ も全射とは限らない．そうなると，定理で存在を主張している「全単射」は，$f$ や $g$ であるとは限らない（というより，一般には，$f$ でも $g$ でもない）．だから，定理を証明するには，「$A$ と $B$ の間に新しく写像を作らなくてはならない」のである．ということで，定理の証明のポイントは，「$A$ と $B$ の間の全単射をどのようにして作るか」となる（手品で，「袖から鳩を出すのに苦労する」というようなものである）．

さて，定理 7.31 の証明を始めよう．$A$ から $B$ への全単射を構成するために，$B$ の部分集合の族 $B_0, B_1, B_2, \cdots$ と，$A$ の部分集合の族 $A_1, A_2, \cdots$ を

$$B_0 = B - \mathrm{Image}(f)$$
$$= \{b \in B \mid b = f(a) \text{ となる } a \in A \text{ は存在しない}\}$$
$$A_n = \{g(b) \in A \mid b \in B_{n-1}\} \quad (n \geq 1)$$
$$B_n = \{f(a) \in B \mid a \in A_n\} \quad (n \geq 1)$$

と定める（図 7.2 参照）．

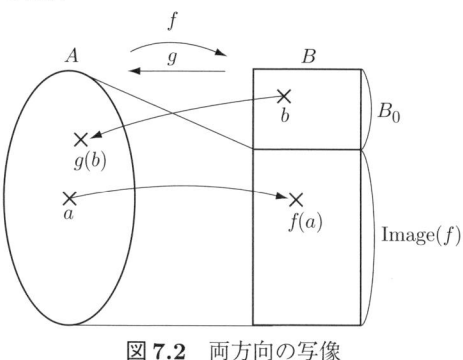

図 7.2 両方向の写像

**!注 7.32** 集合 $A_n, B_n$ は，4.8 節で説明した「順像」を使って定義することができる．具体的に書けば，

$$B_0 = B - f_*(A),$$
$$A_n = g_*(B_{n-1}), \quad B_n = f_*(A_n) \quad (n \geq 1)$$

となる．しかし，ここでは，なるべく「予備知識」なしに定理 7.31 が理解できるように，順像の言葉を使わずに証明を書くことにした．順像を理解している読者は，「順像の言葉を使うとどうなるか」を考えてみてほしい．

さらに，$A$ の部分集合 $\tilde{A}$ と $B$ の部分集合 $\tilde{B}$ を

$$\tilde{A} = \bigcup_{n=1}^{\infty} A_n, \quad \tilde{B} = \bigcup_{n=0}^{\infty} B_n = B_0 \cup \left( \bigcup_{n=1}^{\infty} B_n \right)$$

と定める．以上の記号の元で，次の補題が成り立つ．

### 補題 7.33  記号は上の通りとする．

(1) $b \in \tilde{B}$ なら，$g(b) \in \tilde{A}$ である．
(2) 任意の $a \in \tilde{A}$ に対して，$a = g(b)$ をみたす $b \in \tilde{B}$ が唯 1 つ存在する．
(3) $a \in A - \tilde{A}$ なら，$f(a) \in B - \tilde{B}$ である．
(4) 任意の $b \in B - \tilde{B}$ に対して，$b = f(a)$ をみたす $a \in A - \tilde{A}$ が唯 1 つ存在する．

**証明** (1)：$b \in \tilde{B}$ とする．すると，$b \in B_n$ をみたす整数 $n$ がある ($n \geq 0$)．したがって，$g(b) \in A_{n+1}$ となるので，$g(b) \in \tilde{A}$ である．

(2)：$a \in \tilde{A}$ とする．すると，$a \in A_n$ をみたす自然数 $n$ が存在する．よって，$A_n$ の定義により，$a = g(b)$ をみたす $b \in B_{n-1}$ が存在する．$\tilde{B}$ の定義により，$b \in \tilde{B}$ である．また，仮定 (7.26) より $g$ は単射なので，$a = g(b)$ をみたす $b$ は唯 1 つである．

(3)：$a \in A - \tilde{A}$ とする．$a \in A$ なので $f(a) \in B$ である．$f(a) \in \tilde{B}$ だと仮定する．すると，$f(a) \in \mathrm{Image}(f)$ より $f(a) \notin B_0$ であるから，$f(a) \in B_n$ となる自然数 $n$ がある．よって，$B_n$ の定義により，$f(a) = f(a')$ をみたす $a' \in A_n$ が存在する．仮定 (7.26) により $f$ は単射なので，$a = a'$ が成り立つ．つまり，$a \in A_n$ となるが，これは $a \in A - \tilde{A}$ という前提に矛盾する ($A_n \subset \tilde{A}$ に注意)．これで，背理法により $f(a) \notin \tilde{B}$ が示せた．よって，$f(a) \in B - \tilde{B}$ である．

(4)：$b \in B - \tilde{B}$ とする．すると，特に $b \notin B_0$ である．つまり $b \in \mathrm{Image}(f)$ なので，$b = f(a)$ をみたす $a \in A$ が存在する．このとき，もし $a \in \tilde{A}$ なら $a \in A_n$ となる自然数 $n$ が存在するので，$b = f(a) \in B_n$ となる．そうすると，$b \in \tilde{B}$ となり ($B_n \subset \tilde{B}$ に注意)，$b \in B - \tilde{B}$ という前提に矛盾する．したがっ

て，背理法により，$a \notin \tilde{A}$ が示せた．よって，$a \in A - \tilde{A}$ である．また，仮定 (7.26) により $f$ は単射なので，$b = f(a)$ をみたす $a$ は唯 1 つである． ∎

**!注 7.34** 仮定 (7.26) のもとで，補題 7.33 の主張は，「$g_*(\tilde{B}) = \tilde{A}$ かつ $f_*(A - \tilde{A}) = B - \tilde{B}$」と同じである．そして，この 2 つの等式は，命題 4.48（を，無限個の集合について拡張した主張）を使って証明できる．具体的に書いておくと，

$$g_*(\tilde{B}) = g_*\left(\bigcup_{n=0}^{\infty} B_n\right) = \bigcup_{n=0}^{\infty} g_*(B_n) = \bigcup_{n=0}^{\infty} A_{n+1} = \tilde{A}$$

$$f_*(A - \tilde{A}) = f_*(A) - f_*(\tilde{A}) = \mathrm{Image}(f) - f_*\left(\bigcup_{n=1}^{\infty} A_n\right)$$

$$= \mathrm{Image}(f) - \bigcup_{n=1}^{\infty} f_*(A_n) = \mathrm{Image}(f) - \bigcup_{n=1}^{\infty} B_n$$

$$= (B - B_0) - \bigcup_{n=1}^{\infty} B_n = B - \tilde{B}$$

となる．

補題 7.33(1) と補題 7.33(3) によって，2 つの写像

$$h_1 : \tilde{B} \to \tilde{A}, \quad h_2 : A - \tilde{A} \to B - \tilde{B}$$

を

$$h_1(b) = g(b) \ (b \in \tilde{B}), \quad h_2(a) = f(a) \ (a \in A - \tilde{A}) \tag{7.27}$$

と定義することができる．さらに，補題 7.33(2) と補題 7.33(4) によって，

$$h_1 \text{ は全単射 \quad かつ \quad } h_2 \text{ は全単射}$$

である．特に，$h_1$ の逆写像 $h_1^{-1} : \tilde{A} \to \tilde{B}$ が存在する（命題 4.39(3)）．（写像 $h_1^{-1}$ は

$$h_1^{-1}(a) = (a = g(b) \text{ をみたす } b \in \tilde{B})$$

によって与えられる：(7.27) 参照．）次に，写像 $h : A \to B$ を

$$h(a) = \begin{cases} h_1^{-1}(a) & (a \in \tilde{A} \text{ のとき}) \\ h_2(a) & (a \in A - \tilde{A} \text{ のとき}) \end{cases} \tag{7.28}$$

によって定める.すると,$h_1^{-1}: \tilde{A} \to \tilde{B}$ と $h_2: A-\tilde{A} \to B-\tilde{B}$ が両方とも全単射であることから,$h: A \to B$ も全単射である.これで,集合 $A$ と $B$ の間に全単射が構成されたので,定理 7.31 の証明が完了した.■

証明で登場した集合 $\tilde{A}, \tilde{B}$ の「言葉による表現」を紹介しておこう.そのために,$a = g(b)$ または $b' = f(a')$ という関係があるときに「$a$ は $b$ の子孫である」「$b'$ は $a'$ の子孫である」ということにする.さらに,「子孫の子孫は子孫だ」ということで,上に述べた「子孫」の関係をどんどんつなげていったものも,また「子孫」と呼ぶことにする.この用語のもとでは,$\tilde{A}$ は『$A$ の中の「$B_0$ の子孫」全体の集合』で,$\tilde{B}$ は『$B$ の中の「$B_0$ の子孫」全体の集合』といえる.「子孫」と逆の関係を「先祖」と呼ぶことにすれば,$\tilde{A}, \tilde{B}$ は「$B_0$ まで先祖がたどれるような元全体の集合」ということもできる.

定理 7.31 を「集合の濃度」の言葉で書き直すと,次のようになる.

**定理 7.35** 集合 $A, B$ について

$$(A \text{ の濃度}) \leq (B \text{ の濃度}) \quad \text{かつ} \quad (B \text{ の濃度}) \leq (A \text{ の濃度})$$

が成り立つなら,$(A \text{ の濃度}) = (B \text{ の濃度})$ が成り立つ.

**証明** この定理は,定義 7.24 と定理 7.31 から直ちに導かれる.定義 7.24(3) によれば,定理の仮定は,2 つの単射 $f: A \to B, g: B \to A$ が存在することを意味している.すると,定理 7.24 により,全単射 $h: A \to B$ が存在する.これは,定義 7.24(1) により,$(A \text{ の濃度}) = (B \text{ の濃度})$ ということである.■

■ **例 7.36** 定理 7.31 を使うと,「$\mathbf{R}^2$ と $\mathbf{R}$ は,濃度が等しい」ことが示せる.つまり,$\mathbf{R}^2$ と $\mathbf{R}$ の間に全単射が存在する(定義 7.24(1) 参照).図形的には,$\mathbf{R}$ は直線で表され,$\mathbf{R}^2$ は平面である(例 3.33 参照)から,これは「意外な結果」と言ってよいだろう.

まず,単射 $f: \mathbf{R} \to \mathbf{R}^2$ を作るのは,簡単である.たとえば,$f(x) = (x, 0) \in \mathbf{R}^2$ $(x \in \mathbf{R})$ とすればよい($f$ のイメージは $x$ 軸である).これで,$(\mathbf{R} \text{ の濃度}) \leq (\mathbf{R}^2 \text{ の濃度})$ が示せた(定義 7.24(3)).

補題 7.30 を応用すると,$\mathbf{R}^2$ から $\mathbf{R}$ への単射が作れる.半開区間 $(0, 1]$ の直積 $(0, 1]^2$ の元 $(a, b)$ があったとして,$a$ と $b$ を無限小数に展開して

$$a = 0.a_1 a_2 a_3 \cdots, \quad b = 0.b_1 b_2 b_3 \cdots \tag{7.29}$$

となったとする．このとき，(7.29) での少数展開に表れた数字を交互に並べて，

$$g((a,b)) = 0.a_1 b_1 a_2 b_2 a_3 b_3 \cdots ((a,b) \in (0,1]^2) \tag{7.30}$$

と定める．(7.30) の右辺の少数は無限小数であり，実数を表している．（たとえば，$a_0 = \sqrt{3}-1, b_0 = \pi-3 \in (0,1]$ とすれば $a_0 = 0.7320\cdots$，$b_0 = 0.1415\cdots$ なので，$g((a_0,b_0)) = 0.71342105\cdots$ となる．）こうして，写像 $g:(0,1]^2 \to \mathbf{R}$ が定義できた．(7.30) の右辺の小数で，奇数番目の数字だけをとってくれば (7.29) の $a$ が「復元」できるし，偶数番目の数字だけをとってくれば $b$ が復元できる．したがって，「$g$ は単射である」といえる．これで，$(0,1]^2$ から $\mathbf{R}$ への単射が存在することがわかった．補題 7.30(3) によって，$\mathbf{R}$ と半開区間 $(0,1]$ の間に全単射があるので，$\mathbf{R}^2$ と $(0,1]^2$ の間にも全単射が存在する．この全単射と，上で定義した $g$ を合成して，$\mathbf{R}^2$ から $\mathbf{R}$ への単射が構成できる．これで，$(\mathbf{R}^2$ の濃度$) \leq (\mathbf{R}$ の濃度$)$ が示せた（定義 7.24(3)）．

最後に，定理 7.35 を適用すれば，$(\mathbf{R}^2$ の濃度$) = (\mathbf{R}$ の濃度$)$ が得られる．□

## 章末問題

**問題 7.1** 50 人のクラスの中で，（男の）兄弟のいる人は 33 人で姉妹のいる人は 27 人であった．このとき，兄弟だけがいる人は何人以上何人以下だといえるか．

**問題 7.2** ある町で 3 種の新聞をとっていて，新聞をとっている家の数が $a$，配達される新聞の部数が 3 種合計で $b$，3 種ともとっている家の数が $c$ だという．

(1) 新聞を 1 種類だけとっている家は何軒か．
(2) 新聞を 2 種類だけとっている家は何軒か．

**問題 7.3** 有限集合 $A, B$ と自然数 $k$ に対して条件「$|A| \geq k$ かつ $|B| \geq k$ かつ $|A \cup B| \geq 2k$」が成り立つなら，

$$A' \subset A, \quad B' \subset B, \quad A' \cap B' = \emptyset, \quad |A'| = |B'| = k$$

をみたす集合 $A', B'$ が存在することを示せ．

**問題 7.4** $\mathbf{N}^2$ は可算無限集合であることを証明せよ．さらに，任意の自然数 $k$ について，$\mathbf{N}^k$ が可算無限集合であることを証明せよ．

**問題 7.5**　集合 $A, B$ について $B \subset A$ が成り立つとする．このとき，$B$ が可算集合で $A - B$ が無限集合なら，$A - B$ と $A$ の濃度が等しいことを証明せよ．

**問題 7.6**　任意の自然数 $n$ について集合 $A_n$ が可算無限集合なら，和集合 $\bigcup_{n=1}^{\infty} A_n$ も可算無限集合であることを証明せよ．

**問題 7.7**　$\mathbf{N}$ の有限部分集合全体の集合は可算無限集合であることを示せ．ただし，（ある集合の）部分集合が有限集合であるとき，その集合を有限部分集合と呼ぶ．

**問題 7.8**　$\mathbf{N}$ の部分集合全体の集合（$= \mathrm{Pow}(\mathbf{N})$）は可算集合ではないことを示せ．

**問題 7.9**　変数 $x$ に関する有理数係数の多項式全体の集合を $A$ とする（注：通常の代数学の記号では，$A = \mathbf{Q}[x]$ と表される）．集合 $A$ は可算無限集合であることを示せ．

**問題 7.10**　実数 $a, b, a', b'$ に対して，2 つの差集合 $A = (a, b) - [a', b']$ と $B = [a', b'] - (a, b)$ を考える．（ここで，$(a, b)$ と $[a', b']$ は，それぞれ，開区間と閉区間を表す；3.3 節参照．）

(1) $A \neq \emptyset$ であれば $A$ は非可算無限集合であることを示せ．
(2) $B \neq \emptyset$ であっても $B$ は無限集合とは限らないことを示せ．

**問題 7.11**　(7.30) で定義される写像 $g : (0, 1]^2 \to \mathbf{R}$ について，$g$ のイメージ $\mathrm{Image}(g)$ は区間 $(0, 1]$ の真部分集合であることを示せ．

**問題 7.12**　平面上の円すべての集合を $A$ とする．集合 $A$ と $\mathbf{R}$ は濃度が等しいことを示せ．

**問題 7.13**　$\mathbf{N}$ を自然数全体の集合とする．写像 $f : \mathbf{N} \to \mathbf{N}$ が順序を保つとは

$$m \geq n \implies f(m) \geq f(n) \qquad (m, n \in \mathbf{N})$$

が成り立つことだとする．順序を保つ写像 $f : \mathbf{N} \to \mathbf{N}$ について，次のことを証明せよ．

(1) $f$ が単射ならば，すべての自然数 $n$ に対して $f(n) \geq n$ が成り立つ．
(2) $f$ が全射ならば，すべての自然数 $n$ に対して $f(n) \leq n$ が成り立つ．
(3) $f$ が全単射ならば，$f$ は恒等写像である．

# 索 引

**【記号】**
($A, B, S, T$ は集合，$f, g$ は写像，$P, Q$ は命題)

$(-\infty, b)$  62
$(-\infty, b]$  62
$(a, b)$  62
$(a, b]$  62
$(a, +\infty)$  62
$[a, b)$  62
$[a, b]$  62
$[a, +\infty)$  62
$[\ ]$  100, 201
$\{\}$  54
$|A|$  91, 198
$\neg P$  152
$\neg\neg P$  153
$\forall x\ P(x)$  172
$\exists x\ P(x)$  172
$\emptyset$  59, 60
$a \in A$  52
$a \notin A$  52
$A^2$  76
$A \times B$  75
$A \triangle B$  71
$A - B$  69

$A \cap B$  68
$A \cup B$  68
$B \subset A$  64
$B \subseteq A$  65
$B \subsetneq A$  65
$\mathbf{C}$  60
$\Delta_{A^2}$  76
$\exp$  211
$f(S)$  136
$f_*(S)$  134
$f^*(T)$  134
$f^{-1}$  127
$f^{-1}(T)$  136
$f : A \to B$  96
$g \circ f$  120
$\mathrm{id}_A$  105
$\mathrm{Image}(f)$  97
$M_2(\mathbf{R})$  109
$\mathrm{Map}(A, B)$  145
$\max$  100
$\mathbf{N}$  60
$\prod$  79
$P \implies Q$  157
$P \iff Q$  152
$P \vee Q$  155

$P \wedge Q$　155
Pow($A$)　88
**Q**　60
**R**　60
$\mathbf{R}^2$　76
Set($P(x)$)　169
**Z**　60

【数字/欧文】

2重否定　22, 153
2直角　2
2値論理　21, 153, 165
2等辺3角形　47
3角形　2, 7
well-defined　108, 109
xor　24

【ア行】

いずれの　38
一意性　41
一意的　41
一様連続性　194
一価関数　101
イメージ　97
因果関係　35, 158
裏　161
演算　68

【カ行】

外延的　54
ガウス記号　100, 201
角度　3
可算集合　213
可算無限集合　213
かつ　22, 155
勝手な　38
カップ　69
合併　69

仮定　157
可付番集合　214
関数　101, 148, 186
カントールの定理　215, 217
偽　20, 150
基数　208
逆　15, 46, 161
逆関数　128
逆写像　127, 133
逆正弦関数　129
逆像　134
逆ポーランド記法　190
キャップ　69
球面　5
球面幾　5
球面幾何　9
共通部分　68, 78
空集合　59, 64, 65, 76, 89, 113, 176, 198
区間　66
組　75
グラフ　111, 112
結合法則　121
結論　157
元　51
　——の個数　68, 146, 198, 206
公準　11
恒真命題　151, 158
合成写像　120
恒等写像　105, 118, 126, 127
公理　9, 11
公理系　9
コンマ　54

【サ行】

差集合　69
錯覚　3
座標　76

索 引

しかし 25
自己言及 49
射影 106
写像 96
集合 51
集合族 77
十分条件 159
述語論理 168
順序数 208
順像 134, 223
証明 8, 14
真 20, 150
真偽表 152
真部分集合 64
真理値表 152
数式 102
すべての 35, 43, 170
正3角形 47
正方形 47
積集合 69
ゼノン 48
全射 115, 201
全体集合 72
選択公理 iii, 127
全単射 115
素因数分解 16, 172
像 97
双曲幾何 13
属する 52
測地線 5, 9
存在する 39, 170

【タ行】

大円 5
対角集合 76
対角線論法 218, 219
対偶 161
対称群 132

対称差 71
互いに素である 71
多価関数 101
多項式 48
唯1つ 41, 171
正しい 20
ダミー 59, 61
単項式 48
単射 115, 122, 201
値域 97
置換 132
ちょうど1つ 41
長方形 47
直積集合 75, 79
直線 3, 5
直角 12
定義域 97
　——の制限 98
定値写像 105, 117
定理 150
ディリクレの関数 103
適当に 42
同値 151
とは限らない 45
ド・モルガンの法則 28, 73, 156, 179, 193

【ナ行】

内角 2, 6
内包的 54
ならば 29, 157
成り立つ 20
任意の 35
濃度 208, 211, 213, 216
　——の比較 216

【ハ行】

排他的または 24, 71

排中律　21, 154
背理法　17, 154, 164
パラドックス　48, 92
反例　181
引き戻し　134
必要条件　159
否定　27, 43, 152, 177
微分作用素　110
表記　53
含まれる　52, 64
双子素数　151
部分集合　64, 134
分配法則　73
分母　15
平行　3
平行線公理　11
平方　58, 173
平方数　25
平面　76, 106, 226
平面幾何　9, 11
ベキ集合　88
ベルンシュタインの定理　216, 222
ベン図　70
変数　168, 186
包含関係　65, 201
包含写像　117
補集合　71
母集合　72
補題　150

【マ行】
交わり　69
または　22, 155
無限集合　197, 203
無限列　107, 133, 145
矛盾律　154
無理数　25
命題　150
命題論理　150

【ヤ行】
有限集合　197, 208
ユークリッド　11
ユニーク　41
ユニバース　72
要素　51

【ラ行】
ラッセル　92
理論　9
例　180
レインジ　97
連続性　193
論理　7
論理記号　177, 187

【ワ行】
和集合　68, 78

## 著者紹介

中島 匠一（なかじま　しょういち）

|1984年| 東京大学大学院理学系研究科博士課程修了 |
|---|---|
|現　在| 学習院大学理学部数学科教授 |
| | 理学博士 |
|専　攻| 整数論 |
|著訳書| 「代数と数論の基礎」（共立出版，2000） |
| | 「なっとくする微積分」（講談社，2001） |
| | 「数を数えてみよう」（日本評論社，2004） |
| | 「代数方程式とガロア理論」（共立出版，2006） |
| | 「算数からはじめよう！ 数論」（岩波書店，2011，訳） |
| | 「複素関数入門」（共立出版，2022） |

---

集合・写像・論理  　　著　者　中島匠一　Ⓒ 2012
　——数学の基本を学ぶ　　発行者　南條光章

Set・Map・Logic　　　　発行所　共立出版株式会社
—Basics of Mathematics
　　　　　　　　　　　　　東京都文京区小日向 4-6-19
2012 年 2 月 25 日　初版 1 刷発行　　電話　03-3947-2511（代表）
2025 年 2 月 15 日　初版 9 刷発行　　郵便番号 112-0006／振替口座 00110-2-57035
　　　　　　　　　　　　　　　　　　URL www.kyoritsu-pub.co.jp

　　　　　　　　　　　　　印　刷　啓文堂
　　　　　　　　　　　　　製　本　協栄製本

　　　　　　　　　　　　　　　　　一般社団法人
　　　　　　　　　　　　　　　　　自然科学書協会
　　　　　　　検印廃止　　　　　　会員
　　　　　　　NDC 410.9
　　ISBN 978-4-320-11018-2　Printed in Japan

---

[JCOPY] <出版者著作権管理機構委託出版物>
本書の無断複製は著作権法上での例外を除き禁じられています．複製される場合は，そのつど事前に，出版者著作権管理機構（TEL：03-5244-5088，FAX：03-5244-5089，e-mail：info@jcopy.or.jp）の許諾を得てください．

◆ 色彩効果の図解と本文の簡潔な解説により数学の諸概念を一目瞭然化！

ドイツ Deutscher Taschenbuch Verlag 社の『dtv-Atlas事典シリーズ』は，見開き2ページで1つのテーマが完結するように構成されている．右ページに本文の簡潔で分り易い解説を記載し，かつ左ページにそのテーマの中心的な話題を図像化して表現し，本文と図解の相乗効果で理解をより深められるように工夫されている．これは，他の類書には見られない『dtv-Atlas事典シリーズ』に共通する最大の特徴と言える．本書は，このシリーズの『dtv-Atlas Mathematik』と『dtv-Atlas Schulmathematik』の日本語翻訳版．

# カラー図解 数学事典

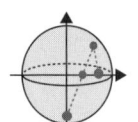

Fritz Reinhardt・Heinrich Soeder [著]
Gerd Falk [図作]
浪川幸彦・成木勇夫・長岡昇勇・林 芳樹 [訳]

数学の最も重要な分野の諸概念を網羅的に収録し，その概観を分り易く提供．数学を理解するためには，繰り返し熟考し，計算し，図を書く必要があるが，本書のカラー図解ページはその助けとなる．

【主要目次】 まえがき／記号の索引／序章／数理論理学／集合論／関係と構造／数系の構成／代数学／数論／幾何学／解析幾何学／位相空間論／代数的位相幾何学／グラフ理論／実解析学の基礎／微分法／積分法／関数解析学／微分方程式論／微分幾何学／複素関数論／組合せ論／確率論と統計学／線形計画法／参考文献／索引／著者紹介／訳者あとがき／訳者紹介

■菊判・ソフト上製本・508頁・定価6,050円(税込)■

# カラー図解 学校数学事典

Fritz Reinhardt [著]
Carsten Reinhardt・Ingo Reinhardt [図作]
長岡昇勇・長岡由美子 [訳]

『カラー図解 数学事典』の姉妹編として，日本の中学・高校・大学初年級に相当するドイツ・ギムナジウム第5学年から13学年で学ぶ学校数学の基礎概念を1冊に編纂．定義は青で印刷し，定理や重要な結果は緑色で網掛けし，幾何学では彩色がより効果を上げている．

【主要目次】 まえがき／記号一覧／図表頁凡例／短縮形一覧／学校数学の単元分野／集合論の表現／数集合／方程式と不等式／対応と関数／極限値概念／微分計算と積分計算／平面幾何学／空間幾何学／解析幾何学とベクトル計算／推測統計学／論理学／公式集／参考文献／索引／著者紹介／訳者あとがき／訳者紹介

■菊判・ソフト上製本・296頁・定価4,400円(税込)■

www.kyoritsu-pub.co.jp　　共立出版　　(価格は変更される場合がございます)